鋼床版の維持管理技術

~補修補強・疲労強度評価・床版取替への適用~

土木学会

Steel Structures Series No.40

Maintenance and Management Technology for Orthotropic Steel Bridge Decks

Retrofitting・Fatigue strength evaluation・Application to replacement deck panels

Edited by

Daisuke UCHIDA

Professor of Civil and Environmental Engineering

Hosei University

Published by

Subcommittee on
Maintenance and Renewal of Orthotropic Steel Bridge Decks
Committee on Steel Structures
Japan Society of Civil Engineers

September, 2024

序

鋼道路橋の鋼床版は我が国では代表的な床版形式の一つであり，軽量であることや架設工期が短い等の理由から一定の割合で採用され続け，その径間数は数千に及んでいる．「鋼床版」は「疲労」というイメージが先行しているが，大半の鋼床版では疲労損傷が生じておらず，疲労は現状では都市高速道路をはじめとした幹線道路のうち，重交通路路線に限られた問題である．一方で，疲労損傷の種類によっては重大な事故に繋がる可能性があり，また，交通量が少なくても経年により疲労損傷が生じることが予想されるため，各道路管理機関，大学や民間の研究機関において数多くの検討がなされてきた．これらの検討結果については，1990 年に土木学会の鋼構造シリーズ 4 で「鋼床版の疲労」として取りまとめられて発刊され，20 年後の 2010 年に鋼構造シリーズ 19 として全面的に改訂されている．この改訂では当初確認されていなかった重大な損傷，すなわちデッキプレートを貫通するき裂の事例や点検・調査方法，補修・補強事例などについて取りまとめられた．また，2013 年に発刊された鋼構造シリーズ 22 の「鋼橋の疲労対策技術」でも実橋における鋼床版の疲労対策事例や計測技術等について紹介されている．

このような背景の中，2019 年に立ち上がった土木学会鋼構造委員会の「鋼床版の維持管理と更新に関する調査研究小委員会」では鋼床版に関する 3 つの項目に対して調査・研究を行い，これらの項目が本書の 3 つの編となっている．第 1 編の「鋼床版の維持管理」では今後の「鋼床版の疲労」の改訂につながる資料として，疲労損傷の現状の集計・分析に加え，疲労対策事例について各道路管理機関で実橋への適用が進んでいるものを中心に紹介した．また，疲労損傷以外にもデッキプレートの腐食なども取り上げている．第 2 編の「鋼床版溶接継手部の疲労強度評価法」では，合理的な維持管理計画の策定や新設構造の設計には余寿命評価の確立と，現状の構造詳細による疲労設計に疲労強度評価に関する要素が加わることが必要との考えから，疲労強度評価が行われている研究事例について部位ごとに取りまとめた．この編では鋼構造委員会の重点調査・研究助成を受けた実橋計測とその検討結果も報告していることも付記する．第 3 編の「取替鋼床版」では，疲労損傷を踏まえて高耐久性化された鋼床版が，今後，老朽化した RC 床版の更新へ適用されることを期待し，文献調査や実橋調査に基づいて，既設の取替鋼床版を紹介するとともに計画・設計・施工の観点から，その特徴や留意点を取りまとめた．

鋼床版の補修・補強方法の改善，余寿命評価方法の確立，種々の条件に対応できる取替鋼床版の設計・施工に関する技術開発は，既設の鋼道路橋の長寿命化に必要不可欠である．これらの現状を取りまとめた本書が，鋼床版の維持管理や RC 床版の更新に携わる多くの実務者や研究者の一助になると幸いである．

最後に，COVID-19 により種々の制限がかかり，委員会としても実橋調査の中止や縮小，活動期間延長等もあった中，本委員会に参加し，本書の執筆にご協力いただいた委員の皆様，そして各編を取りまとめていただいた幹事の方々には心より感謝を申し上げたい．また，実橋計測に多大なるご支援をいただいた広島高速道路，西日本高速道路，日本橋梁建設協会に，改めてお礼を申しあげる．そして，出版にあたり多くの休日を返上してご尽力いただいた，井口幹事長，松下副幹事長，宮山幹事に深謝の意を表する．

2024 年 9 月

土木学会　鋼構造委員会
鋼床版の維持管理と更新に関する調査研究小委員会
委員長　内田大介（法政大学）

土木学会・鋼構造委員会「鋼床版の維持管理と更新に関する調査研究小委員会」委員構成

委 員 長	内田 大介	法政大学	
幹 事 長	井口 進	株式会社横河ブリッジ	
副幹事長	松下 裕明	カナデビア株式会社	
幹 事	梶原 仁	首都高速道路株式会社	
幹 事	林 暢彦	宮地エンジニアリング株式会社	
幹 事	判治 剛	名古屋大学	
幹 事	宮山浩太郎	株式会社横河ブリッジ	
幹 事	村越 潤	東京都立大学	
委 員	青柳 竜二	株式会社長大	
委 員	石川 誠	川田工業株式会社	
委 員	和泉 遊以	滋賀県立大学	
委 員	板垣 定範	株式会社横河NSエンジニアリング	
委 員	奥村 学	日本ファブテック株式会社	
委 員	小野 秀一	一般社団法人日本建設機械施工協会	
委 員	加瀬 駿介	国立研究開発法人土木研究所 (当時、阪神高速道路株式会社)	
委 員	加藤 順一	東京都	
委 員	後藤 俊吾	中日本高速道路株式会社	
委 員	齊藤 史朗	株式会社IHIインフラシステム	
委 員	清水 優	名古屋大学	
委 員	田井 政行	摂南大学	
委 員	豊田 雄介	西日本高速道路株式会社	
委 員	中村 進	広島高速道路公社	
委 員	鍋島 渉	内外構造株式会社	
委 員	二村 大輔	福岡北九州高速道路公社	
委 員	服部 雅史	中日本高速道路株式会社	
委 員	平野 勝彦	東日本高速道路株式会社	
委 員	前田 諭志	株式会社横河ブリッジホールディングス	
委 員	松浦 雅史	大日本ダイヤコンサルタント株式会社	
委 員	水谷 明嗣	名古屋高速道路公社	
委 員	村上 貴紀	一般社団法人日本橋梁建設協会 (宮地エンジニアリング(株))	
委 員	山内 隆	株式会社駒井ハルテック	
委 員	山内 誉史	エム・エム ブリッジ株式会社	
委 員	山本 一貴	一般財団法人首都高速道路技術センター (当時、首都高速道路株式会社)	
委 員	横井 芳輝	国土交通省国土技術政策総合研究所 (当時、本州四国連絡高速道路株式会社)	
委 員	横関 耕一	日本製鉄株式会社	
オブザーバー	市山 仁	福岡北九州高速道路公社	
オブザーバー	千々和辰訓	福岡北九州高速道路公社	
連絡幹事	判治 剛	（再掲）	

（2024年10月現在）

［旧委員］

委　員	中田　諒	阪神高速道路株式会社	（〜2020年3月）
委　員	勝島　龍郎	阪神高速技術株式会社	（〜2020年3月）
委　員	伊藤　稔	名古屋高速道路公社	（〜2021年3月）
委　員	有馬　敬育	本州四国連絡高速道路株式会社	（〜2022年3月）

［旧連絡幹事］

連絡幹事	臼井　恒夫	（〜2021年）
連絡幹事	内田　大介	（2021年〜2023年）

［執筆協力者］

細見　直史	N-PRO.株式会社

鋼構造シリーズ　40

「鋼床版の維持管理技術」

～補修補強・疲労強度評価・床版取替への適用～

第1編　　鋼床版の維持管理

第1章　　はじめに　　　　　　　　　　　　　　　　　　……　　　1
第2章　　鋼床版の疲労き裂　　　　　　　　　　　　　　……　　　3
第3章　　鋼床版の疲労き裂発生状況　　　　　　　　　　……　　　8
第4章　　鋼床版の点検・調査手法　　　　　　　　　　　……　　12
第5章　　鋼床版の補修・補強事例　　　　　　　　　　　……　　21
第6章　　その他の損傷と補修・補強事例　　　　　　　　……　　51
第7章　　まとめ　　　　　　　　　　　　　　　　　　　……　　57

第2編　　鋼床版溶接継手部の疲労強度評価法

第1章　　はじめに　　　　　　　　　　　　　　　　　　……　　63
第2章　　公称応力に基づく疲労強度評価法　　　　　　　……　　64
第3章　　公称応力に基づく疲労照査　　　　　　　　　　……　　70
第4章　　局部応力に基づく疲労強度評価法　　　　　　　……　　80
第5章　　局部応力に基づく疲労照査　　　　　　　　　　……　114
第6章　　まとめ　　　　　　　　　　　　　　　　　　　……　132

第3編　　取替鋼床版

第1章　　はじめに　　　　　　　　　　　　　　　　　　……　137
第2章　　取替鋼床版の概要　　　　　　　　　　　　　　……　138
第3章　　取替鋼床版の計画・設計・施工　　　　　　　　……　143
第4章　　取替鋼床版の事例　　　　　　　　　　　　　　……　152
第5章　　まとめ　　　　　　　　　　　　　　　　　　　……　177
付表　　　文献照査等に基づく取替鋼床版適用事例一覧　……　179

第1編　鋼床版の維持管理

第1編	鋼床版の維持管理			

第1章　はじめに　　　　　　　　　　　　　　　　　　……… 1

第2章　鋼床版の疲労き裂　　　　　　　　　　　　　　……… 3
　第1節　鋼床版の構造と疲労き裂　　　　　　　　　　……… 3
　第2節　閉断面リブ鋼床版の疲労き裂　　　　　　　　……… 3
　　　2.1　縦リブと横リブ（ダイアフラム）の交差部　　……… 3
　　　2.2　デッキプレートと垂直補剛材の溶接部　　　　……… 4
　　　2.3　デッキプレートと縦リブの溶接部　　　　　　……… 4
　　　2.4　縦リブ現場継手部スカラップ部の溶接部　　　……… 5
　　　2.5　デッキプレートと横リブの溶接部　　　　　　……… 5
　　　2.6　縦リブと縦リブの突合せ溶接部　　　　　　　……… 5
　　　2.7　その他の溶接部　　　　　　　　　　　　　　……… 5
　第3節　開断面リブ鋼床版の疲労き裂　　　　　　　　……… 5

第3章　鋼床版の疲労き裂発生状況　　　　　　　　　　……… 8
　第1節　縦リブ形式別のき裂発生状況　　　　　　　　……… 8
　　　1.1　閉断面リブ鋼床版　　　　　　　　　　　　　……… 8
　　　1.2　開断面リブ鋼床版　　　　　　　　　　　　　……… 8
　第2節　主なき裂の起点および進展方向の傾向　　　　……… 9
　　　2.1　縦リブと横リブの溶接部（スリット部）　　　……… 9
　　　2.2　デッキプレートと垂直補剛材の溶接部　　　　……… 9
　　　2.3　デッキプレートと縦リブの溶接部　　　　　　……… 9
　第3節　供用年数ごとのき裂発生傾向　　　　　　　　……… 10
　　　3.1　閉断面リブ鋼床版のき裂数の推移　　　　　　……… 10
　　　3.2　開断面リブ鋼床版のき裂数の推移　　　　　　……… 11

第4章　鋼床版の点検・調査手法　　　　　　　　　　　……… 12
　第1節　鋼床版の点検・調査手法の概要　　　　　　　……… 12
　第2節　渦電流探傷試験を用いたき裂の検出　　　　　……… 12
　　　2.1　事例1：閉断面リブのデッキプレートと縦リブ溶接部　……… 12
　　　2.2　事例2：縦リブと横リブの溶接部（スリット部）　……… 13
　第3節　赤外線カメラを用いた温度ギャップ法によるき裂の検出　……… 15
　　　3.1　開発の背景　　　　　　　　　　　　　　　　……… 15
　　　3.2　検査原理・特徴　　　　　　　　　　　　　　……… 16
　　　3.3　探傷事例　　　　　　　　　　　　　　　　　……… 16
　　　3.4　特徴および適用範囲　　　　　　　　　　　　……… 16
　　　3.5　実用化事例　　　　　　　　　　　　　　　　……… 17
　　　3.6　未貫通き裂への適用　　　　　　　　　　　　……… 17

第4節　超音波探傷試験を用いたき裂の検出　　　……　18

　4.1　フェーズドアレイ超音波探傷の事例　　　……　18

　4.2　フルマトリクス・キャプチャとトータル・フォーカシング法

　　　を組み合わせた超音波探傷の事例　　　……　19

第5章　鋼床版の補修・補強事例　　　……　21

第1節　閉断面リブ鋼床版　　　……　21

　1.1　デッキプレートと閉断面リブの溶接部（ビード貫通き裂）　　　……　21

　1.2　デッキプレートと閉断面リブの溶接部（デッキプレート貫通き裂）

　　　……　25

　1.3　閉断面リブと横リブ（ダイアフラム）の溶接部（スリット部）

　　　……　26

　1.4　閉断面リブの突合せ溶接部　　　……　29

　1.5　デッキプレートと垂直補剛材の溶接部　　　……　30

第2節　開断面リブ鋼床版　　　……　32

　2.1　き裂先端処理（ストップホール）　　　……　32

　2.2　当て板　　　……　32

　2.3　スリット形状の改良　　　……　32

第3節　SFRC舗装の仕様・施工と維持管理　　　……　33

　3.1　仕様と施工　　　……　33

　3.2　維持管理　　　……　35

第4節　最近の研究事例　　　……　39

　4.1　低変態温度溶接材料　　　……　39

　4.2　超高性能繊維補強セメント系複合材料の敷設　　　……　42

　4.3　閉断面リブの開断面化および両側すみ肉溶接化による対策方法

　　　……　43

第5節　対策工法の選定　　　……　45

　5.1　対策手順　　　……　45

　5.2　対策工法の選定　　　……　46

第6章　その他の損傷と補修・補強事例　　　……　51

第1節　デッキプレートの腐食損傷　　　……　51

　1.1　舗装の劣化・損傷に伴う腐食損傷　　　……　51

　1.2　ボルト継手部からの漏水に伴う腐食損傷　　　……　52

　1.3　鋼製排水溝の漏水に起因する腐食損傷　　　……　53

第2節　伸縮装置の腐食損傷　　　……　54

第3節　架設用吊金具からの疲労損傷　　　……　55

第7章　まとめ　　　……　57

第1章 はじめに

鋼床版の疲労損傷は1980年代から報告があり土木学会の「鋼床版の疲労」[1.1)]にまとめられている．その多くは，閉断面タイプの縦リブ（以下，閉断面リブ）の突合せ溶接部，縦リブと横リブの交差部，ならびに垂直補剛材上端部における疲労き裂であった．その後，2000年頃から発生数は少ないもののデッキプレートと閉断面リブとの溶接部にデッキプレートを貫通するき裂が報告されるようになった．そして，当該き裂も含めた鋼床版の疲労損傷に対して各機関での精力的な研究が進み，き裂タイプごとに発生要因や対策が明らかにされてきた．これらの成果は随時，指針[1.2)]や基準[1.3)]に反映され，土木学会においても「鋼床版の疲労（2010年改訂版）」[1.4)]に検討事例がまとめられている．

図1-1は1989年以降の年度ごとの鋼橋の建設数について，鋼床版とそれ以外の床版形式に分けて示したものである[1.5)]．図中には鋼橋の全建設数に対する鋼床版形式の建設数の割合も併記している．1990年代後半以降，鋼床版の疲労が大きく着目された．その後，一部の高速道路会社で閉断面リブを用いた鋼床版形式の採用が制限されているが，図に示すように鋼床版の割合は15%程度で推移している．鋼床版はコンクリート系床版に比べ軽量で平面線形の自由度が高く，また現場施工期間が短い等の利点があるため，他の床版形式より総合的に有利な場合に採用されてきたと考えられる．

表1-1には高速道路会社で管理されている鋼床版の数量について，2010年集計時[1.4)]と当委員会で集計したデータ（2020～2023年）を示す．図中には高速道路会社ごとの径間数，延長，床版面積について，現在の延長が長い順に示している．延長は，首都高速道路，阪神高速道路，名古屋高速道路の順に長く，都市部に鋼床版が多く使われていることがわかる．2010年時点に対する今回集計時の合計の比較では，径間数が約111%（4,344／3,926），床版面積が約105%（3,977,778／3,774,114）となっている．高速道路会社別では，名古屋高速道路の床版面積が約124%（342,568／275,800）と大きく増加しているが，これは2010年以降に開通した新規路線に採用された鋼床版数の影響によるものである．

鋼床版の疲労が問題となるのは重交通路線が大半であるが，適切な維持管理手法を確立するため，「鋼床版の疲労（2010年改訂版）」[1.4)]が出版された以降にも，疲労損傷に対する点検・調査，補修・補強対策は精力的に進められ，

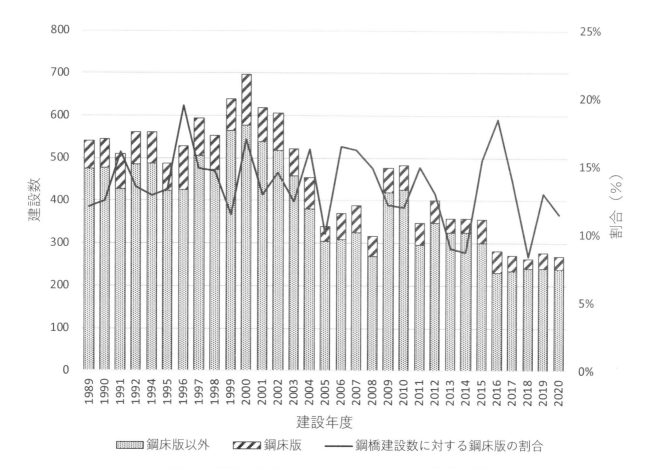

図1-1 鋼橋の建設数と鋼床版の建設割合の推移[1.5)] を参考に作成

表1-1 高速道路会社の鋼床版の管理数量[1.4] を基に改変転載（加筆修正して作表）

	縦リブ形状	2010年調査時			2020〜2023年調査時		
		径間数	延長(km)	床版面積(m²)	径間数	延長(km)	床版面積(m²)
首都高速道路	開断面	468	26.8	146,448	682	35.4	204,503
	閉断面	832	58.4	573,791	856	59.1	602,314
	計	1,300	85.2	720,239	1,538	94.5	806,817
阪神高速道路	開断面	717	40.8	589,000	742	42.6	600,907
	閉断面	683	47.4	917,000	632	43.5	869,860
	計	1,400	88.2	1,506,000	1,374	86.1	1,470,767
名古屋高速道路	開断面	97	5.4	34,000	113	6.2	42,581
	閉断面	419	28.9	241,800	484	33.8	299,987
	計	516	34.3	275,800	597	40.0	342,568
NEXCO	開断面	22	2.4	26,900	86	7.0	58,378
	閉断面	215	27.3	491,376	254	30.3	532,213
	計	237	29.7	518,276	340	37.3	590,591
本州四国連絡高速道路	開断面	0	0.0	0	0	0.0	0
	閉断面	112	26.0	466,397	112	26.0	466,397
	計	112	26.0	466,397	112	26.0	466,397
福岡北九州高速道路	開断面	98	5.0	47,512	110	6.0	56,142
	閉断面	185	11.6	156,880	195	12.1	161,486
	計	283	16.6	204,392	305	18.1	217,628
広島高速道路	開断面	36	2.8	34,210	36	2.8	34,210
	閉断面	42	3.1	48,800	42	3.1	48,800
	計	78	5.9	83,010	78	5.9	83,010
合 計	開断面	1,438	83.2	878,070	1,769	100.0	996,721
	閉断面	2,488	202.7	2,896,044	2,575	207.9	2,981,057
	計	3,926	285.9	3,774,114	4,344	307.9	3,977,778

注）管理数量の増減には高速道路会社間や国からの移管分も含む

新たな技術の開発とともに多くの実施例も蓄積されてきている．そこで，本編では，今後の鋼床版の維持管理に資する資料として，疲労損傷を中心にその発生要因や傾向を分析し，点検・調査手法と補修・補強対策事例を紹介するとともに，対策時の留意点などをとりまとめた．

第1章 参考文献

1.1) （社）土木学会：鋼床版の疲労，1990.

1.2) 例えば，（社）日本道路協会：鋼道路橋の疲労設計指針，2002.

1.3) 例えば，（社）日本道路協会：道路橋示方書（I 共通編・II 鋼橋編）・同解説，2012.

1.4) （社）土木学会：鋼床版の疲労 2010 改訂版，2010.

1.5) （一社）日本橋梁建設協会：橋梁年鑑（平成 4 年版）〜（令和 2 年版），1992-2022.

第2章　鋼床版の疲労き裂

第1節　鋼床版の構造と疲労き裂

鋼床版のデッキプレートは舗装を介して輪荷重を直接支持している．デッキプレートは下面に溶接された縦リブや横リブなどで補剛され，主桁ウェブの垂直補剛材等も溶接接合されている．このため，輪荷重がこれらの補剛部材上を通過する際にデッキプレートや補剛部材に局所的な曲げ応力やせん断応力が生じる．これらの応力の変動範囲は，輪荷重の大きさや走行位置，舗装やデッキプレートの剛性，補剛部材の方向・間隔・剛性等により種々変化する．この結果，鋼床版の挙動は複雑となり，様々な部位に疲労き裂が確認されているが，これまでの多くの調査・研究により，き裂の発生部位とその割合について整理されるとともに，発生要因が明らかになってきている[1.1]．なお，これらの疲労き裂は鋼床版において全般的に発生しているものでなく，現状では大型車交通量が多く供用期間が長い場合，すなわち累積大型車交通量が多い橋を中心に発生している[1.2]．

以降では，「鋼床版の疲労（2010年改訂版）」[1.1]と同様に，疲労き裂を逆台形断面のUリブ（トラフリブ）に代表される閉断面リブタイプの鋼床版（以下，閉断面リブ鋼床版）と，平リブやバルブリブ（球平形鋼）に代表される開断面リブタイプの鋼床版（以下，開断面リブ鋼床版）に分け，**第3章**以降の内容に関連する疲労き裂タイプを中心に概説する．

第2節　閉断面リブ鋼床版の疲労き裂

図 2-1 は，これまでに確認されている閉断面リブ鋼床版の主な疲労き裂の発生部位を示したものである．以下に，それぞれのき裂の概要を示すが，詳細については「鋼床版の疲労（2010年改訂版）」[2.1]も参考にされたい．

2.1　縦リブと横リブ（ダイアフラム）の交差部

「①縦リブと横リブ（箱桁形式の場合のダイアフラム

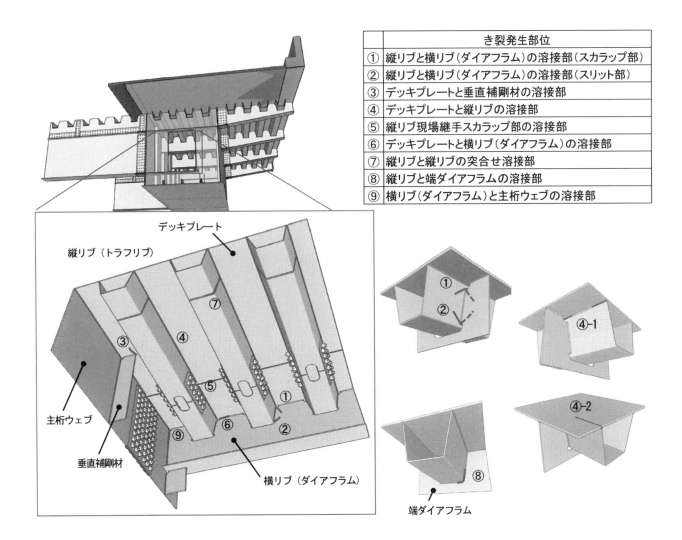

図 2-1　閉断面リブ鋼床版の疲労き裂タイプ[2.1]を改変（一部修正）して転載

を含む）の溶接部」の疲労き裂は，図に示すように①の上側スカラップ部と，②の下側スリット部を起点とするものに分けられる．①の上側スカラップ部のき裂は，輪荷重の直上載荷に伴うものであり，縦リブ側の溶接止端部のき裂は，スカラップ内の縦リブ側面の面外変形，横リブ側の溶接止端部のき裂は鉛直方向力による応力集中を主要因として発生する．なお，スカラップの省略により疲労強度が向上するという疲労試験結果[2.2)]もあり，道路橋示方書[2.3)]ではこのような交差部は横リブウェブをコーナーカットし埋め戻し溶接を行うこととしている．

②の下側スリット部のき裂のうち，横リブ側の溶接止端部のき裂は，輪荷重の直上載荷時に生じる横リブの面内応力と輪荷重通過時に生じる横リブ面外応力によりスリット端部で応力集中が生じることが要因と考えられている[2.4)]．一方，縦リブ側止端部のき裂は，縦リブの軸芯に対する橋軸直角方向への輪荷重の偏載により，縦リブの軸回転によるねじり変形を横リブが拘束することで縦リブ側止端に大きな応力集中が生じることが要因とされている[2.2),2.4)]．さらに，横リブ近傍に縦リブの継手があり，縦リブ内に密閉用のダイアフラムが設置されている場合，ねじり変形が横リブ交差部に集中し応力集中が増大する[2.5)]．そのため，柔な密閉用のダイアフラム[2.6)]や，応力集中を緩和する横リブ交差部の構造詳細[2.7)]などの検討も進められている．

2.2 デッキプレートと垂直補剛材の溶接部

「③デッキプレートと垂直補剛材の溶接部」の疲労き裂は，輪荷重の載荷によるデッキプレートの局所的な板曲げやせん断，支圧に伴い，溶接部に応力集中が生じる．この箇所に発生したき裂がデッキプレートを貫通した場合，路面の平坦性などに影響を与えるため注意が必要である．そのため，道路橋示方書では，大型車の輪荷重が常時載荷される位置直下には原則として主桁・縦桁を配置しないことを規定している[2.3)]．なお，輪荷重が垂直補剛材溶接部の発生応力に影響を及ぼすのは，溶接部から橋軸直角方向に±1000mm程度の範囲内であることが確認されている[2.8)]．やむを得ず溶接部が輪荷重の常時載荷位置の近傍となる場合に対しては，デッキプレートとの溶接をなくすためにギャップを設ける構造[2.9)]や，溶接部の応力集中を緩和するために垂直補剛材上端部に半円形の切欠きを設ける構造[2.10)]等も検討されている．

2.3 デッキプレートと縦リブの溶接部

「④デッキプレートと縦リブの溶接部」の疲労き裂は，溶接ルート部から発生したき裂が溶接ビードを進展するき裂（④-1，以下，ビード貫通き裂）と，デッキプレートに進展するき裂（④-2，以下，デッキプレート貫通き裂）に分けられる．デッキプレートと縦リブ溶接部は構造上，閉断面リブ外側からの片面溶接となるため，施工品質や溶接溶込み量等に留意が必要である．

ビード貫通き裂は，輪荷重が縦リブ直上に載荷されることにより閉断面リブ側面に鉛直方向力と面外曲げが生じ，これらに起因した溶接ルート部の応力集中により発生する．このき裂は溶接線上の複数の箇所から発生し，これらがビード表面へ進展する過程で結合することにより溶接線方向に沿ったき裂となる．

このき裂に対しては，溶込み量の確保による応力集中の緩和が有効である[2.2)]．一方で完全溶込み溶接で施工することは困難であることから2002年の鋼道路橋の疲労設計指針[2.11)]において，閉断面リブの板厚に対して75%以上の溶込みの確保が規定された．現在は道路橋示方書でも，同様に規定されている[2.3)]が，75%以上の溶込み量の施工性については，本州四国連絡橋製作にあたっての種々検討結果などを踏まえ，実用的な施工限界として採用されたものである．

一方，米国においても，溶込み量を確保することが求められ，例えば，1994年のAASHTO（American Association of State Highway and Transportation Officials）の規定では，裏当て金を用いない片側溶接の密着性や施工性を考慮し，溶込み量が閉断面リブの板厚に対して80%以上と規定されている[2.12)]．なお，この規定がビード貫通き裂の補修に対するイギリスのTRRL (Transport and Road Research Laboratory)の検討[2.13),2.14)]を踏まえたものであるかは不明である．その後，2012年には，ブロースルーを起こさずに80%の溶込み量を確保することは非常に難しいことや，「④デッキプレートと縦リブの溶接部」の疲労き裂に関するKolstein[2.15)]やSimら[2.16)]の研究成果を勘案し，溶込み量80%は目標値とし，下限値として70%，ルートギャッ

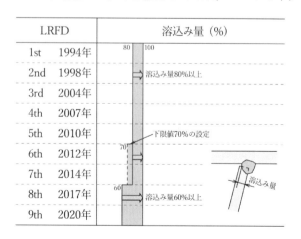

図2-2 AASHTO LFRDにおける溶込み量の規定の変遷

プ量を 0.02in(0.5mm)以下が示された [2.17]. さらに, 2017 年には, 当該溶接線の溶接溶込み量は 60%以上と規定された [2.18] (**図 2-2**). これは, 溶接ののど厚が縦リブの板厚以上で, 溶接溶込み量が縦リブの板厚の 60%以上確保されていれば, 疲労強度に問題がないという Fisher ら [2.19] の検討結果を受けたものである.

デッキプレート貫通き裂は, 輪荷重の載荷に伴うデッキプレートの局所的な負曲げによる溶接ルート部の応力集中により発生する. 具体的には, 縦リブの溶接線をダブルタイヤが跨ぐ場合や, シングルタイヤが 1 本の縦リブ内にはまり込む載荷で溶接ルート部の応力が高くなる. また, 舗装が薄層の場合や舗装の劣化により荷重分散効果が低下している場合等でも応力が増加するため留意が必要である. このき裂に対する対策としては, デッキプレートの曲げ剛性を確保することが重要である. 車道部のデッキプレートの最小板厚は舗装の劣化への配慮から 12mm と規定されているが, デッキプレートの板厚を増加させることが疲労耐久性向上に有効であるという検討結果より, 道路橋示方書では, 閉断面リブ鋼床版に限り大型車の輪荷重が常時載荷される位置直下において 16mm とするよう規定している [23].

2.4 縦リブ現場継手部スカラップ部の溶接部

「⑤縦リブ現場継手スカラップ部の溶接部」のまわし溶接部のき裂は, 縦リブ側の溶接止端部から発生するき裂とデッキプレート側溶接止端部から発生するき裂に分けられるが, 前者の事例が大半である. しかし, いずれのき裂もデッキプレート方向に進展していく傾向があり, 路面への影響に注意が必要である. これらのき裂は, 輪荷重の直上載荷により発生するせん断力がスカラップ内部のデッキプレートに局所的な面外変形を生じさせ, これに起因した溶接止端部の応力集中により発生する. よって, 従来 120mm 程度の大きさであったスカラップは, 2002 年の鋼道路橋の疲労設計指針 [2.11] において 80mm 以下とすることが示され, 2017 年の道路橋示方書の規定として反映されている [23]. なお, 上限値の 80mm は放射線透過試験用の X 線フィルムの設置が可能であること, および超音波探傷試験おいてスカラップ部のまわし溶接部の影響が排除できることを考慮して定められている.

2.5 デッキプレートと横リブの溶接部

「⑥デッキプレートと横リブ（ダイアフラム）のまわし溶接部」のき裂は, 横リブ側の溶接止端部から発生するき裂とデッキプレート側の溶接止端部から発生するき裂に分けられるが, 前者の事例が大半である. 横リブ側の溶接止端部から発生したき裂は, デッキプレート方向および横リブ方向のいずれの方向へも進展事例が確認されており, 前述のデッキプレートと縦リブの溶接部の疲労き裂で示したビード貫通き裂発生箇所と同じ箇所での発生事例が多い. このき裂に対しては,「①縦リブと横リブ（ダイアフラム）の溶接部（スカラップ部）」と同様に, 道路橋示方書では, この部分のスカラップは設けないことと規定している [23].

2.6 縦リブと縦リブの突合せ溶接部

「⑦縦リブと縦リブの突合せ溶接部」において, 溶接が現場で実施される場合, 一般に裏当て金付きの突合せ溶接となるが, ルートギャップや目違いが発生しやすく, また, 上向き溶接が含まれるなど難易度が高い溶接となるため留意が必要である. 裏当て金側から発生したき裂の多くが溶接ビードを貫通し閉断面リブ表面に達し, ビードに沿って進展したき裂がさらにデッキプレートまで到達した事例も報告されている. 道路橋示方書では, 曲げモーメントの大きい縦リブ支間中央部の L/2（L：縦リブ支間長）の範囲に継手を設けないこと, 継手は高力ボルト摩擦接合継手を標準とし, やむを得ず溶接継手とする場合は, 裏当て金を用いた完全溶込み溶接とすることなどが示されている [23].

2.7 その他の溶接部

「⑧縦リブと端ダイアフラムの溶接部」のき裂は, 剛性の高い端ダイアフラムに対し, 近傍の縦リブ直上への輪荷重載荷に起因する縦リブの曲げ変形による引張応力が繰返し作用することが原因で発生すると考えられている. き裂は溶接ルート部から発生し, 部材精度の確保が難しくのど厚が小さくなる縦リブ側の溶接止端部方向に進展した事例が多く発生している.「⑨横リブ（ダイアフラム）と主桁ウェブの溶接部」のき裂は, 報告事例は少ないが, き裂が主桁ウェブ方向に進展した場合, 橋梁の崩壊を招く危険な損傷となることから, 留意が必要である.

第3節 開断面リブ鋼床版の疲労き裂

図 3-1 は, これまでに確認されている開断面リブ鋼床版の主な疲労き裂の発生部位を示したものである [3.1]. それぞれのき裂の詳細は「鋼床版の疲労（2010 年改訂版）」[3.1] も参考にされたい.

縦リブと横リブ（ダイアフラム）の溶接部に生じる疲労き裂は, **図 3-1** に示すように①の上側スカラップ部と②の下側スリット部を起点とするものに分けられる. これらのき裂のうち, ①の上側スカラップ部に対しては, 閉断

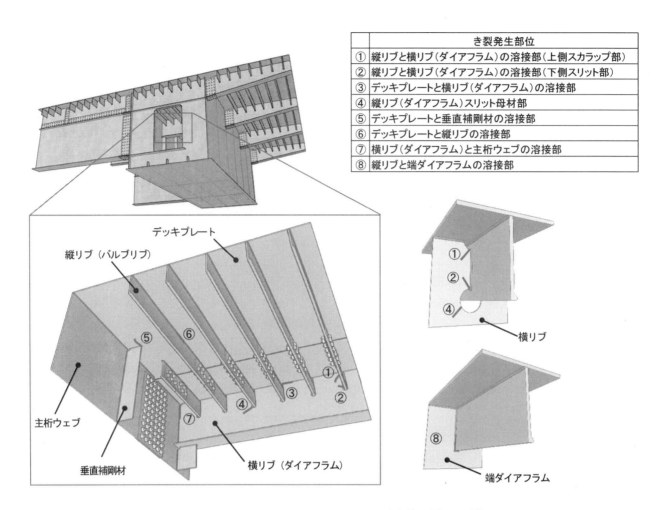

図3-1 開断面リブ鋼床版の疲労き裂タイプ[3.1)]を改変(一部修正)して転載

面リブ鋼床版と同様にスカラップの省略により防止できると考えられることから，道路橋示方書ではスカラップを設けないことと規定している[3.2)]．②の下側スリット部のき裂は，①の上側スカラップ部や「③デッキプレートと横リブ（ダイアフラム）の溶接部」，「④横リブ（ダイアフラム）スリット母材部」のき裂に比べ発生事例が多く[3.1),3.3)]，その要因は輪荷重の通過に伴うスリット部の応力集中と考えられている．文献3.3)では，スリット部の半径と疲労き裂との関係に着目し，スリット部の半径が20~30mmと比較的小さい場合に疲労き裂が発生していることを明らかにしている．スリット部の半径が小さい場合，応力集中が増加するとともに製作時のまわし溶接の品質の確保が困難となる．このため，道路橋示方書では平リブとバルブリブに対するスリットの形状が規定され，スリットの半径は35mmとなっている[3.2)]．

「⑤デッキプレートと垂直補剛材の溶接部」のき裂の特徴は，前述の閉断面リブの場合と同様である．その他，「⑥デッキプレートと縦リブの溶接部」，「⑦横リブ（ダイアフラム）と主桁ウェブの溶接部」，「⑧縦リブと端ダイアフラムの溶接部」の疲労き裂の発生事例は少ない．

第2章 参考文献

第1節

1.1) （社）土木学会：鋼床版の疲労2010改訂版，2010.

1.2) 川畑篤敬，井口進，内田大介，松下裕明，玉越隆史，石尾真理：鋼床版橋梁の疲労損傷を対象とした調査点検手法の立案に向けた実態調査，土木学会第5回床版シンポジウム講演論文集，pp.241-246，2006.

第2節

2.1) （社）土木学会：鋼床版の疲労2010改訂版，2010.

2.2) 三木千壽，舘石和雄，奥川淳志，藤井裕司：鋼床版縦リブ・横リブ交差部の局部応力と疲労強度，土木学会論文集，No.519/I-32，pp.127-137，1995.

2.3) （公社）日本道路協会：道路橋示方書（II鋼橋・鋼橋編）・同解説，2017.

2.4) 判治剛，加藤啓都，舘石和雄，崔誠珉，平山繁幸：閉断面リブを有する鋼床版の横リブスリット部の局部応力特性，構造工学論文集，Vol.59A，pp.781-789，2013.

2.5) 井口進，寺尾圭史，西野崇史，村越潤：鋼床版SFRC

舗装施工前の静的載荷試験，土木学会第60回年次学術講演会概要集，CS10-017，pp.333-334，2005.

2.6) 栗原康行，鞆一：GFRP製密閉ダイヤアラムを用いた縦桁－横リブ交差部の疲労耐久性向上検討，土木学会第64回年次学術講演会概要集, I-156, pp.311-312，2009.

2.7) 杉山裕樹，田畑晶子，春日井俊博，石井博典，井口進，清川昇悟，池末和隆：鋼床版のUリブ－横リブ交差部における下側スリット部の疲労耐久性向上構造の検討，土木学会論文集A1，Vol.70，No.1，pp.18-30，2014.

2.8) 齊藤史朗，内田大介，小野秀一，井上一麿，村越潤：鋼床版垂直補剛材上端部の応力性状と疲労寿命に関する検討，鋼構造年次論文報告集，第29巻，pp.465-475，2021.

2.9) 例えば，内田大介，齊藤史朗，井口進，村越潤：鋼床版垂直補剛材溶接部の局部応力に関する解析的検討，構造工学論文集A，Vol.66A，pp.562-575，2020.

2.10) 高田佳彦，川上順子，酒井優二，坂野昌弘：半円切欠きを用いた既設鋼床版主桁垂直補剛材上端溶接部の疲労対策，鋼構造論文集，第16巻，第62号，pp.35-46，2009.

2.11) （社）日本道路協会：鋼道路橋の疲労設計指針，2002.

2.12) American Association of State Highway and Transportation Officials : AASHTO LRFD Bridge Design Specifications, First Edition, 1994.

2.13) S.J. Maddox：Fatigue of welded joints loaded in bending, TRRL Supplementary Report 84UC, 1974.

2.14) S.J. Maddox：The fatigue behavior of trapezoidal stiffener to deck plate welds in orthotropic bridge decks, TRRL Supplementary Report 96UC, 1974.

2.15) Kolstein, M.H.: Fatigue Classification of Welded Joints in Orthotropic Steel Bridge Decks, Ph.D. Dissertation. Delft University of Technology, The Netherlands, ISBN 978-90-9021933-2, 2007.

2.16) K Sim, H. and Uang, C.: Effects of Fabrication Procedures and Weld Melt-Through on Fatigue Resistance of Orthotropic Steel Deck Welds, Report No. SSRP-07/13. University of California, 2007.

2.17) American Association of State Highway and Transportation Officials : AASHTO LRFD Bridge Design Specifications, Sixth Edition, 2012.

2.18) American Association of State Highway and Transportation Officials : AASHTO LRFD Bridge Design Specifications, Eighth Edition, 2017.

2.19) Fisher, J. W., and J. M. Barsom : Evaluation of Cracking in the Rib-to-Deck Welds of the Bronx-Whitestone bridge, Journal of Bridge Engineering, ASCE, Volume 21, No. 3, 2016.

第3節

3.1) （社）土木学会：鋼床版の疲労2010改訂版，2010.

3.2) （公社）日本道路協会：道路橋示方書（II鋼橋・鋼橋編）・同解説，2017.

3.3) 堀江佳平，高田佳彦：阪神高速道路の鋼床版疲労傷の現状と取組み，土木学会鋼構造と橋に関するシンポジウム論文報告集，Vol.10，pp.55-69，2007.

第3章 鋼床版の疲労き裂発生状況

第1節 縦リブ形式別のき裂発生状況

「鋼床版の疲労（2010年改訂版）」[1.1)]では国内の疲労き裂の発生状況が集計され，縦リブ形式別の発生割合と数が示されているが，その後もき裂の発生が報告されている．当委員会で調査した，2021年度時点の縦リブ形式別のき裂タイプごとのき裂概数を表1-1，表1-2に示す．

1.1 閉断面リブ鋼床版

代表的な2つの都市内高速道路において管理している閉断面リブ鋼床版では，2010年度以降，新たなタイプのき裂は発見されていない．一方で発見されたき裂の総数は，約10年間で2.6倍となっている．そのうち，き裂総数の7割を占めていた「②縦リブと横リブ（ダイアフラム）の溶接部（スリット部）」，「③デッキプレートと垂直補剛材の溶接部」のき裂数は，2倍程度となった．一

方，「④デッキプレートと縦リブの溶接部」のき裂数は4倍となり，き裂総数に占める割合も増えている．

「⑤縦リブ現場継手部スカラップ部の溶接部」，「⑥デッキプレートと横リブ（ダイアフラム）の溶接部」，「⑦縦リブと縦リブの突合せ溶接部」，「⑧縦リブと端ダイアフラムの溶接部」，「⑨横リブ（ダイアフラム）と主桁ウェブの溶接部」については，前回の調査と同様，き裂総数に対する割合は少ない傾向にある．

1.2 開断面リブ鋼床版

閉断面リブ鋼床版と同様に過去10年で新たなタイプのき裂は発見されていない．き裂の総数は，2010年度以前の2.3倍程度に増加している．このうち「③デッキプレートと横リブ（ダイアフラム）溶接部」が2,040箇所増加し，2010年以前の6.7倍となっている．また，これまで大部分を占めていた「②縦リブと横リブ（ダイアフラム）の溶接部（スリット部）」，「④横リブスリット母材部」のき裂も1,990箇所増加し，2010年以前の1.7倍となっている．

表1-1 閉断面リブ鋼床版のき裂概数とその増加率

き裂タイプ	2010年度版 き裂数（A）	2021年度 き裂数（B）	増加数 (B)−(A)	き裂増加率 (B)/(A)
①縦リブと横リブ（ダイアフラム）の溶接部（スカラップ部）	60	900	840	15.00
②縦リブと横リブ（ダイアフラム）の溶接部（スリット部）	2,700	5,800	3,100	2.15
③デッキプレートと垂直補剛材の溶接部	2,200	4,400	2,200	2.00
④デッキプレートと縦リブの溶接部※	1,300	5,200	3,900	4.00
⑤縦リブ現場継手部スカラップ部の溶接部	40	80	40	2.00
⑥デッキプレートと横リブ（ダイアフラム）の溶接部	160	300	140	1.88
⑦縦リブと縦リブの突合せ溶接部	400	1,000	600	2.50
⑧縦リブと端ダイアフラムの溶接部	120	300	180	2.50
⑨横リブ（ダイアフラム）と主桁ウェブの溶接部	20	30	10	1.50
合　　計	約7,000	約18,000	約11,000	2.60

※）④のき裂タイプには，第2章図2-1に示す「④-1 ビード貫通き裂」および「④-2 デッキ貫通き裂」の両方のき裂タイプを含み，④-2は貫通に至っていないき裂も含む．

表1-2 開断面リブ鋼床版のき裂概数とその増加率

き裂タイプ	2010年度版 き裂数（A）	2021年度 き裂数（B）	増加数 (B)−(A)	き裂増加率 (B)/(A)
①縦リブと横リブ（ダイアフラム）の溶接部（スカラップ部）	20	50	30	2.50
②縦リブと横リブ（ダイアフラム）の溶接部（スリット部） ④横リブスリット母材部	2,810	4,800	1,990	1.71
③デッキプレートと横リブ溶接部	360	2,400	2,040	6.67
⑤デッキプレートと垂直補剛材の溶接部	220	550	330	2.50
⑥デッキプレートと縦リブ溶接部	20	25	5	1.25
⑦横リブと主桁ウェブ溶接部	10	10	0	1.00
⑧縦リブと端ダイアフラムの溶接部	60	90	30	1.50
合　　計	約3,500	約8,000	約4,500	2.29

その他のき裂数については，約10年間で増加は少ない傾向である．

第2節　主なき裂の起点および進展方向の傾向

表1-1，表1-2にき裂タイプごとのき裂数を示したが，き裂タイプはき裂の起点や進展方向によりさらに細分化される．ここでは，閉断面リブ鋼床版において数多く発見されているき裂を対象にき裂の起点と進展方向を調査した結果を示す．なお，調査対象は，表1-1，表1-2で計上した全てのき裂ではなく，一部の路線のき裂を対象としており，割合などは参考値であることに留意されたい．

2.1　縦リブと横リブの溶接部（スリット部）

縦リブと横リブの溶接部（スリット部）のき裂は，主に図2-1に示すようにまわし溶接部における縦リブ側の溶接止端部と横リブ側の溶接止端部に発生するものがある．これらのき裂の発生比率について，調査対象の路線では約70%が縦リブ側の溶接止端部を起点とするき裂であった．一方，横リブ側の溶接止端部を起点とするき裂は約10%であった．その他の20%は，縦リブと横リブの上側のスカラップとスリット間の溶接部に発生したき裂であった．これは，縦リブと横リブの組立て誤差により生じたルートギャップ部の溶接欠陥などを起点としていた．

2.2　デッキプレートと垂直補剛材の溶接部

デッキプレートと垂直補剛材の溶接部のき裂（図2-2）については，主にデッキプレート側止端部もしくは垂直補剛材側止端部を起点とするき裂が発見されている．2.1と同様の路線の事例では，約83%がデッキプレート側のまわし溶接止端部を起点とするき裂が発見されており，約15%が垂直補剛材側止端部を起点とするき裂が発見されている．

なお，文献2.1)の調査では，首都高速道路において約70%が垂直補剛材止端部，阪神高速道路において約70%がデッキプレート側止端から発生している．このような違いは鋼床版の構造諸元や荷重条件，溶接形状の違い等が影響しているとされている．また，事例は少ないものの，デッキプレートと垂直補剛材のルートギャップが大きい場合には，溶接ルート部から生じる疲労き裂も報告されていることが示されている．

2.3　デッキプレートと縦リブの溶接部

第2章に示したように，デッキプレートと縦リブ（閉断面リブ）の溶接部の疲労き裂には，ビード貫通き裂とデッキプレート貫通き裂がある．これらのき裂について，表1-1に示したデッキプレートと縦リブの溶接部の約5,200のき裂のうち，進展方向が把握できている約3,800のき裂では，ビード貫通き裂が70%，デッキプレート貫通き裂（デッキプレートの貫通に至っていないものも含む）が30%の割合であった（図2-3）．なお，これらのき裂のほとんどは，当該溶接部の溶込み量を縦リブの板厚の75%以上確保することと規定した道路橋示方書[2.2)]以前の鋼床版に発生したものであった．

ビード貫通き裂は，図2-4に示すようにき裂の進展に伴い，36%が閉断面リブ側面もしくはデッキプレートへ分岐するものがある（図2-5）．

分岐するき裂は，閉断面リブ側面に分岐するもの（図2-5(a)）が大半である．デッキプレートへ分岐するき裂には，

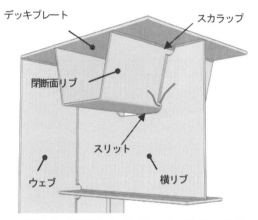

図2-1　閉断面リブと横リブ交差部のき裂

図2-2　デッキプレートと垂直補剛材のき裂

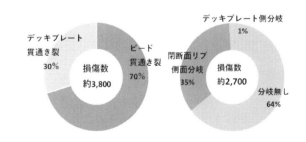

図2-3　進展方向の割合　　図2-4　分岐方向の割合

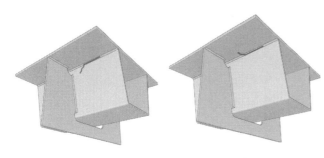

(a) 閉断面リブ側面方向　(b) デッキプレート方向

図2-5　ビード貫通き裂の分岐

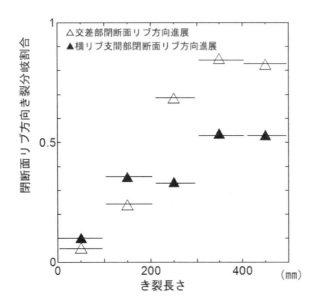

図2-6　き裂長さによる分岐割合

溶接線から外れて閉断面リブの外側（図2-5(b)）あるいは内側へ進展するものが確認されているが，これらは極めて稀なき裂である．

図2-6は，都市内高速道路のある路線にて発見された約1,200のビード貫通き裂について，き裂長さとその長さのき裂が閉断面リブ側へ分岐する割合を横リブ交差部と支間部のき裂に分けて整理した結果である．図中のき裂長さは，100mm単位でその中央値（例えば，き裂長さ100mmから200mmであれば中央値150mmをプロット）を示している．横リブ交差部と支間部ともに，き裂長さが長くなるほど閉断面リブへ分岐する割合が高くなり，300mmを超えると50%を超過する．また，支間部と横リブ交差部を比較すると，横リブ交差部の方が，き裂が閉断面リブ方向へ分岐する割合が高い傾向にある．

第3節　供用年数ごとのき裂発生傾向

「鋼床版の疲労（1990年版）」[3.1)]発刊当時は，垂直補剛材溶接部，横リブ交差部等に疲労き裂が報告されるのみであったが，その後，閉断面リブ溶接部のビード貫通き裂やデッキプレート貫通き裂を含めた様々なき裂が報告されるようになり，「鋼床版の疲労（2010年改定版）」[3.2)]に取りまとめられている．2010年度以降は**第1節**に示したように，新しいタイプのき裂の報告はないものの，き裂の増加率はき裂タイプによって変化しており，き裂が確認される時期はき裂タイプによって異なるようである．

そこで本節では，供用開始以降の経時的なき裂数の推移を縦リブ形式別に整理した例を紹介する．なお，き裂が確認されるまでの年数は，大型車の交通量や走行位置等によって異なることに留意されたい．

3.1　閉断面リブ鋼床版のき裂数の推移

き裂タイプごとの経過年数とき裂の確認数の例を**図3-1**，**図3-2**に示す．これらは，同一路線で供用開始年度が異なるが，鋼床版の構造詳細は同様で，縦リブ支間長のみ異なる事例である．

図3-1は供用開始より30年程度経過した路線（鋼床版約70径間，交通量約4万台/日/片側3車線）において，供用開始からき裂が確認されるまでの経過年数と累積き裂数をき裂タイプごとに整理した結果である．この例ではき裂は経過年数10年から確認され，その1年後から「②縦リブと横リブ（ダイアフラム）の溶接部（スリット部）」，「③デッキプレートと垂直補剛材の溶接部」のき裂が急激に増加している．その理由としては，目視により発見された塗膜割れ箇所に対する非破壊検査手法が，浸透探傷試験からより検出精度の高い磁気探傷試験に移行していったことや，点検員の習熟度の向上による検知精度

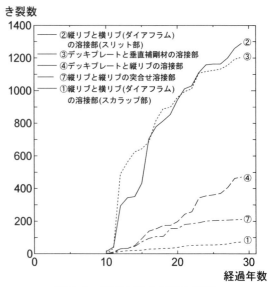

図3-1　経過年数と累積き裂数
（閉断面リブ鋼床版：供用後30年程度）

の向上が考えられる．また，「④デッキプレートと縦リブの溶接部」のき裂については，経過年数10年以降，徐々に確認されている．

図3-2は，供用開始より20年〜23年経過した路線（鋼床版約140径間，交通量約2万台/日/片側3車線）の例である．この例では経過年数4年で「②縦リブと横リブ（ダイアフラム）の溶接部（スリット部）」，「③デッキプレートと垂直補剛材の溶接部」のき裂が発見されるようになり，「④デッキプレートと縦リブの溶接部」のき裂は，経過年数10年以降から確認されている．

鋼床版新設設計時の適用基準による構造詳細の違いや供用後の交通量や活荷重の実態によって，き裂の発生時期が異なるため，一概にき裂の発生時期に言及することは難しい．ここで示した2つの路線は，交通量に2倍の差があり，き裂タイプごとの累積き裂数は異なるが，供用開始初期において，「②縦リブと横リブ（ダイアフラム）の溶接部（スリット部）」，「③デッキプレートと垂直補剛材の溶接部」にき裂が発生した後，「④デッキプレートと縦リブの溶接部」のき裂が発生するという傾向は同じであった．なお，「⑦縦リブと縦リブの突合せ溶接部」のき裂については，供用開始初期にき裂が発生しその後は発生する頻度は少なくなる傾向であった．

3.2 開断面リブ鋼床版のき裂数の推移

図3-3は，供用開始より50年程度経過した路線（鋼床版約30径間，交通量約3万台/日/片側2車線）の例である．この例では経過年数25年程度で，各種き裂がほぼ同時に確認されている．その後，累積き裂数は交差部スリット部（「②縦リブと横リブ（ダイアフラム）の溶接部（スリット部）」＋「④横リブスリット母材部」），「①縦リブと横リブ（ダイアフラム）の溶接部（スカラップ部）」，「⑤デッキプレートと垂直補剛材の溶接部」の順で多く確認されている．

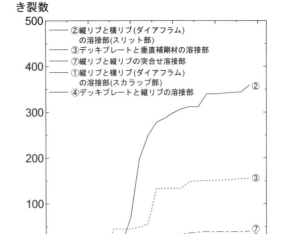

図3-2　経過年数と累積き裂数
（閉断面リブ鋼床版：供用後20〜23年程度）

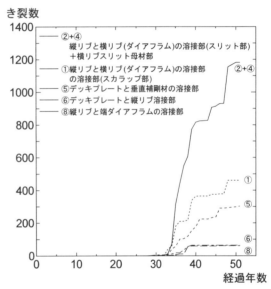

図3-3　経過年数と累積き裂数
（開断面リブ鋼床版：供用後50年程度）

第3章　参考文献
第1節
1.1)　（社）土木学会：鋼床版の疲労 2010改訂版，2010.

第2節
2.1)　（社）土木学会：鋼床版の疲労 2010改訂版，2010.
2.2)　（社）日本道路協会：道路橋示方書（Ⅰ共通編・Ⅱ鋼橋編）・同解説，2002.

第3節
3.1)　（社）土木学会：鋼床版の疲労，1990.
3.2)　（社）土木学会：鋼床版の疲労 2010改訂版，2010.

第4章 鋼床版の点検・調査手法

第1節 鋼床版の点検・調査手法の概要

鋼床版の疲労き裂の検知については，近接目視により発見された塗膜割れ箇所の塗膜を部分的に除去した上で，磁気探傷試験を実施する手法が一般的である．しかしながら，閉断面リブ鋼床版のデッキプレートと縦リブ溶接部から発生するき裂，すなわち，き裂が溶接ビード貫通後にしか検知されないビード貫通き裂や，通常の近接目視を基本とした手法では検知が困難なデッキプレート貫通き裂等は，早期の検知が困難なき裂として問題となっている．

さらに，塗膜割れ箇所を部分的に除去して磁気探傷試験を実施する手法についても，鋼床版を含めた鋼橋に疲労損傷が数多く報告される昨今では，効率性の面からの課題も指摘されるようになってきている．

このような状況の中，各機関においては，これらの問題を解決するための新しい非破壊検査技術の開発，導入が進められている．「鋼床版の疲労（2010年改訂版）」[1.1)]発刊当時は，主には超音波探傷試験，渦電流探傷試験，赤外線画像処理等を利用したより高度な手法が試行導入もしくは検討されている状況であったが，その後本格的に導入された事例や，新たに検討されている手法もある．ここでは，これらの手法のうち，**表 1-1** に示す点検・調査手法の検討，導入事例を紹介する．

第2節 渦電流探傷試験を用いたき裂の検出

2.1 事例1：閉断面リブのデッキプレートと縦リブ溶接部 [2.1)-2.3)]

ここでは，阪神高速道路で実用化されている自走式鋼床版探査装置について，その概要や探査原理，調査事例等を紹介する．

2.1.1 鋼床版探査装置の概要

本装置は阪神高速道路（株），阪神高速技術（株），日本電測機（株）が開発した自走式鋼床版探査装置である．本装置は舗装上から非接触でデッキプレート貫通き裂（**写真 2-1**）を探査するために渦電流探傷試験の原理が適用されている．

阪神高速道路ではそれまで橋梁下面側からフェーズドアレイ超音波探傷試験による調査を実施していたが，高所作業車や橋梁点検車を用いた調査は，探査速度や効率性，経済性に課題があった．また，SFRC 舗装（**第5章 第3節**）の施工前に当て板補修を実施するためにも，床版上面から舗装を撤去することなく，デッキプレート上面ま

表 1-1 本章で紹介する点検・調査手法

対象部位		節・項	試験方法
② 縦リブと横リブ（ダイアフラム）の溶接部（スリット部）		2.2	渦電流探傷試験
④ デッキプレートと縦リブの溶接部	ビード貫通き裂	3.	赤外線画像処理
		4.1	フェーズドアレイ超音波探傷試験
		4.2	FMC/TFM 超音波探傷試験
	デッキプレート貫通き裂	2.1	渦電流探傷試験
		4.1	フェーズドアレイ超音波探傷試験
		4.2	FMC/TFM 超音波探傷試験

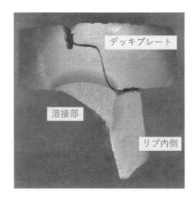

写真 2-1 閉断面リブ デッキプレート貫通き裂の例[2.2)] を基に改変転載（一部抜粋して作図）

で貫通したデッキプレート貫通き裂を検知可能な手法が求められていた．

当該装置の写真を**写真 2-2** に概略図を**図 2-1** に示す．本装置は，デッキプレート貫通き裂の検出を行う渦電流探傷部と電源，それらを牽引する走行部等から構成される．渦電流探傷部（**写真 2-2(b)**）は4基のコイルが配置され，それらを左右（橋軸直角方向）に往復運動させながら前進することで，連続した探査が可能となっている．各コイルがそれぞれ1溶接線の探査を担っており，1度の走行で片側の輪荷重位置（閉断面リブ2つの4溶接線）に発生しているデッキプレート貫通き裂を検出する．探査結果は，制御用PCにリアルタイムで表示され，き裂の疑いのある箇所が即時に把握できる．

2.1.2 探査原理

交流電流を流したコイルを金属等の導体に近づけると，磁束の影響により導体内部に渦電流が生ずる．この渦電流は，導体表面にき裂等による不連続面が存在した場合に変化が生じる．渦電流探傷試験は，その渦電流の変化がコイルのインピーダンスに及ぼす影響を捉えることで導体表面の変状を把握するものであり，探査対象の寸法や探査精度に応じて一般に数 kHz から数 MHz の周波数が用いられる．

(a) 装置全景

図 2-1 自走式鋼床版探査装置の概略図 2.2) を改変（一部抜粋）して転載

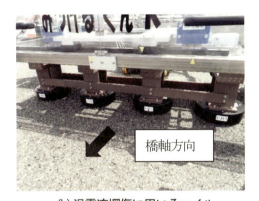

(b) 渦電流探傷に用いるコイル

写真 2-2　自走式鋼床版探査装置

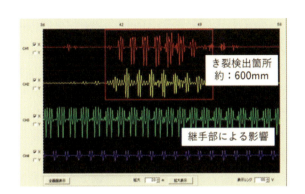

図 2-2　探査結果の一例 2.2) を改変（一部抜粋）して転載

　自走式鋼床版探査装置では4基のコイルごとにリサージュ波形が変換され，検査波形が探査結果画面に表示される．図 2-2 に長さ約600mmのき裂と推察される信号の検出状況を示す．探査結果を基に舗装を撤去し，き裂を確認することとなる．

2.1.3　調査事例と効果の分析

　自走式鋼床版探査装置は，2015年度からの運用が開始され，2017年度には検査効率の向上を目的に探査装置を追加し，2台体制での探査が実施されている．探査総延長は，2021年度までの7年間で約120kmに達し，2027年度内には阪神高速道路における閉断面リブ鋼床版の全延長の探査が完了する予定となっている．

　自走式鋼床版探査装置の運用により得られる効果は，以下に示す3点である．

(1) 探査の効率化

　フェーズドアレイ超音波探傷試験は，本探査装置と比較して検出精度に優れているが，1日当たりの探査速度は，フェーズドアレイ超音波探傷試験が約10mであるのに対し，本探査装置による探査速度は最大約250mである．文献2.3)の事例では，本探査装置をフェーズドアレイ超音波探傷試験実施のスクリーニングに用い，約20倍の探査効率を得ている．

(2) 交通への影響の低減

　箱桁内面以外でのフェーズドアレイ探傷試験による探査には，交通規制を伴う橋梁点検車などの使用が必要となる場合が多い．本探査装置を使用する場合においても，交通規制が必要となるが，規制日数が大幅に短縮されるため，交通渋滞等の影響の低減に寄与している．

(3) 探査コストの削減

　探査コスト比については，箱桁内面におけるフェーズドアレイ超音波探傷試験を1.0とした場合，本探査装置による探査は交通規制が必要となるものの，探査速度の速さからコスト比は0.4となる．さらに，箱桁外面におけるフェーズドアレイ超音波探傷試験を考えると，交通規制や高所作業車などの仮設備の必要性からそのコスト比はおよそ3.0となり，本探査装置の優位性が非常に高いことがわかる．

2.2　事例2：縦リブと横リブの溶接部（スリット部）[2.4,2.5]

2.2.1　渦電流探傷事例の概要

　既設橋梁の点検では，近接目視による点検が基本であり，必要に応じて非破壊検査等を併用するとしている．塗装橋梁の場合，橋梁点検員は，疲労き裂が発生しやすい溶接止端部に塗膜割れが生じているか否かに基づき，目視でのスクリーニング検査を実施している．現在の疲労き裂の点検では，見つけた塗膜割れに対して，その全数の塗膜を除去し磁気探傷試験（以下，MT）を実施するのが一般的である．しかし，塗膜の経年変化による脆化，体積収縮等，疲労き裂の有無とは無関係に発生する塗膜割れが

多い場合もあり，塗膜割れから疲労き裂が発見される割合は低くなることもある．文献 2.6)では MT を実施する際のスクリーニング調査として渦電流探傷試験（以下，ET）を試行し，点検の効率化の可能性を示している．この結果を受け，文献 2.4)および文献 2.5)では，鋼斜張橋の閉断面リブと横リブの溶接部を対象とした ET による調査の実用化を目的に，MT による調査との検出率の比較を検証しており，ここではその結果を紹介する．

2.2.2 探傷原理

渦電流探傷装置は，センサーコイルに電圧を印加して生じた渦電流に対し，キズなどにより遅れが生じた渦電流の検出電圧との位相差（位相角）を V_x 信号成分と V_y 信号成分に分離することができる．一般的にセンサーコイル直近のセンサ走査により生じたガタノイズを V_y 信号成分とし，センサから少し離れたきずによる信号を V_x 信号成分として検出することで，ノイズ信号とキズ信号とが分離でき，キズの検出が可能になる．本検討に用いた渦電流探傷装置を図 2-3 に，探傷の様子を図 2-4 に示す．図中の装置 A はセンサの寸法が大きいため溶接止端に沿って直線に走査する用途で，装置 B はセンサ寸法が小さいためまわし溶接部等曲線に走査する用途で使い分けている．検査結果の一例を図 2-5 に示す．左図は ET ではきず信号が得られなかったが，止端部にさび汁を伴う塗膜割れが生じていたため，MT を実施したところき裂が生じていなかった一例を示している．右図は止端部に塗膜割れが生じており，ET が困難であったため MT を実施したところ止端部に 6mm のき裂が生じていた結果を示している．図 2-5(d)および(e)に，装置 A および装置 B の検査波形を示す．基準感度やセンサ角度は双方とも同じとなるように調整されている．ET の周波数は 30kHz（装置A），および 100kHz（装置 B）とし，基準感度は，センサのガタノイズ（雑音）信号が $V_x=0V$ となるように位相角を調整し，標準試験片の人工スリット傷(幅0.2mm，深さ 0.5mm，長さ 5mm) に対するきず信号の振幅（絶対値）が $V_x=2V$ になるように設定されている．その後，実橋梁の横リブ下フランジの材端部に対しセンサを垂

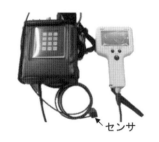

a) 装置 A　　　　　　b) 装置 B

図 2-3　渦電流探傷装置 [2.5]

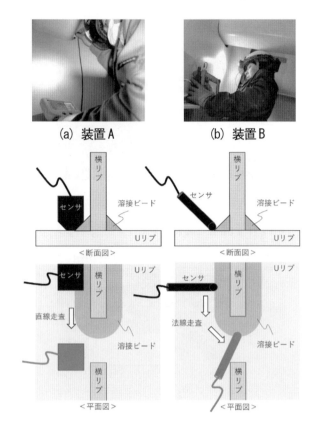

(a) 装置 A　　　　　　(b) 装置 B

(c) 装置 A の走査　　　(d) 装置 B の走査

図 2-4　渦電流探傷の様子

直方向に走査した際の材端信号が V_x 方向になるように位相角が調整されている．つまり，V_x 方向に 2V を超える電圧信号が生じた場合には，図 2-5(c)のまわし溶接部の止端に，深さ 0.5mm，長さ 5mm を超えるき裂が生じている可能性があり，V_y 方向に電圧信号が大きい場合には，センサのガタノイズや溶接形状などによる雑音成分が大きいことを示している．両装置共に V_x が 2V を超える電圧信号が生じた場合にき裂が生じていた．また，装置 B は装置 A に比べて，センサのガタノイズによる雑音の影響が大きく，V_y 方向の電圧信号も高くなる傾向が確認されている．

2.2.3 調査方法と効果の分析

検出率の検証のため上記の対象とした橋梁の 4 エリアについて，以下の 4 パターンの手法での調査が実施されている．

① 目視による点検により長さ 20mm を越える塗膜割れを見つけ，その箇所に対して MT を実施する手法

② ①の MT の結果に基づき，塗膜割れの発生位置を分析して，その結果をフィードバックして MT 実施箇所を選定し，MT を実施する手法

③ ①と②の結果から塗膜割れの発生位置および塗膜割れの形状と溶接ビードの形状，製作工区（製作会社の違い）を分析して，その結果をフィードバックして MT

(a) 塗膜割れ

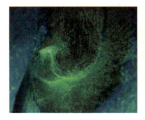
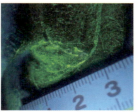

(b) MT指示模様

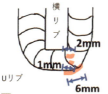

(c) き裂位置

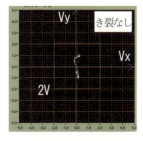
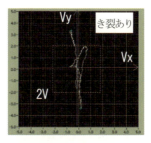

(d) 装置Aの検査波形

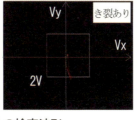

(e) 装置Bの検査波形

図2-5　検査波形の一例

表2-1　調査方法の比較

対象エリア	調査数量(m^2)	調査方法	MT箇所(個)	きず箇所(個)	検出率(%)
A	9,438	①	1,277	154	12
B	10,381	②	960	261	27
C	5,741	③	816	479	59
D	5,741	④	519	511	98

実施箇所を選定し，MTを実施する手法
④　ETを実施し，MT実施箇所を選定・実施する手法

調査結果を表2-1に示す．調査手法①，②，③，④となるに従い，検出率が向上している．特に，④のようにETを用いたスクリーニング検査を実施することで，検出率が98%となることがわかる．なお，④は①の調査時間の1/10の時間で終了している．本検討は箱桁内の内面塗装がされた部分を対象としたことで，大気環境に曝された外面塗装の部分よりも塗膜の性状が良好であり，塗替え塗装等による過膜厚の状態も少なかったことが98%という高い検出率に繋がった可能性があると推察されている．

ETは電磁誘導現象を用いているため，原理的にリフトオフ（鋼材とコイルとのギャップ，ここでは塗膜厚）による信号と雑音の比の低下の影響を受けやすい．加えて，ETは導電体となる鋼床版の溶接線の断面変化（例えば，鋼材のエッジ，溶接ビードの不整等）と，コイル走査によるセンサノイズの影響を受けやすい．そのため，例えば装置Aのような角型のプローブでは直線走査しかできないがセンサノイズによる影響は受けにくく，装置Bのようなペン型プローブでは曲線的に走査できるもののセンサノイズの影響を受けやすく検査者の技量が必要となる．今後の信頼性向上のため，塗替え塗装がされている鋼床版や，様々な製作年代，工場の鋼床版についてもデータを蓄積していく必要や，検査要領やきずを有する対比試験片を用いて，仕様に対して検査者の技量を確認する等の工夫が必要であると考えられる．

第3節　赤外線カメラを用いた温度ギャップ法によるき裂の検出

ここでは，本州四国連絡高速道路で実用化されている温度ギャップ法によるビード貫通き裂の検出技術について，開発の背景，検査原理，探傷事例，実用化事例等を紹介する．

3.1　開発の背景

従来のビード貫通き裂の検査は，主に近接目視によりき裂による塗膜割れを確認し，当該箇所でMTやPT（浸透探傷試験）等を実施してき裂の検出を行うものであった．このため，塗膜割れを伴わないような発生初期のき裂の検出は困難であった．また，検査箇所への接近のための足場施工が必要となる場合が多く，対象となる溶接線の総延長が膨大であることを考えると，効率面と経済面でも課題があった．

3.2 検査原理・特徴

検査原理を図3-1に示す．路面が日射を受け舗装が温められると，デッキプレートから縦リブへと熱が伝わる．ビード貫通き裂の発生部では，き裂の微小な隙間により熱伝導が阻害され，健全部と比較し，大きな温度差（以下，温度ギャップ）が生じる．この温度ギャップを赤外線カメラで検知することで，遠隔から非接触でき裂を検出する．

3.3 探傷事例[3.1)]

対象橋梁は，図3-2に示す鋼3+4径間連続鋼床版箱桁橋で，大型車両の輪荷重直下のデッキプレートと縦リブ溶接部を検査している．橋軸方向に移動できる作業車上に赤外線カメラ3台を設置し，移動させながら対象の溶接線周辺の温度が連続的に撮影されている．作業車の移動速度は15m/minであり，溶接線計測延長約10kmを1.5日で計測した．温度計測には，比較的安価な温度分解能約0.06℃の非冷却赤外線カメラが用いられている．

探傷結果の一例を図3-3に示す．図より，き裂部での温度ギャップが観察され，また温度ギャップが現れた領域は，その後の塗膜除去後に実施したMTで得られたき裂長さと概ね一致している．本き裂は目視でも塗膜割れが確認されたき裂（長さ80mm）であるが，調査では塗膜割れが生じていない比較的短いき裂（長さ40mm）も検出されたことも報告されている．

3.4 特徴および適用範囲[3.1),3.2)]

これまでの調査研究により明らかにされた温度ギャップ法の特徴や適用範囲を以下にまとめる．

・重防食塗装の塗膜下に発生・進展している疲労き裂を，塗膜を除去することなく検出できる．
・目視調査では発見できない塗膜割れを伴わない疲労き裂でも検出可能である．
・表面のき裂長さ40mm程度のき裂を十分な精度で検出するためには，要求される温度分解能0.03～0.06℃を満足する機種で，1mm/pixel以下の解像度での計測が必要である．
・良好な疲労き裂検出性を得るためには，溶接部周辺の温度勾配が0.027℃/mm以上となる熱移動が鋼床版に発生することが必要である．瀬戸内地方でこれを満足する時期は，3～9月であり，気候が異なる地域で適用する場合には，太陽高度等のデータから計測可能時期を設定する必要がある．
・溶接ビード表面のき裂長さや屈曲形状が，温度分布を基に推定できる．
・赤外線カメラを溶接線に沿って移動させながら連続

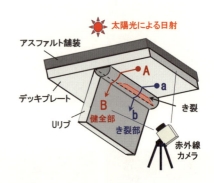
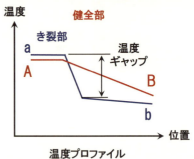

図3-1　温度ギャップ法の検査原理

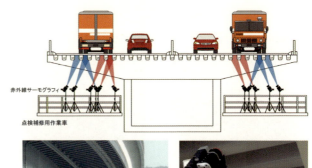

図3-2　調査概要

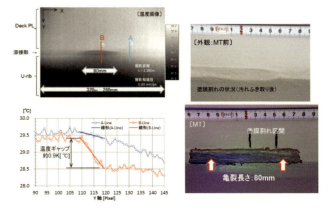

図3-3　探傷事例[3.1)]を基に改変転載（一部修正）

撮影を行った場合にも，移動速度が 15m/min 以下であれば，良好なき裂検出ができる．

・溶接線に直交する方向の温度微分値を基に，き裂による温度変化に対し，それ以外の温度変化（表面の汚れ，塗膜浮き等）により現れた外乱による見かけの温度変化と区別できる．

上記の温度微分値の特徴に基づいて，計測データから疲労き裂を自動的に検出することが可能である．

3.5 実用化事例 [3.2)]

ここでは，移動装置を兼ね備えた実用化システムについて紹介する．本システムは，図 3-4 に示すように，車輪式台車に撮影装置を搭載し，橋軸方向の連続撮影を行うものである．撮影装置には，赤外線カメラ，可視カメラ，距離計，ロータリーエンコーダ等を搭載している．システムの制御装置は車輪式台車（幅 180mm×長さ 470mm×高さ 180mm 程度）と撮影装置を無線で制御でき，録画・画像表示機能を有しているほか，撮影開始時にき裂検出可能な環境条件であることを確認する機能なども搭載されている．この事例では，左右の検査路と橋軸直角方向に移動可能な内面作業車に橋軸方向のレールを設置し，輪荷重の影響を受けるすべての溶接線の検査ができるように実用化されている．

図 3-5 は撮影結果の閲覧画面の例である．図の左の画像は温度分布，右の画像は温度微分値の分布を表している．前述したように，温度微分値の特徴からき裂とき裂以外の外乱を判別することが可能であり，またそれらの箇所を即座に確認することができる．その他，同期収録した位置情報や計測条件等の属性情報も表示し，最終判定する評価者を支援するシステムとなっている．

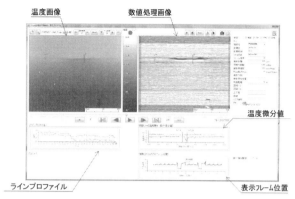

図 3-5　閲覧画面（例）[3.2)]

3.6 未貫通き裂への適用 [3.3)]

文献 3.3)では，未貫通のき裂であっても断熱効果により微小な温度変化があることを期待して，未貫通き裂に対する温度ギャップ法の適用性について基礎的な研究が行われている．

図 3-6 に実験装置の概要を示す．試験片は，材質 SS400，寸法 300mm×60mm×10mm の平板である．試験片の中央部には，初期切欠きを設けた後に 4 点曲げによる繰返し負荷を与えて生じさせた幅 30mm，深さが板厚の半分程度の疲労き裂を有している．この試験片の一端を冷却，もう一端を加熱して，試験片内にき裂面と直交する方向に温度勾配を与えられている．温度勾配は健全部で 0.04℃/mm となるように設定されたが，この温度勾配の大きさは，鋼床版デッキプレート・閉断面リブ付近における 4～8 月の日中に相当する値（瀬戸内地方）である．

試験片に規定の温度勾配が生じ，温度分布が定常になった状態で，き裂部に対して裏側の面の温度分布を赤外線カメラにより計測することで，未貫通き裂への適用を模擬している．

図 3-7 は，き裂長さ 40mm，き裂深さ 6.4mm，き裂最大開口幅 59μm の試験片で得られた温度微分値の分布の例である．き裂部で温度微分値のピークが確認でき，本検査法が未貫通き裂の検出にも適用可能性が示されたとしている．今後は，実際の鋼床版ビード貫通き裂の適用性について，実験や現地計測で検証を行うとしている．

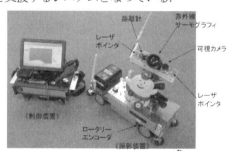

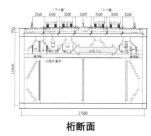

図 3-4　実用化システム（例）[3.2)] を基に改変転載（加筆修正）

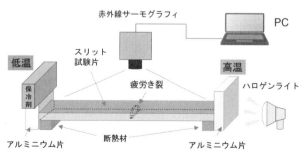

図 3-6　実験装置の概要 [3.3)] を基に改変転載（加筆修正）

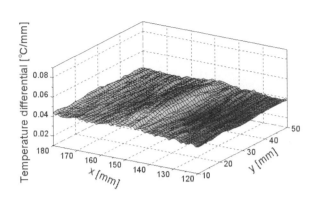

図3-7 実験結果（温度微分値の分布）[3.2)]

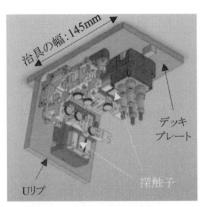

図4-1 電動走行用の治具[4.1)]

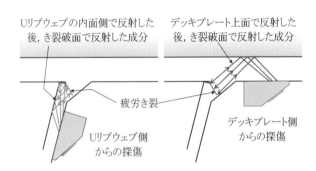

図4-2 ビード貫通き裂に対する探傷の原理[4.1)]

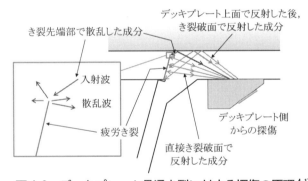

図4-3 デッキプレート貫通き裂に対する探傷の原理[4.1)]

第4節 超音波探傷試験を用いたき裂の検出
4.1 フェーズドアレイ超音波探傷の事例[4.1)]

　ここでは，ビード貫通き裂およびデッキプレート貫通き裂を検出する方法として，電動走行用治具を取り付けたフェーズドアレイ超音波探傷装置によるき裂の検出の精度検証事例を紹介する．

4.1.1 装置の概要

　本方法は，デッキプレート下面からビード貫通き裂およびデッキプレート貫通き裂を同時に塗膜上から探傷するものである．フェーズドアレイに使用する探触子は，文献4.2)に用いられたもので，振動子数32エレメント，振動子ピッチ0.4mm，開口幅12.8mmのリニアアレイ型探触子で，一般に市販されているものである．鋼での屈折角が横波55°となるように設計された樹脂製のウェッジと探触子を組み合わせることにより，鋼床版中に横波を伝播させることとし，探触子の設置面に対して35～85°の範囲を電子走査させている．

　ここで紹介する事例は，前述の探触子を磁石により鋼床版に設置可能な電動走行用の治具に取り付けたものである（図4-1）．この治具はバッテリ駆動のモータにより橋軸方向に最大25mm/secの速度で移動するとともに，別途治具に取付けられたロータリーエンコーダにより橋軸方向の位置を把握し保存することができる．なお，調査結果の安定性を向上させるために，探触子周波数を文献4.2)の15MHzから10MHzに変更している．

4.1.2 探傷原理

　ビード貫通き裂に対する探傷の原理を図4-2に示す．ビード貫通き裂は溶接形状によりき裂の傾きが変わり，超音波の反射方向が変化することが想定される．そこで，検出性を高めるために，異なる2方向からの探傷を行う．1つはデッキプレート下面から超音波を入射し，デッキプレート上面で反射した後，き裂破面で反射する成分を用いた探傷であり，もう1つは閉断面リブの側面から超音波を入射し，閉断面リブ側面の内面側で反射した後，き裂破面で反射する成分を用いた探傷である．

　デッキプレート貫通き裂に対する探傷の原理を図4-3に示す．デッキプレート下面から超音波ビームを入射し，直接き裂破面で反射した成分や，デッキプレート上面で反射した後，き裂破面で反射した成分，およびき裂先端部で散乱した成分を検出することで疲労き裂を検出する．

4.1.3 探傷事例

　前述の装置の精度検証のため，ビード貫通き裂およびデッキプレート貫通き裂を導入した試験体を疲労試験に

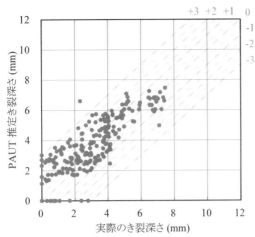

**図4-4 ビード貫通き裂のき裂深さと
フェーズドアレイ超音波探傷の比較**[4.1)]を参考に作成

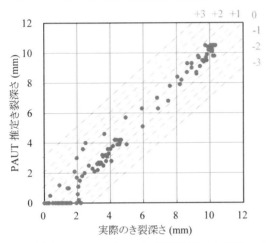

**図4-5 デッキプレート貫通き裂のき裂深さと
フェーズドアレイ超音波探傷の比較**[4.1)]を参考に作成

より製作し，それを用いた精度検証試験が実施されている[4.1)]．その結果を**図4-4**，**図4-5**に示す．ビード貫通き裂に対して，き裂深さが2.8mm以上の場合，概ね±2.0mm以内の誤差で計測できることが示されている．一方，デッキプレート貫通き裂に対して，き裂深さが2.2mm以上の範囲では，誤差±1.5mm以内の精度で計測できることが示されている．これらより，塗膜の有無により計測精度は変化するものの，フェーズドアレイ超音波探傷試験により塗膜の上からの探傷も可能であるとされている．なお，この検討においては，き裂サイズを推定する際の計測者による主観的な判断の差が生じにくいように，信号レベルによるノイズレベルに対する相対的な判断指標が用いられている．また，文献4.3)では，この装置を用いて実橋の鋼床版において，デッキプレートと閉断面リブの溶接部の延長約170mに対して調査が行われ，調査作業能力が平均12m/h程度であることが確認されている．また，調査困難箇所として，横リブとの交差部，溶接ビードやボルト等と干渉する部分，狭隘で装置が入らない部分，塗膜のダレや凹凸が著しい部分が抽出されている．これらに関しては，手探傷や，支障物の一時撤去により対応可能な場合もあるが，今後の課題とされている．なお，文献4.4)，4.5)ではこの調査方法と併用するためのスクリーニング手法が提案されている．

4.2 フルマトリクス・キャプチャとトータル・フォーカシング法を組み合わせた超音波探傷の事例[4.4)]

デッキプレートと閉断面リブ溶接部に対し，前節で示したフェーズドアレイ超音波探傷は，横リブ交差部近傍の区間においては横リブやそのデッキプレートとの溶接ビードが支障となり探触子が走査できない．ここでは，横リブ交差部における探傷が可能な手法として，フルマトリクス・キャプチャ（以下，FMC）とトータル・フォーカシング法（以下，TFM）を組み合わせた超音波探傷（以下，FMC/TFM）の検討事例を紹介する．

4.2.1 装置の概要と原理

FMCとは，配列された振動子から1つずつ順番に超音波を発振し，その都度配置された全ての振動子で受振することを繰返し，データを収集する手法である．データは発振器，受信器の組み合わせのマトリクスに対して，各々に対する超音波伝搬時間とエコー高さの関係（Aスコープ）が収集される．フェーズドアレイ超音波探傷は複数の振動子の発振の位相を制御することでビームステアリングやビームフォーカシング等のビーム形成を行うが，FMCでは位相の制御をしない．一方で，データを後処理することで断面投影図（Bスコープ）や平面投影図（Cスコープ）の画像を作成することができる．この検討では16個の振動子を直線に配置した市販の探触子が適用されている．なお，鋼での屈折角が横波70°となるように設計された樹脂製のウェッジを探触子と組み合わせて用いられている．

TFMとは，FMCデータの後処理の手法である．FMCで得たマトリクス状のAスコープデータと伝搬モードを用いてB，Cスコープ画像を構築するため，マス目状にグリッドを構成してその各々に焦点を作成する合成法である．伝搬モードとは，縦波，横波の違いや，入射波と反射波の対象物以外の想定反射回数の組み合わせのことで，B，Cスコープ上で狙い位置付近の感度を最大にするように任意に設定できる．この検討では市販の超音波探傷装置が用いられている．

4.2.2 検証事例

前述の探傷方法の精度検証のため，デッキプレート貫通き裂を導入した試験体を疲労試験により製作し，それを用いた精度検証試験が実施されている[4.4)]．その結果を

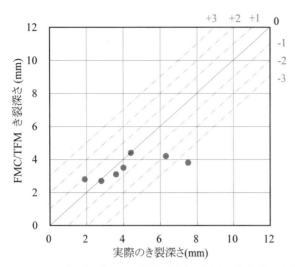

図4-6 デッキプレート貫通き裂のき裂深さとFMC/TFMの比較[4.4)]

図4-6に示す．1.9～4.4mmの深さのき裂は誤差±1mm以内で計測できることが示されている．深さ6mm以上のき裂は誤差が大きいが，本研究では不溶着部からの反射エコー高さを基に設定を一定として探傷したため，き裂先端が不溶着部から離れると精度が低下したと推察されている．そのため，この検討においては，き裂サイズを推定する際の計測者による主観的な判断の差が生じにくいように，伝搬モードは入射波がデッキプレート表面で1回反射してき裂に到達し，き裂からの反射波はデッキプレート表面で2回反射して，探触子に到達することを想定し，信号レベルによる不溶着部に対する相対的な判断指標が用いられている．なお，塗膜がある場合の影響確認については，今後の課題とされている．

第4章 参考文献

第1節
1.1) （社）土木学会：鋼床版の疲労 2010改訂版, 2010.

第2節
2.1) 杉山裕樹, 閑上直浩, 塚本成昭, 山上哲示, 奥野貢, 白石彰：舗装上面からの鋼床版デッキプレート貫通き裂調査手法の開発, 第29回日本道路会議, No.2048, 2011.

2.2) 吉田祐介, 森謙吾, 熊澤美早：みつけるくんKを用いた鋼床版き裂調査の成果報告, 阪神高速道路第54回技術研究発表会論文集, No.40, 2022.

2.3) 塚本成昭, 大田典裕, 勝島龍郎, 岡本亮二：鋼床版検査装置の精度検証と今後の鋼床版の検査手法～「みつけるくんK」による効率的な検査～, 阪神高速道路技報第28号, pp.144-151, 2016.

2.4) 細見直史, 小竹琉湖：鋼床版溶接部に生じた疲労き裂の非破壊検査による検出率の向上策, 土木学会第77回年次学術講演会概要集, I-263, 2022.

2.5) 細見直史：鋼床版溶接部に生じた疲労き裂の渦電流探傷試験による検出手法の検討, 土木学会第50回関東支部技術研究発表会講演概要集, V-24, 2023.

2.6) 栗原友則, 福島貴仁, 村野益巳：渦流探傷を用いた鋼橋のき裂検出効率化の検討, 土木学会第69回年次学術講演会概要集, Ⅰ-165, pp.329-330, 2014.

第3節
3.1) 溝上善昭, 小林義弘, 和泉遊以, 阪上隆英, 赤外線サーモグラフィを用いた温度ギャップ検知による鋼床版デッキプレート―Uリブ間の溶接部に生じる疲労亀裂の遠隔検出, 鋼構造論文集, 第22巻, 第87号, pp.47-56, 2015.

3.2) 溝上善昭, 奥村淳弘, 大藤時秀, 和泉遊以, 阪上隆英, 赤外線サーモグラフィを用いた温度ギャップ法によるUリブ鋼床版のビード貫通亀裂の自動検出と装置開発, 構造工学論文集, Vol.64A, pp.573-582, 2018.

3.3) 和泉遊以, 溝上善昭, 上西広粋, 阪上隆英, 林昌弘, 温度ギャップ法によるビード非貫通亀裂の検出に関する基礎的研究, 構造工学論文集, Vol.66A, pp.540-548, 2020.

第4節
4.1) 服部雅史, 牧田通, 舘石和雄, 判治剛, 清水優, 八木尚人：鋼床版Uリブ・デッキプレート溶接部の内在き裂に対するフェーズドアレイ超音波探傷の測定精度, 土木学会論文集A1, Vol.74, No.3, pp.516-530, 2018.

4.2) 八木尚人, 鈴木俊光, 若林登, 村野益巳, 三木千壽：鋼床版トラフリブ溶接部の内在疲労き裂に対するフェーズドアレイ超音波探傷試験の適用, 土木学会論文集A1, Vol. 72, No. 3, pp. 393-406, 2016.

4.3) 服部雅史, 若林大, 五味達矢, 池上克則, 野島昭二, 立松秀之：鋼床版のUリブ・デッキプレート溶接線の対するフェーズドアレイ超音波探傷法の活用検討, 土木学会第73回年次学術講演会概要集, I-163, pp.325-326, 2018.

4.4) 服部雅史：鋼床版Uリブ・デッキプレート溶接部のルートき裂に対する維持管理に関する研究, 名古屋大学博士論文, 2022.

4.5) 服部雅史, 舘石和雄, 判治剛, 清水優：実橋計測に基づいた鋼床版Uリブ・デッキプレート溶接部のルートき裂に対する疲労評価, 土木学会論文集A1, Vol.78, No.2, pp.278-300, 2022.

第5章 鋼床版の補修・補強事例

本章では、**第2章**および**第3章**で紹介した主な疲労損傷を対象に、補修・補強方法やその施工上の留意点を紹介し、最後にこれらの事例を応急対策、恒久対策、予防保全に分類した結果を示す。本章で紹介する事例はいずれも実橋における適用実績であるが、適用にあたってはそれぞれの損傷の状況や特徴を踏まえ、施工時の安全性や施工の確実性、得られる効果ならびに周辺部材に及ぼす影響等を十分確認の上、実施する必要がある。

第1節 閉断面リブ鋼床版

1.1 デッキプレートと閉断面リブの溶接部 (ビード貫通き裂)

1.1.1 き裂先端処理

ビード貫通き裂は溶接ルート部から発生するため、表面で見える部分よりも溶接ビード内の方が進展している場合が多い。そこで、き裂の先端の確認およびき裂の進展を抑制するため、き裂先端部に対し、バーグラインダなどによる削り込みが行われる。切削除去によりルート部を露出させた後、磁気探傷試験およびマクロ組織試験を実施しながらき裂の先端を確認した後 (**写真1-1**)、き裂先端を除去する形で貫通孔が設置される (**写真1-2**)。貫通孔は、孔あけ施工機器の位置を考慮した上で、閉断面リブに孔をあけ、その後、デッキプレート方向にバーグラインダで切削整形している。き裂先端の除去により一時的にき裂の進展を遅延させることは可能であるが、貫通孔設置部は周辺部と比べ比較的応力範囲が高くなるため、恒久的な対策としては期待できないものと考えられている。そのため、本対策は、別途補強等による応力低減対策を実施する際のき裂の先端の観察や荷重伝達の確保、あるいはこれらの対策を実施するまでの応急対策として用いられている。なお、き裂長 (貫通孔を含む) が300mm未満の場合には、貫通孔を観察孔として経過観察を行うという考え方もある。

1.1.2 溶接補修

橋面上の作業が伴う対策では、交通規制下で舗装の切削作業等が生じ、規制が長時間になるなど、交通への影響が大きい。一方、下面からのみで施工可能な溶接補修は、交通影響を最小限とする補修工法の1つと考えられる。ビード貫通き裂に対する溶接補修の事例として海外においては、比較的古くから検討が行われ採用されているが[1]、ここでは、国内における最近の溶接補修施工の一例を示す。

溶接補修が適用されたき裂の概要図を**図1-1**に示す。デッキプレート下面からの溶接補修は、**写真1-3**に示すように上向き姿勢の開先整形や溶接施工となるため、溶接技術者の技量に施工品質が大きく左右される。この例では、事前に実施された有限要素解析 (Finite Element Analysis. 以下、FEA) と溶接施工試験の結果を踏まえ、ビード貫通き裂のうち、デッキプレートや閉断面リブに分岐していないものを対象としている。

開先形状と余盛形状の例を**図1-2**に示す。溶接方法は、溶込みが少ない欠点を有するものの、安定した溶込みが得られ、溶接きずが発生しにくい利点を有するTIG溶接

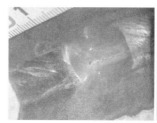 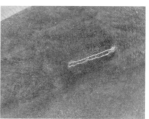

写真1-1 切削によるき裂先端の調査例

(a) 貫通孔の例

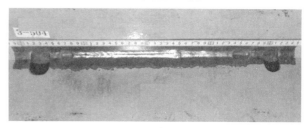

(b) 全景

写真1-2 貫通孔の設置例

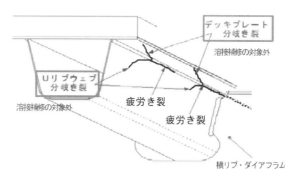

図1-1 溶接補修が適用されたき裂の概要図

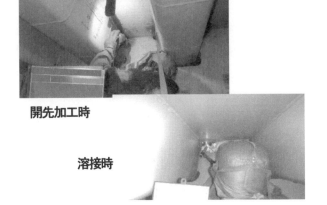

写真1-3 上向き溶接補修の状況

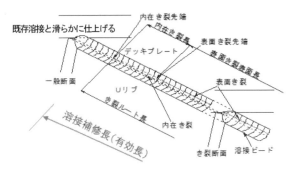

図1-3 適用された溶接補修の範囲

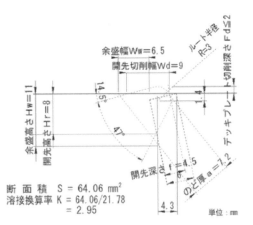

図1-2 開先形状と溶接サイズの例（Uリブ厚6mm）

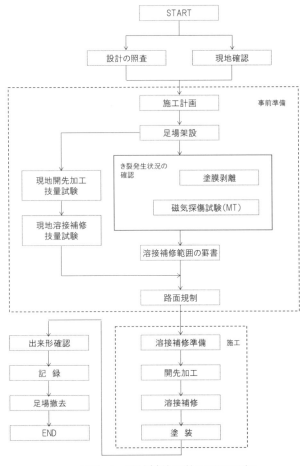

図1-4 溶接補修の施工手順の例

が採用されている．開先形状と溶接サイズは，溶込み深さを閉断面リブ板厚の75%，のど厚を閉断面リブ板厚の1.2倍の厚さを確保した溶接サイズとしている．これらは，補修対象の路線の代表的な橋を対象に実施されたFEAと，上向き姿勢で行う施工試験の結果に基づいており，応力低減効果が期待されている．溶接補修の範囲は，図1-3に示すとおり，内在き裂を含むビード部き裂の全長であり，補修溶接部の始終端は，既存の溶接部と滑らかにすり付けられている．

溶接補修の施工手順の例を図1-4に示す．溶接品質は，プロセス管理により確保されている．具体的には，事前準備段階では，所定の資格を有した開先加工作業者，溶接作業者に対して実橋に設置した供試体を使用した技量試験を行い，合格した者が実施工を行うこととされている．技量試験に加え，実施工では，①開先形状，②溶接施工中のパス間温度（SS400，SM490Y材は250℃以下，SM570材は200℃以下）と溶接条件，③溶接脚長のそれぞれに管理値を規定し，品質管理が行われている．

1.1.3 当て板

当て板による補修については，実橋への適用事例が増えつつあり，ここでは近年施工された2種類の補修工法

と，2種類の予防保全工法の概要を以下に紹介する．

(1) スタッドボルトを用いた当て板工法[12]

本工法は，ビード貫通き裂が閉断面リブ側面までに進展したき裂に対し，図1-5に示すように，曲げ加工した鋼板をデッキプレートにはスタッドボルト，閉断面リブ側面は片面施工高力ボルトを用いて摩擦接合した工法である．ビード貫通き裂が閉断面リブに進展した場合の補修方法としては，後述する閉断面リブ取替え工法もあるが，本工法は，閉断面リブへのき裂の進展量が少ない場合に採用されることがある．

本工法は，前述のき裂先端処理を施した後，閉断面リブに外面から曲げ加工した当て板を設置する工法であり，

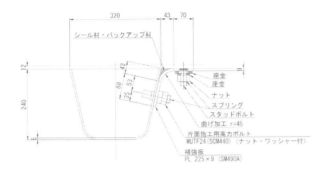

図1-5 スタッドボルトを用いた当て板工法[1,2]

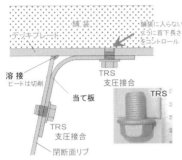
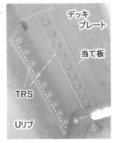

図1-6 タップねじを用いた当て板工法

(a) 締め付け状況 　(b) 施工後のデッキプレート上面の状況

写真1-4 タップねじを用いた当て板工法の施工状況

路面からの施工が不要なため一般的に交通規制が不要となり，施工時間も短くなるという利点がある．なお，当て板とデッキプレートおよび閉断面リブとの接合の詳細は後述のモルタル充填当て板工法と同様である．

(2) タップねじを用いた当て板工法[1,3],[1,4],[1,5]

図1-6に示すタップねじを用いた当て板工法は，デッキプレートと閉断面リブとの溶接部のき裂発生箇所に対し，曲げ加工した8mmの当て板をタップねじで接合する工法である．本事例ではタップねじにφ16mmのスレッドローリングねじ（以下，TRS）が用いられている．TRSは自身のねじ山が孔壁を塑性変形させることで雌ねじを形成しながら鋼材を締結する片面施工ボルトであり，デッキプレート下面から削孔し，ねじを締め付けることによりデッキプレート下面からの当て板の施工が可能となっている．なお，TRSは舗装を損傷させないように首下長さが調整されたボルトを用いる（**写真1-4**）とともに，過度の削り込みによる舗装の損傷を避けるよう確実にデッキプレートのみが削孔できることを確認した方法で施工する必要がある．当て板とデッキプレートおよび閉断面リブとの接合はTRSを用いた接合とされ，デッキプレートと閉断面リブのすみ肉溶接のせん断耐力相当[1,3]を伝達できる継手となるようTRSの必要本数が設定されている．本州四国連絡高速道路では，本工法の補修効果について実物大疲労試験[1,3]および施工試験[1,4]で確認し，これらの試験結果に基づき部材の製作，施工手順および品質管理等について定めた施工マニュアルを独自に策定している[1,6]．以下に，マニュアルに示された設計・施工上の主な留意点を示す．なお，同マニュアルに準じて品質を確保するためには，事前に供試体による施工試験を行うことが有効であるとされている．

・き裂先端には調査孔をあけ，デッキプレート貫通き裂がないことを確認する．
・当て板はき裂先端の調査孔を覆う範囲とする．
・当て板範囲のデッキプレートと閉断面リブ溶接部を残したまま当て板をした場合，ビード貫通き裂が発生・進展することが疲労試験で確認されているため，き裂が発生していなくても当て板範囲両端に調査孔を設け，その間の溶接ビードを切削する．
・横リブを跨いで当て板を施工する場合は，当て板が施工できない横リブ交差部近傍の範囲の溶接ビードも切削する．
・当て板の板厚は $t=8$ mmとし，既設構造物の形状に合わせ曲げ加工する．
・当て板の材質は接合するデッキプレート，閉断面リブと同材質以上とする．

(3) モルタル充填当て板工法[1,7]

工法の概要を**図1-7**に示す．本工法は，閉断面リブ内部に軽量モルタルを充填することで，閉断面リブ直上に載荷された輪荷重によるデッキプレートの局部的な板曲げを抑制し，デッキプレートと閉断面リブの溶接部の応力を低減させて疲労き裂の発生を抑制する工法である．さらに図に示すように，デッキプレートと閉断面リブ側面を厚さ9mmの当て板にて補強することで，閉断面リブ間に輪荷重が載荷された場合のデッキプレートの局部的な板曲げを抑制するとともに，溶接部が剛性の急変部となることを回避している．デッキプレートと当て板はスタッドボルト（M20）を上向き溶植し，軸力を導入した摩擦接合が採用されている．スタッドボルトは鉛直度や軸力を管理する必要があったため，半自動スタッド溶接装置や軸力管理を容易にする高強度トルシア形スタッドボルトが開発され，施工の効率化が図られている．閉断面リ

ブと当て板の接合は，片面施工高力ボルト(摩擦接合用ワンサイドボルト)により，閉断面リブの側面から結合する摩擦接合が採用されている．スタッドボルトおよび片面施工ボルトのピッチや本数は，道路橋示方書[1.8]の高力ボルト摩擦接合継手の規定に準拠すると本数が多くなり鋼重増・コスト増の面で課題となった．そのため，鋼床版の輪荷重に対する耐荷性能に関して，実験および解析によりボルトの軸力変動やボルト間でのデッキプレートと当て板との開き挙動等，摩擦接合としての機能を確認し設定されている[1.9]．本工法は閉断面リブ内の軽量モルタルによる充填性確保が重要であり，文献1.2)では充填孔・空気孔・確認孔の最適位置や充填のための仕口改良，施工ステップごとのモルタル排出量の管理方法等，品質確保のためのプロセス管理に基づく施工管理方法が示されている．併せて，本工法の仕様や設計方法等も示されており参考となる．

(4) Uリブ切断当て板工法[1.7]

工法の概要を図1-8に示す．本工法はき裂の起点となるデッキプレートと閉断面リブの溶接接合を，当て板を用いたボルト接合に変更する工法である．具体的には，デッキプレートと閉断面リブの溶接部近傍で閉断面リブを切断し，厚さ9mmの鋳鉄製の当て板を用いてボルト接合に改造するものである．鋼板を冷間曲げ加工した当て板に比べ，曲げ加工が不要な鋳鉄を用いることで，切断された閉断面リブ側面により近い位置でデッキプレートを支持することが可能となっている．当て板とデッキプレートおよび閉断面リブとの接合方法は，ボルトピッチや本数の考え方を含めて前述のモルタル充填当て板工法と同様である．

なお，本工法では交通振動下で切断面の品質を満足し，かつ効率的な施工が求められたことから，閉断面リブ側面の外側にガイドレールを設置し，そのレールに沿って切断機が自動走行する機構が開発されている[1.10]．文献1.2)では，本工法の仕様や設計・施工方法等が示されており参考となる．

1.1.4 縦リブ取替え

縦リブの取替えによる補修事例として，開断面リブへの取替えと，閉断面リブへの取替えの2事例を紹介する．

(1) 開断面リブへの取替え事例

補修対象となるき裂の状況を写真1-5に示す．デッキプレートと閉断面リブとの溶接上で約400mm，両端が閉断面リブの側面へそれぞれ約100mm分岐していた．閉断面リブの取替えに先立ち，応急対策として分岐部には前述した貫通孔，き裂先端部にはストップホールを設置した（写真1-6）．本事例では，損傷状況が著しく閉断面リブとしての構造性能が損なわれていると判断されたため，縦リブとしての構造性能の復旧を目的として，**写真1-7**に示すように損傷した閉断面リブを開断面リブに取り替える補修方法が採用された．この補修は，応急対策時に設置したストップホールや貫通孔からき裂の再発の可能性もあることから，応急対策後速やかに実施されている．なお，開断面化することで，き裂発生要因の一つと考えられるデッキプレートと閉断面リブの片面溶接を避け，かつ高力ボルトによる当て板の施工が容易な構造としている．取替え用の開断面リブは，完成系での床版および主桁の一部としての機能を考慮し照査されている．新設する開断面リブと既設の閉断面リブの連結部は2面摩擦接合と

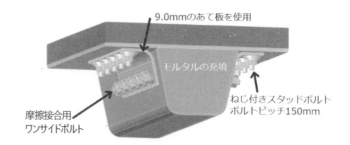

図1-7 モルタル充填当て板工法の概要[1.7]を改変（一部修正）して転載

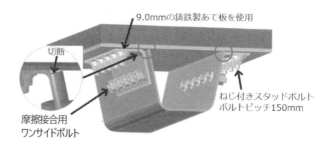

図1-8 Uリブ切断当て板工法の概要[1.7]を改変（一部修正）して転載

写真1-5 き裂の状況

写真1-6 き裂先端処理後の状況

写真1-7 縦リブ取替え（開断面）の例

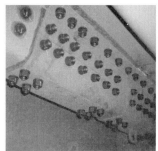

写真1-9 縦リブ取替え（閉断面）の例[1.11]

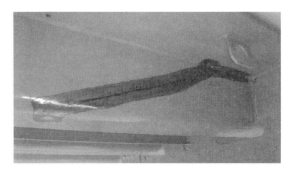

写真1-8 き裂の状況

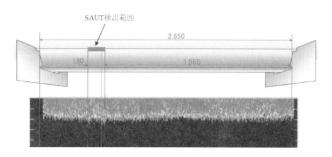

図1-9 SAUTで確認されたき裂位置

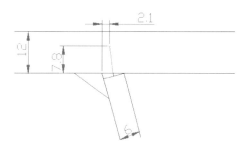

図1-10 想定されたき裂進展方向と深さ

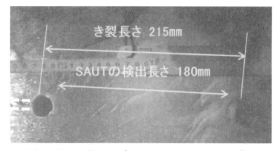

写真1-10 デッキプレート上面のストップホール施工後の状況

してボルト本数が決定されている．なお，施工は，デッキプレート上面にボルトを設置することから夜間1車線規制により実施されている．

(2) 閉断面リブへの取替え事例

補修対象となるき裂の状況を**写真1-8**に示す．本事例でもき裂が分岐し，その先端が閉断面リブの下面側まで進展していた．このため，閉断面リブとしての構造性能が損なわれていると判断され，性能回復を目的に閉断面リブへの取替えによる補修が実施された．取替え後の状況を**写真1-9**に示す[1.11]．この補修では，き裂範囲の閉断面リブを切断撤去した後，デッキプレート下面から天板付きの閉断面リブを，デッキプレート上面から当て板をそれぞれ設置し，ボルト接合によりデッキプレートに接合されている．なお，本事例は，締め付け寸法により六角高力ボルトとトルシア形高力ボルトが使い分けられているが，近年では，皿形高力ボルトを用いた当て板を使用する場合もある．詳細については文献1.2)を参照されたい．

1.2 デッキプレートと閉断面リブの溶接部（デッキプレート貫通き裂）

1.2.1 き裂先端処理

デッキプレート貫通き裂は，デッキプレート下面から目視確認ができないため，各種超音波探傷試験により内在するき裂の状態を確認する必要がある．本事例では，半自動超音波探傷試験（以下，SAUT）[1.12]を用いて内在するき裂の状態が調査されている．調査により検出されたき裂の位置を**図1-9**に，検出されたき裂位置から想定したき裂の進展方向と最大深さを**図1-10**に示す．調査の結果，最大深さ7.8mm，長さ180mm以上のき裂が存在することが確認されている．一方，ここで適用されたSAUTのき裂検出可能範囲は，深さ方向に6mm以上であるため，き裂の橋軸方向長さの先端部を確認できていない．そこで，交通規制下でデッキプレート上面から再度超音波試験（斜角探傷）を実施することにより，き裂先端を確認し，ストップホールが施工されている（**写真1-10**）．施工後に

は，ストップホールの壁面を観察し，き裂先端が除去されていることを確認している．なお，本対策は応急対策であり，一般的には閉断面リブ取替えや本章の**第3節**で後述するSFRC舗装等の恒久対策が実施される．

1.2.2 溶接補修

デッキプレート貫通き裂に対する溶接補修の事例として海外においては，デッキプレート上面から開先加工して溶接を施した事例がある[1.1)]．国内においては，緊急措置として実施された事例があるが，恒久対策としての溶接補修の報告はない．

1.2.3 当て板[1.13)]

本事例では，舗装のポットホール補修のため舗装を撤去した際に，デッキプレート上面に橋軸方向のき裂が確認されたものである．このき裂は，デッキプレートと閉断面リブの溶接線に沿ったき裂であり，横リブ交差部を跨いでいた．このき裂に対し，デッキプレート上面から磁気探傷試験，下面から超音波探傷試験を実施した結果，き裂がデッキプレートと閉断面リブ溶接のルート部を起点に発生し，デッキプレートを貫通したものと推定された．そこで，き裂先端部にストップホールを設け，**図1-11**に示すように，デッキプレート上面と閉断面リブの側面の内外面から当て板がなされている．橋軸方向の当て板の設置範囲は，閉断面リブ外面については，当て板端部の応力集中を回避するため，閉断面リブに作用する曲げモーメントが小さくなる付近までとした．デッキプレート上面の設置範囲は閉断面リブ外面よりも設置範囲を延長することで断面急変による応力集中を緩和させている．また，閉断面リブ内面の当て板の設置範囲はき裂長と同じとしている．橋軸直角方向は，縦リブ配置や輪荷重の走行位置を配慮して，き裂が確認された閉断面リブの両隣の閉断面リブまでの範囲とし，当て板設置のためのボルト本数やピッチは，道路橋示方書[1.14)]の高力ボルト摩擦接合継手の規定に準じて決定されている．デッキプレート上面の当て板や閉断面リブの当て板に関する設計・施工の方法と留意点については，文献1.2)に示されており参考となる．

1.2.4 縦リブ取替え

ビード貫通き裂の場合と同様，デッキプレート貫通き裂に対しても，き裂を有する範囲の閉断面リブとデッキプレートを切断撤去し，新設部材に取り替える縦リブ取替えが採用される場合がある．取替え構造の詳細は，**1.1.4**のビード貫通き裂における縦リブ取替えと同様である．なお，取替えの判断として，き裂に対して設けられたストップホール間の距離が300mm以上となった場合や，き裂長によらず実施される場合等がある．

1.3 閉断面リブと横リブ（ダイアフラム）の溶接部（スリット部）

閉断面リブと横リブ（ダイアフラム）の溶接部（スリット部）の補修事例として，まわし溶接部の閉断面リブ側の溶接止端部から発生したき裂と，横リブ側の溶接止端部から発生したき裂を対象に実施された補修事例を紹介する．

1.3.1 き裂先端処理（ストップホール）

この事例で対象とされた閉断面リブ側の溶接止端部から発生したき裂の例を**写真1-11**に示す．このき裂は閉断面リブの側面に進展していたため，切削除去が困難であったことから$\phi 20mm$のストップホールが施工されている（**写真1-12**）．ストップホール施工後には，き裂先端の除去が確認されている．なお，横リブ側の溶接止端部から発生したき裂に対しても，同様にストップホールが設けられる．

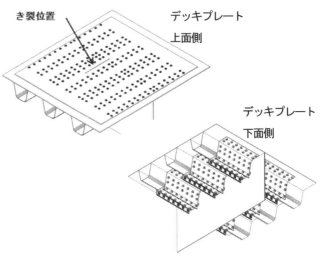

図1-11 デッキプレート上面と閉断面リブ側面に設置された当て板の例[1.13)]

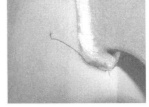

(a) き裂位置　　　(b) き裂詳細

写真1-11 き裂の状況

写真1-12 ストップホールの施工例

1.3.2 当て板

(1) 閉断面リブ側の溶接止端部から発生したき裂に対する事例

き裂が長い場合には，き裂先端処理後に当て板による補修が実施される場合がある．図 1-12 および写真 1-13 は前述の写真 1-12 に示す閉断面リブ側の止端から発生・進展したき裂に対し，ストップホール施工後に当て板による補修が実施された事例である．当て板は，溶接線長分のせん断力を十分伝達可能な L 形の断面，ボルト本数を有するものとし，横リブの溶接線との干渉を避けるため，閉断面リブ側にフィラープレートを挿入し閉断面リブと横リブ間で添接されている．

また，閉断面リブ側に進展したき裂に対し，き裂先端処理後に写真 1-14 に示すような閉断面リブ下面に山形鋼を設置することで，輪荷重通過時の閉断面リブのねじり変形に伴う溶接部近傍の応力集中を低減させる事例もある[1.11]．なお，ボルト本数やピッチについては，道路橋示方書[1.14]の高力ボルト摩擦接合接手の規定に準じて決定されている．

(2) 横リブ側の溶接止端部から発生したき裂に対する事例

横リブ側の溶接止端部から発生し，横リブウェブに進展したき裂に対する補修事例を示す．対象とするき裂は，鋼床版箱桁橋において輪荷重直下の閉断面リブ溶接部から発生している（図 1-13）．き裂は横リブウェブの表裏で長さが異なっており，橋の起点側で 43mm，終点側で 70mm あったが，発見から 6 年が経過した時点で，それぞれ 57mm，95mm（図 1-14）と進展性が確認されたため，当て板補強が実施された．この補強では，図 1-15 に示すように横リブ上のき裂先端にストップホールを施工した

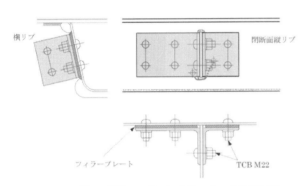

図 1-12 縦リブ側面－横リブ間の当て板補修例

写真 1-13 縦リブ側面－横リブ間の当て板設置状況

写真 1-14 縦リブ下面－横リブ間の当て板設置状況[1.11]

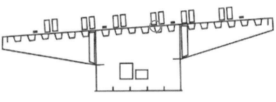

図 1-13 き裂発生位置

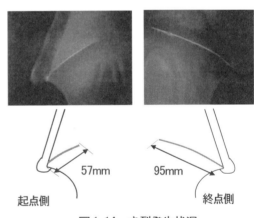

図 1-14 き裂発生状況

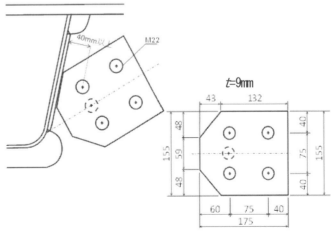

図 1-15 横リブの当て板の設置例

後，き裂による断面欠損を補うように当て板を横リブウェブの表裏から綴じ合わせ，高力ボルトで接合している．なお，この事例ではストップホール位置に高力ボルトは設置されていない．当て板は既設横リブウェブと同厚の9mmとし，文献1.15)を参考にストップホールの径はφ20，高力ボルトはM22とし，ボルト間隔および縁端距離は道路橋示方書[1.14)]の高力ボルト摩擦接合継手の規定に従って決定されている．当て板の形状および大きさは，き裂を挟んで高力ボルトが配置でき，ある程度広範囲を覆うことを考慮した上で，縁端距離も確保している．なお，当て板にはストップホールからのき裂の進展を観察するための観察孔が設けられている．施工後の当て板の状況を写真1-15に示す．本事例では当て板施工後，半年，6年目，10年目に磁気探傷試験による追跡調査が実施されている．補修後半年および10年目のストップホールの状況を写真1-16に，補修後10年目の溶接止端側の状況を写真1-17に示す．調査の結果，補修後10年が経過してもストップホールからき裂の進展は見られず，また，溶接止端部から新たなき裂は確認されていない．

写真1-18は山形鋼を用いた当て板が設置された事例である[1.11)]．この事例では，き裂に対して切削除去もしくはストップホールによるき裂先端処理後，写真に示すように，閉断面リブ側面の外側に山形鋼を設置し，横リブ側の応力を低減させている．ボルト本数やピッチについては，道路橋示方書[1.14)]の高力ボルト摩擦接合継手の規定に従って決定されている．

1.3.3 スリット形状の改良

まわし溶接部の横リブ側の溶接止端部から発生したき裂に対し，スリット形状の改良が施された事例を示す．き裂は供用後13年経過した3径間連続鋼床版箱桁橋の図1-16に示す位置で確認された．き裂の発生状況を図1-17

写真1-15　横リブの当て板の設置状況

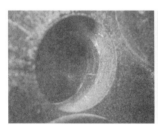 

(a) 施工後半年　　　　b) 施工後10年目

写真1-16　ストップホールの状況

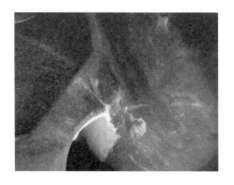

写真1-17　溶接止端部（き裂発生起点）の状況

写真1-18　縦リブ側面－横リブ間の当て板の例[1.11)]

図1-16　き裂発生位置

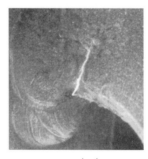 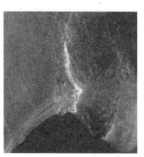

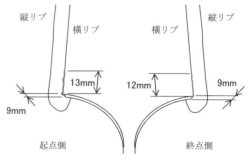

図1-17　き裂発生状況

に示す．図に示すようにき裂は下側スリット部のまわし溶接の横リブ側の溶接止端部から溶接ビードに沿って確認され，き裂長は橋の起点側で13mm，終点側で12mmであった．

確認されたき裂が溶接ビードに沿った比較的短いき裂であったことから，き裂の除去と応力低減効果を期待し，スリット形状の改良による補修が行われた．スリット形状は文献 1.16)を参考に切欠き径を φ40mm（半径 $R=$ 20mm）とし，削孔位置は溶接止端から施工可能な離れとして 40mm が確保されている．また，溶接ビードに沿って発生したき裂は溶接ビードも含めて切削除去が行われたが，削孔位置の中心と切削後の溶接部先端の間隔が小さくなると応力低減効果が小さくなる[1.16]ため，削込み量は 15mm としている．改良後のスリット形状を図1-18 に示す．なお，この部位はすみ肉溶接で接合されているため，切削除去により横リブと閉断面リブのルート部に不溶着部と考えられる指示模様が確認されている．不溶着部はき裂と同様に応力集中を起こすことが考えられたが，スリット形状改良により最大応力集中箇所が円弧部に移行することを踏まえ，残存させたままでの経過観察が行われている．本事例では，補修後 3 年および 6 年目に追跡調査が実施されているが，いずれも変状は見られず，不溶着部からもき裂の発生や進展は確認されなかった．

1.4 閉断面リブの突合せ溶接部

閉断面リブの突合せ溶接部から発生したき裂に対し，当て板補強を実施した事例を示す．き裂が確認された橋梁は供用後 10 年経過した 5 径間連続鋼床版箱桁橋である．き裂発生位置，き裂発生状況をそれぞれ図1-19 および図1-20 に示す．き裂は工場で施工されたデッキプレートの板厚変化部における裏当て金を用いた突合せ溶接部において，溶接止端から 2～12mm 離れた母材に発生していた．磁気探傷試験により確認されたき裂長さは閉断面リブ左右の側面でそれぞれ 197mm，190mm であった．き裂上側の先端部を超音波探傷試験で調査した結果，き裂は裏当て金には達しておらず閉断面リブのみを貫通していた．なお，このき裂はマクロ組織試験の結果から，閉断面リブの内側から発生したものと推定されている．

き裂の上端部に観察孔を兼ねたストップホールを設け，デッキプレート側に残ったき裂を切削除去した後，高力ボルトを用いた当て板が施工されている．なお，き裂下側先端は閉断面リブの側面と下面の R 部分にかかる位置まで達していたため，ストップホールは設置されていない．当て板は，閉断面リブ側面の外側から設置され（写真1-19），接合のための高力ボルトには，実橋での試験施工にて補強効果が確認されている[1.17]片面施工高力ボルトが用いられている．なお，当て板による剛性の増加に伴う新たな応力集中箇所の発生や観察孔周辺の応力集中の影響については，FEA を実施し，問題となるレベルの応力が発生しないことが事前に確認されている．

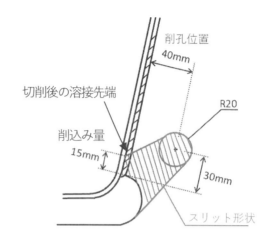

図1-18 スリットの改良形状の例

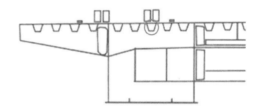

図1-19 き裂発生位置

図1-20 き裂発生状況

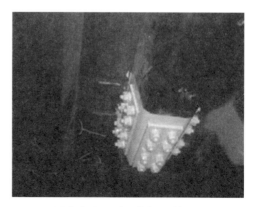

写真1-19 当て板設置状況

本事例では，補修前後に 24 時間の応力頻度計測も実施されている．図 1-21 に計測位置，表 1-1 に計測結果を示す．当て板の施工前後においてデッキプレートと閉断面リブの溶接部付近（②）の等価応力範囲は 1 割程度減少が見られ，損傷した閉断面リブの下面（④）では 4 割程度まで低減することが確認されている．当て板端部付近（⑥，⑦）の等価応力範囲についてはほぼ変わらないか増加する結果となったが，事前の FEA による結果とほぼ同程度の増加であり，当て板の設置による応力の増加は問題のないレベルと考えられた．また，施工 1 年後に磁気探傷試験によるき裂の進展調査を実施し，観察孔および閉断面リブ下端側共にき裂の進展がないことが確認されている．

1.5 デッキプレートと垂直補剛材の溶接部
1.5.1 き裂先端処理（ストップホール）

デッキプレートと垂直補剛材の溶接部で発見されたき裂に対し，き裂先端処理の一つとしてストップホールが施工された事例を紹介する．本事例でのき裂の状況を写真 1-20 に示す．本事例では，デッキプレート側の溶接止端部から発生したき裂が，デッキプレート母材まで進展していたため，き裂深さが大きいと判断し，き裂先端へのストップホール施工による対策が行われた．ストップホール施工後には，写真 1-21 に示すように磁気探傷試験によりき裂がストップホール内に収まり，き裂の先端を確実に除去できていることを確認している．なお，き裂が溶接止端部に留まっている場合には，板厚の 1/3 程度までを目安に切削除去を行い，経過観察が行われる場合もある．

ストップホール施工の課題としては，漏水があげられる．以前は，漏水対策としてゴムによるシーリングなどが行なわれていたが，近年では第 3 節で後述する SFRC 舗装による対策が主流となっており，舗装敷設までの間は一時的にアルミテープを貼るなどの漏水対策が行われている．

このような垂直補剛材上端部のき裂先端処理に用いられるストップホール施工の最近の研究事例としては，垂

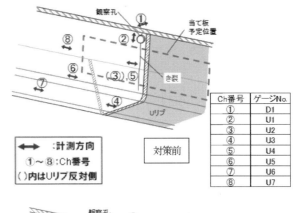
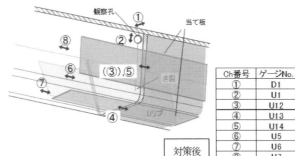

図 1-21　応力頻度計測位置

写真 1-20　垂直補剛材上端部のき裂の状況

写真 1-21　ストップホール施工状況

表 1-1　応力頻度計測結果

計測時間	Ch番号	ゲージNo.	等価応力範囲 (N/mm²) 施工前	施工後	カウント数 施工前	施工後	比率 (後/前)	向き
24h								
損傷部	①	D1	3.36	3.35	416	401	100%	直角
	②	U1	7.08	6.47	3519	3572	91%	直角
	③	U2→U12	2.47	2.47	7	16	100%	橋軸
	④	U3→U13	6.50	2.66	5152	221	41%	橋軸
	⑤	U4→U15	2.47	2.72	43	232	110%	橋軸
	⑥	U5	5.01	4.64	2089	1659	93%	橋軸
	⑦	U6	5.70	6.40	2376	4368	112%	橋軸
	⑧	U7	3.66	4.02	887	1966	110%	橋軸

直補剛材上端部を模擬した板曲げ試験体による疲労試験の結果から，ストップホール孔縁部を仕上げることにより疲労強度の改善はみられるものの，発生する応力範囲によってはき裂がストップホールを貫通したという研究事例[1.18]や，小型試験体による疲労試験の結果から，ストップホールの施工による疲労耐久性を確認するとともに，仕上げの有無による疲労強度曲線を提案した研究[1.19]等が挙げられる．

1.5.2 垂直補剛材形状の改良（半円切欠き）

補剛材の形状を改良して垂直補剛材によるデッキプレートの拘束効果を緩和し，垂直補剛材上端部の応力を低減する方法として，半円切欠きを設ける方法[1.12]が採用されている[1.13),1.20]．写真1-22に施工された事例を示す．本事例での半円切欠きは，デッキプレート下面と半円切欠き上端の距離を7mm程度，垂直補剛材の幅に対して半円の径をその3/4程度としている．また，半円切欠きは半自動で円弧に切れるガス切断機等を用い，切断面はグラインダにより滑らかに仕上げられている．また，き裂に対しては進展の抑制と，き裂の閉口による止水効果を期待して，先端を加工したジェットタガネでき裂を閉口するICR処理（Inpact Crack closure Retrofit Treatment）が施されている[1.21]．なお，半円切り欠きの設置位置は，デッキプレート下面に近いほど補修効果が高いことが分かっているが，施工性は低下する．文献1.2)では，き裂が確認されていない垂直補剛材に予防保全として半円切欠きを設ける場合について，デッキプレート下面と半円切欠き上端の距離を20mm程度として設置することが標準とされている．

1.5.3 当て板

デッキプレートと垂直補剛材の溶接部のき裂がデッキプレート側に進展するとデッキプレートの剛性が低下し，局部的に大きなたわみや陥没等が生じる恐れがある．このような場合には，デッキプレート下面への補強材を用いた対策も有効である．当該対策については，種々の検討事例があり，「鋼床版の疲労（2010年度改訂版）」[1.12]には，T形部材やL形鋼を用いた当て板が紹介されているが，ここでは垂直補剛材とデッキプレートをL形鋼で接合した事例（写真1-23）を紹介する．

本事例はデッキプレート側の溶接止端部から発生したき裂の補修である．この橋梁の一連の補修では，き裂が溶接止端内に留まっている場合にはデッキプレート厚の1/2程度までの切削を上限に切削除去することとしていた．しかし，このき裂はデッキプレート母材まで進展していたため，き裂先端にストップホールを施工し，垂直補剛材の両面にL形鋼を用いた当て板が施された．L形鋼はデッキプレートと同等の板厚を有するものが適用され，L形鋼とデッキプレートおよび垂直補剛材との連結は高力ボルト摩擦接合接手としている．高力ボルトの呼びはM22で，ボルト本数はT荷重の片車輪の荷重（衝撃係数1.4×100kN=140kN）を左右のL形鋼に協同させて伝達させるという思想により，デッキプレート側に4本（1面摩擦），垂直補剛材側に2本（2面摩擦）配置されている．また，デッキプレートに配置するボルトは，き裂を挟み，かつき裂を内包するような配置となっている．ボルトの締め付けは部分的にアスファルト舗装を剥いで実施され，補修完了後には簡易舗装が施された．なお，本事例では実施されていないが，き裂が長い場合には当て板を介してストップホールを高力ボルトで締め付けることもある．当該橋梁はデッキプレートと縦リブ溶接部のデッキプレート貫通き裂も発生しており，垂直補剛材の溶接部のき裂と併せて対処した上で，第3節で後述するSFRC舗装が施されている．

下面からの当て板はデッキプレートとの密着性の確保が重要となり，本事例では高力ボルト摩擦接合接手が適用されている．下面からのみで施工できる方法についても従来から検討されているが[1.12]，昨今では小型の油圧ジャッキを用いたリフトアップ[1.22]や，支圧接合用高力ボルトを用いる方法[1.23]，当て板をTRSで締結する方法[1.24]等も提案されている．

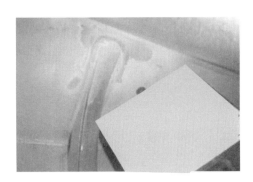

写真1-22　ICR処理+半円切欠きの施工例

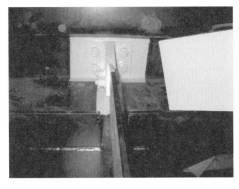

写真1-23　垂直補剛材への当て板の例

第2節　開断面リブ鋼床版

第3章で示した通り，開断面リブ鋼床版では，縦リブと横リブ（ダイアフラム）の溶接部（下側スリット部）のき裂発生数が多くを占める．そこで，図2-1に示す下側スリット部のき裂に着目し，以下にその対策事例を紹介する．

2.1　き裂先端処理（ストップホール）

本事例では，応力集中箇所となる横リブ側溶接止端部から写真2-1に示すようなき裂が発生している．このき裂への対策として写真2-2(a)に示すようにき裂の先端部にストップホールを施工されている．さらに，写真2-2(b)に示すように，ストップホール部を高力ボルトで締め付けることにより，ストップホール壁面の応力集中を低減する方法が用いられている．

2.2　当て板

本事例では，下側スリット部に発生したき裂に対し，写真2-3に示すように，縦リブのスリット側と横リブ間をL形鋼の当て板で連結する当て板補強を実施している[2.1]．補強の構造詳細を図2-2に示す．この補強は，横リブのスリットを塞ぐように片側にL形鋼の当て板を設置することで，スリット部でのせん断変形を抑制し，まわし溶接部の応力集中を緩和している．「鋼床版の疲労（2010年度改訂版）」[2.3]では，き裂が発生した箇所に対し，縦リブの両側からL形鋼の当て板を施す両側補強の事例も紹介されているが，片側からの補強でも両側補強と同程度の補強効果が得られるという研究結果から[2.4]，現在では図2-2のような片側からの当て板が主流となっている[2.5]．

2.3　スリット形状の改良

まわし溶接部の横リブ側の溶接止端部から発生したき裂に対し，スリット形状の改良が施された事例を示す．

き裂は写真2-4に示すように，下側スリット部の横リブ側止端から横リブ母材に進展していた．そこで切削によるき裂の除去が試みられたが，き裂が残存したため，き裂を除去するとともに，スリット形状の改良が実施された．スリット形状の改良は，き裂先端にストップホールを設けた上で，グラインダを用いて切削することで行われている．写真2-5にスリット形状改良後の状況を示す．

このスリット形状の改良については，実橋における応力頻度計測により効果の検証が行われている．対象橋梁は，供用後約50年経過した単純鋼床版2箱桁橋である．この検証は，図2-3に示す2種類のき裂長さを想定したスリット形状の改良に対し，改良の前後で計測が行われ

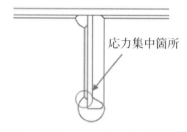

図2-1　下側スリット部の応力集中箇所

写真2-1　き裂発生状況

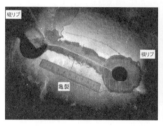 

(a) ストップホール施工時　　(b) 高力ボルト締結後

写真2-2　ストップホールに高力ボルトを締結した例

写真2-3　L形鋼の当て板による対策例[2.1]

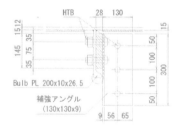

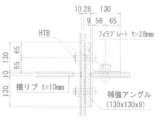

図2-2　L形鋼による当て板補強の例[2.2]

写真 2-4 き裂発生状況

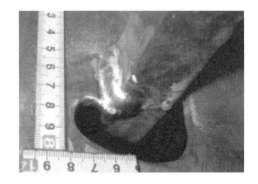

写真 2-5 スリット改良後の状況

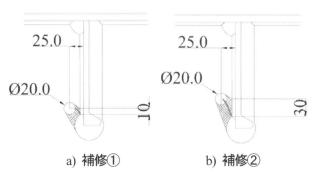

図 2-3 スリット形状の改良構造の例

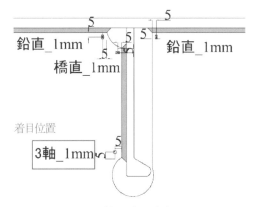

図 2-4 ひずみゲージ貼付位置

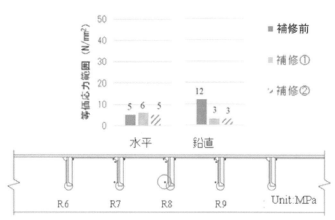

図 2-5 計測結果（等価応力範囲）

ている．改良前のひずみゲージの貼付位置を図 2-4 に示す．着目位置は横リブ側溶接止端部から 5mm 離れた位置とし，改良後にはひずみゲージを貼りなおしている．計測では，まず，改良前の応力を計測し，次に，10mm 程度のき裂を想定したスリット形状の改良（補修①）後の計測が行われている．最後に，30mm 程度のき裂を想定した形状にスリットを拡孔して（補修②）計測することで，同一箇所で計測が行われている．各計測における水平方向と鉛直方向の等価応力範囲を図 2-5 に示す．発生応力は小さいものの，鉛直方向応力が低減されており，スリット形状の改良による効果が確認できる．なお，スリット形状の改良によって，デッキプレートと縦リブの溶接部やデッキプレートと横リブの溶接部には顕著な影響がないことも検証されている．

第 3 節　SFRC 舗装の仕様・施工と維持管理

　主にデッキプレートと閉断面リブ溶接部の疲労損傷に対する応急対策後の恒久対策や予防保全として，鋼繊維補強コンクリート（Steel Fiber Reinforced Concrete．以下，SFRC）舗装により，デッキプレートの局部的な曲げ変形を抑制する方法がある．SFRC 舗装による対策事例は「鋼床版の疲労（2010 年度改訂版）」[3.1)]にも紹介されているが，その後も実績は増加している．ここでは，近年実施された施工事例における仕様や追跡調査の事例を，維持管理上の留意点も含めて紹介する．なお，これらは都市内高速道路の事例であり，仕様については道路管理者によって異なる．SFRC 舗装による設計・施工上の留意点については，文献 3.2)なども参考になる．

3.1　仕様と施工

　2 つの事例の舗装構成を図 3-1 に，SFRC に用いる鋼繊維とコンクリートの規格を表 3-1 と表 3-2 に，SFRC とデッキプレートの接合に用いる接着剤の仕様を表 3-3 に示す．以下に，事例ごとの仕様の解説と施工上の留意点を示す．

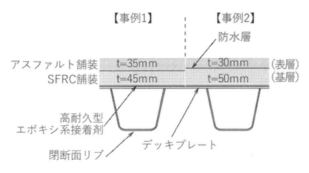

図 3-1 SFRC 舗装の構成の例 3.3), 3.5) を参考に作成

表 3-1 鋼繊維の規格の例 3.4), 3.5) を参考に作成

	事例1	事例2
材質	JIS G 3532	JIS G 3532
寸法（直径）	0.6～0.7mm	0.6mm
寸法（公称長）	30mm	30mm
質量 または密度	76mg/本 （許容差±15%）	67mg/本 （許容差±15%）
引張強度	600N/mm²以上	600N/mm²以上
摘要	土木学会 「鋼繊維補強コンクリート設計・施工指針（案）」	土木学会規準 「コンクリート用鋼繊維」

表 3-2 コンクリートの規格の例 3.2), 3.6) を参考に作成

	設計基準 圧縮強度 （材齢3hr.） N/mm²	細骨材 最大 寸法 mm	セメント の種類	空気量 %	SF混入後の スランプ cm	SFの 混入量 kg/m³	ハンドリング タイム （可使時間） 分
事例1	24	15	超速硬 セメント	3.0 ±1.5	6.5±1.5	100 （±2%）	60
事例2	24	13	超速硬 セメント	---	6.5±1.5	100	60

3.1.1 事例1 [3.3),3.4)]

(1) 舗装の構成

舗装の構成は図 3-1 に示したように，橋面舗装の基層部分45mmをSFRC舗装とし，その上に橋面防水を設け，表層部分 35mm に排水性舗装もしくは改質アスファルトを使用した密粒度舗装が用いられている．デッキプレートとSFRCとの接着は，スタッド等を使用せず高耐久型エポキシ系接着剤のみとしている．なお，既設の舗装厚や鋼床版の添接位置，連結板の板厚・ボルト高さとの関係等により所定の舗装厚が確保できない場合には，基層は40mm，表層は 30mm まで減少させてよいものとしている．基層の舗装厚を 40mm とした場合でも鋼床版の疲労対策効果を有していることが確認されている．

(2) 施工上の留意点

本事例で紹介されている施工上の留意点について，施工工程ごとに以下に示す．

【既設アスファルト混合物の撤去および研掃工】

既設アスファルト混合物の切削は，デッキプレート表面に切削傷が生じる可能性があるため，路面切削機使用

表 3-3 接着剤の仕様の例 3.4), 3.5) を参考に作成

項目		事例1	事例2
	種類	高耐久型エポキシ系接着剤	
材料 特性	圧縮強さ	50N/mm²以上 (JIS K 7181)	---
	圧縮弾性係数	1,000N/mm²以上 (JIS K 7181)	
	曲げ強さ	35N/mm²以上 (JIS K 7171)	
	引張せん断強さ	10N/mm²以上 (JIS K 6850)	
接着性	引張強度	1.6N/mm²以上 または母材破壊 (JIS A 6909)	1.0N/mm²以上 (建研式引張試験による付着強度)
耐水性 耐熱性	引張強度	90%以上または母材破壊	---
	せん断強度	破壊面での材質破壊の面積割合が90%以上	
耐久性	疲労耐久性	・接着剤において，剥離が生じないこと ・輪荷重走行位置において，建研式引張接着試験1.0N/mm²以上 (実大鋼床版試験体による輪荷重走行試験)	---
	塗布量	・塗布厚さ 0.5mm以上，かつ，平均1.0mm以上	・塗布量 平均塗布量：1.0ℓ/m² 最低塗布量：0.5ℓ/m²
	可使時間	---	攪拌からSFRC打ち込み完了までの最大時間間隔は5～35℃の範囲で90分までとする．

（ ）内は試験方法を示す．

表 3-4 SFRC の静弾性係数と圧縮強度の例 3.5)

		材齢3時間	材齢28日	試験方法
弾性係数	N/mm²	25,000 以上	33,000 以上	JIS A 1149
圧縮強度	N/mm²	24 以上	50 以上	JIS A 1108
曲げ強度	N/mm²	4.8 以上	12 以上	JSCE-G552-2010
単位重量	g/cm³	2.4 程度		

時には切削深さに注意する．また，バックホウを用いる場合や人力による切削時には，デッキプレート面を傷つけないよう機器等の使用方法に十分注意する．

舗装切削終了後，SFRC舗装とデッキプレートの付着性を確保するため，デッキプレートの表面処理はブラストによる素地調整程度1種を標準としている．なお，ブラストによる研掃が困難な端部は，ハンドツールによる施工方法が許容されている．

【接着剤塗布工】

接着剤塗布時には，接着剤の適用温度内での施工が必要であり，塗布前にデッキプレート表面の温度を測定する．特に，品質のばらつきや塗布後のダレを助長するため接着剤は加温・加熱を行ってはならない．

【SFRC舗設工】

表 3-4 に示すように材齢コンクリートの圧縮強度の基準材齢は，打込みから3時間後にSFRC上を作業車が走

行することを想定しているため，3時間とされている．SFRCの舗設は，施工延長や現場条件を考慮して決定する．練り混ぜには鋼繊維を均一に混ぜるためモービル車が使用される．また，十分な締固めと良好な平坦性が得られるよう計画することが重要であり，練り混ぜられたSFRCは速やかに舗設する必要がある．

3.1.2 事例2

(1) 舗装の構成および規格 3.5)

舗装の構成は図3-1に示したように，事例1と同様，スタッド等を用いず，デッキプレートに高耐久型エポキシ系接着剤を塗布した上で，SFRCが舗設されている．また，SFRC表面には防水層を施工し，その上に表層が舗設されている点も同様である．舗装厚は基層50mm，表層30mmである．

(2) 施工上の留意点

本事例で紹介されている施工上の留意点について，工程ごとに以下に記載する．

【アスファルト混合物の撤去および研掃工】

デッキプレート表面への切削傷への配慮は，事例1と同じである．また，表面処理もブラストに素地調整程度1種により鋼床版上の不純物を完全に除去することが求められている．研掃後の状況の例を写真3-1に示す．

写真3-1 研掃後の状況

【接着剤塗布工】

接着剤に所定の機能を発揮させるため，SFRCの硬化後に接着剤が硬化する必要がある．そのため，接着剤は所定の付着力の確保が可能な時間（接着剤を混合してからSFRC舗設完了までの時間）が明らかな材料を使用する．接着材の塗布状況を写真3-2に示す．なお，エポキシ系接着剤は温度に敏感な材料であるため，使用環境に合わせて冬季・春秋季・夏季用といった使い分けが求められている．

写真3-2 接着剤の塗布状況

【SFRC舗設工】

コンクリートの基準材齢の考え方は事例1と同じである．この例では，前述の表3-4に示す配合設計上必要な静弾性係数と圧縮強度が規定されている．

SFRCは，フィニッシャ等を用いて，平坦な仕上がりとなるように敷き均す．SFRCを車線ごとに舗設する場合には，施工目地をセンターライン近傍に設けるなどにより，輪荷重直下を避ける．

3.1.3 施工上の課題

SFRC舗装の施工は夜間1車線規制による施工や，1車線を24時間連続で規制して施工する集中工事にて実施される．1日の施工量は，集中工事では，約130m/日の実績3.6)があるものの，前項に示した事例2では，夜間規制の時間の制約などにより約10m/日であった．都市内高速道路での長時間規制は，渋滞を引起こす可能性があり，SFRC舗装の施工は比較的交通影響の少ない日程を選定して実施されている．このように，施工の自由度が低いことがSFRC舗装の課題の1つであり，より自由度の高い施工法の確立や施工工程の工夫などが求められる．

3.2 維持管理

3.2.1 追跡調査の事例

ここでは，SFRC舗装後に経年に対する追跡調査が実施された2事例を紹介する．

(1) 事例1

本事例3.7)で対象としたSFRC舗装は，3径間連続鋼床版箱桁橋（片側3車線，4.5万台/日・方向）に施工されたものであり，アスファルト舗装（基層厚40mm，表層厚40mm）が図3-2に示す舗装構成に打ち替えられている．追跡調査では，SFRC舗装の施工前後（冬季），施工から6ヶ月後（夏季），24ヶ月後および約10年経過後（冬季）にそれぞれ72時間の応力頻度計測が実施されている．ひずみゲージ貼付位置を図3-3に示す．計測位置はデッキプレート貫通き裂に対する補強効果を確認するためのデッキプレート下面G6～G8（デッキプレート側の溶接止端部から5mm）と，ビード貫通き裂に対する補強効果を確認するために縦リブ側面G9～G11（縦リブ側の溶接止端部から5mm）の位置としている．計測したひずみの方向は，いずれも横断方向である．等価応力範囲で整理した計測結果を図3-4に示す．いずれもSFRC舗装施工直後に等価応力範囲が大幅に低減され，施工から10年経過時点でも応力低減効果が継続している．

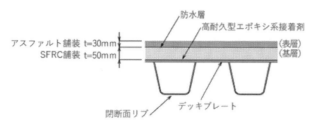

図3-2 SFRC舗装の構成の例[3.5)]を参考に作成

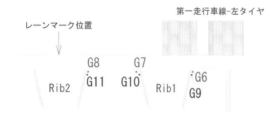

図3-3 ひずみゲージ貼付位置[3.7)]を改変（一部修正）して転載

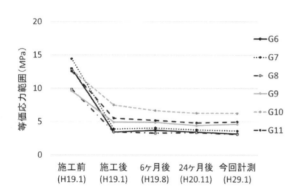

図3-4 等価応力範囲の推移[3.7)]を改変（一部修正）して転載

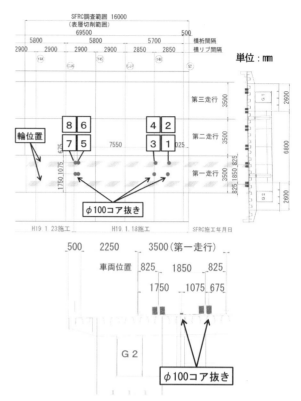

図3-5 コア抜き位置[3.7)]を改変（一部修正）して転載

表3-5 コア抜き調査の結果[3.7)]を改変（一部抜粋）して転載

No.	調査項目		調査結果	
	調査断面	調査位置	付着強度 (N/mm²)	破壊位置
1	一般部	非輪位置（C）	3.06	SFRC層の材料破壊
2		輪位置（R）	1.96	SFRC層と治具の界面破壊
3	縦リブ上	非輪位置（C）	3.06	SFRC層と治具の界面破壊
4		輪位置（R）	2.04	SFRC層と治具の界面破壊
5	施工目地部 +400mm離れ	非輪位置（C）	1.78	SFRC層と治具の界面破壊
6		輪位置（R）	3.18	SFRC層の材料破壊
7	施工目地部	非輪位置（C）	0.89	治具と接着剤の界面破壊
8		輪位置（R）	2.93	SFRC層と治具の界面破壊

表3-6 圧縮強度試験結果[3.7)]

No.	調査断面	調査位置	圧縮強度（N/mm²）
1	一般部	非輪位置（C）	55.3
6	施工目地部より +400mm離れ	輪位置（R）	65.4
			58.5

また，施工後10年経過時にはSFRC舗装のたたき点検，ひびわれ調査，コア抜きによる調査も実施されている．ひび割れ調査は，表層アスファルトと一部露出させたSFRC表面を対象として実施され，いずれもひび割れなどの変状は確認されず良好な状態であった．そして，点検ハンマによるたたき点検でも浮き，剥離等が懸念されるような異音は確認されていない．

コア抜き調査では，水が浸入しやすい施工目地部や車両の走行位置に着目し，**図3-5**に示す8ヶ所でφ100のコアが採取されている．コアを採取する際には，建研式接着力試験機を用いた引張試験[3.8)]（以下，建研式引張試験）にてデッキプレートとSFRC舗装の付着強度が確認されている．**表3-5**にコア抜き調査の結果を示す．付着強度は採取コア8ヶ所のうち1ヶ所を除き，施工時のSFRCとデッキプレートの付着強度の品質管理値としていた1.0N/mm²を満たし良好な結果であった．なお，付着強度の基準値を満たさなかったコアNo.7は，試験治具と接着剤の界面で剥がれており，試験治具接着時の表面処理不足と考えられている．

採取コア断面およびコア孔壁面にひび割れは見られなかったことから，その一部のコアを整形後，圧縮強度試験が行われている．圧縮強度試験結果を**表3-6**に示す．いずれのコアについてもSFRCの材齢28日強度の基準値50N/mm²を十分に満たし，良好な結果であった．圧縮強度試験後の供試体ではフェノールフタレイン法による中性化深さも測定され，中性化は見られなかったことが示されている．以上の結果から，本事例では施工後10年経過した後でもSFRC舗装は健全であり，補強効果が持続していると判断されている．

(2) 事例2

本事例[3.9)]で対象としたSFRC舗装は，2径間連続鋼床版箱桁橋（片側3車線，3.5万台/日・方向）に施工されたものであり，基層をSFRC舗装とし，表層には排水性舗装あるいは改質アスファルトを使用した密粒度舗装が用いられている．なお，デッキプレートとの接合ではスタッド等の機械定着は設けず，高耐久型エポキシ系接着剤による接合としている．本事例では施工前後（夏季），施工から5ヶ月後（冬季）および約12年経過後（冬季）にそれぞれ荷重車による静的載荷試験（試験車での低速走行試験）および72時間の応力頻度計測が実施されている．ひずみゲージの貼付位置を図3-6に，施工から5ヶ月後と約12年経過後の排水性舗装部に対する静的載荷試験結果を図3-7に示す．両者を比較すると，施工後約12年経過後の発生応力が微増している箇所はあるが，施工から5ヶ月後の値とほぼ同程度であり，施工後12年経過した時点でも応力低減効果が継続していることが確認されている．なお，表層が密粒度舗装の場合でも同様の結果が得られている．

施工後約12年経過したSFRC舗装の耐久性を確認するため，事例1と同様にコア抜きによる調査も実施されている．コア抜き調査では，車両の走行位置に着目し図3-8に示す15ヶ所でコアが採取されている．図中の測点13～15はデッキプレートと閉断面リブ溶接部のき裂が確認された箇所であり，SFRC舗装後に再溶接による補修が実施されている．付着強度試験の結果を表3-7に示す．表層の舗装種別によらずSFRC舗装の付着強度は品質基準1.0N/mm^{2}を満足し，破断位置もほとんどがSFRC層の破壊であり，良好な結果であった．ただし，測点13～15ではSFRC層とデッキプレートで界面破壊が起こり，付着強度を確認することはできなかった．これは補修溶接時の熱影響と考えられている．

圧縮強度試験の結果を表3-8に示す．表層の舗装種別によらず，SFRC舗装の圧縮強度は，SFRCの材齢28日強度の基準値50N/mm^{2}を満足していた．圧縮試験後の供試体を用いたフェノールフタレイン法による中性化深さ

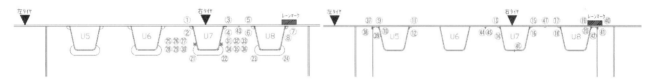

図3-6　ひずみゲージ貼付位置[3,9)]を改変（一部修正）して転載

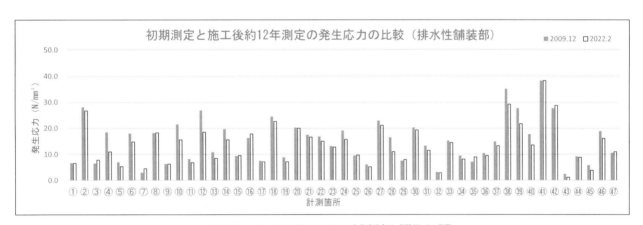

図3-7　静的載荷試験結果[3,9)]を改変（一部修正）して転載

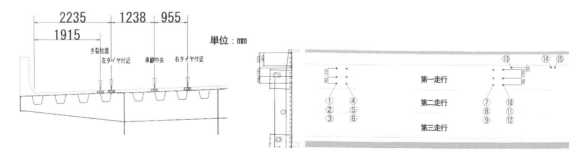

図3-8　コア抜き位置[3,9)]を参考に作成

表3-7　付着強度試験結果[3.9)を参考に編集作成]

No.	分類	調査断面	調査位置	付着強度 (N/mm²)	破断位置
1	排水性As	一般部	輪荷重位置	2.84	SFRC層の破壊
2			非輪荷重位置	3.20	SFRC層の破壊
3			輪荷重位置	3.24	SFRC層の破壊
4		横リブ上	輪荷重位置	2.63	SFRC層と鋼床版の界面破壊
5			非輪荷重位置	3.19	SFRC層の破壊
6			輪荷重位置	3.57	SFRC層の破壊
7	密粒As	一般部	輪荷重位置	2.04	SFRC層の破壊
8			非輪荷重位置	2.53	SFRC層の破壊
9			輪荷重位置	2.80	SFRC層の破壊
10		横リブ上	輪荷重位置	1.88	SFRC層の破壊
11			非輪荷重位置	3.20	SFRC層の破壊
12			輪荷重位置	2.35	SFRC層の破壊
13	き裂部	き裂1	輪荷重位置	0.01	SFRC層と鋼床版の界面破壊
14		き裂2	輪荷重位置	0.02	SFRC層と鋼床版の界面破壊
15		き裂3	輪荷重位置	0.01	SFRC層と鋼床版の界面破壊

表3-8　圧縮強度試験結果[3.9)]

採取箇所	試料数	圧縮強度 (N/mm²)	
		試験値（平均値）	基準値
排水性As	6	91.83	50.0
密粒As	6	75.30	50.0
き裂部	3	76.63	50.0

も測定され，全てのコアにおいて中性化は見られなかったことが示されている．以上より，当該橋梁のSFRC舗装は，施工後約12年経過段階で健全であると報告されている．

3.2.2　き裂の進展の可能性と補修

デッキプレートと縦リブ溶接部のき裂は，**第2章2.3**に示したようにデッキプレート貫通き裂とビード貫通き裂の2通りが存在する．いずれのき裂も起点が溶接ルート部であり，点検・調査には**第4章**で紹介したような非破壊検査手法が導入されている．しかし，これらの技術であってもすべてのき裂を検出することは困難であり，SFRC舗装の施工時に，き裂が内在した状態となっている可能性が高い．

SFRC舗装による内在き裂の進展抑制効果について，文献3.10)では横リブ交差部を抽出した試験体を対象とした検討が行われている．具体には，デッキプレート貫通き裂が内在した状態でSFRC舗装を施した試験体を製作し，疲労試験とき裂先端における応力拡大係数範囲を算出するためのFEAを実施し，SFRC舗装により内在き裂の進展を抑制できることを確認している．なお，一般部の内在き裂に対しては，解析的検討のみではあるが，**4.2**で紹介する文献3.11)で進展の抑制が示唆されている．

文献3.12)ではSFRC舗装後に発生したビード貫通き裂に対し，**1.1.1**に示した貫通孔による補修の有効性を検証した結果が報告されている．この事例では，SFRC舗装後に発見されて貫通孔を設置せずに経過観察とした36ヶ所

のき裂と，SFRC舗装前にあるいは舗装後に発見され，両側に貫通孔を施工した48ヶ所のき裂（96ヶ所の貫通孔）の追跡点検を実施している．その結果，貫通孔を設置していないき裂では，11ヶ所で進展が確認されたものの（**表3-9 (a)**），貫通孔が設置されたき裂で両側，あるいは片側の孔壁にき裂が確認されたものは3ヶ所であった（**表3-9 (b)**）．この3ヶ所のき裂について，G橋の2ヶ所は，貫通孔を施工してから5ヶ月後にSFRC舗装を施工したものであるが，初回点検後の2度の追跡点検において，き裂の進展が確認されなかったため（**図3-9 (a)**），貫通孔を施工してからSFRC舗装を施工するまでの期間にき裂が再発したと考えられている．残りのH橋の1ヶ所の貫通孔のき裂を**図3-9 (b)**に示す．この貫通孔はSFRC舗装後に発見されたき裂に対して設けられ，その後の追跡点検で発見されたものであるが，ブローホールを起点とした内在き裂である可能性が高いとされている．**表3-9**にはき裂の進展速度も記載されているが，貫通孔未施工の場合に進展したき裂の橋軸方向への進展速度の平均は

表3-9　貫通孔の有無によるき裂進展速度の調査例[3.11)]

(a) 貫通孔未施工き裂

橋梁名	初期 き裂長 (mm)	経過 年数 (年) ※	き裂 進展長 (mm)	進展 期間 (年)	き裂進展 速度 (mm/年)
A橋	21	3.5	1	0.5	2
B橋-①	255	3.7	1	0.8	1.3
B橋-②	90	3.9	2	0.8	2.5
B橋-③	58	7.1	9	1.9	4.7
C橋	102	4.5	7	1.8	3.9
D橋	221	3.5	10	1.3	7.7
E橋	448	2.7	4	0.3	13.3
F橋-①	150	1.8	5	1.6	3.1
F橋-②	162	1.9	59	2	29.5
F橋-③	360	1.9	24	2	12
F橋-④	40	0.8	0.5	1.6	0.3
				平均進展速度	7.3

※経過年数＝SFRC施工日から貫通孔を施工するまでの期間

(b) 貫通孔施工き裂

橋梁名	初期 き裂長 (mm)	経過 年数 (年) ※	き裂 進展長 (mm)	進展 期間 (年)	き裂進展 速度 (mm/年)
G橋-①	839	－	5	6.4	0.8
G橋-②	270	－	5	6.8	0.3
H橋	475	4.5	2	3	0.7
				平均進展速度	0.6

※経過年数＝SFRC施工日から貫通孔を施工するまでの期間

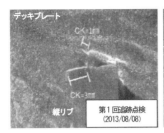
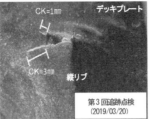

(a) SFRC補強前に貫通孔を施工した事例 (G橋-①)

(b) SFRC補強後に貫通孔を施工した事例 (H橋)

図3-9 SFRC舗装後にき裂が確認された事例[3.11]

7.3mm/年である．一方で，貫通孔に再発したき裂は96ヶ所中5ヶ所と少なく，溶接ビードを切る方向へ平均で0.6mm/年進展したのみであり，SFRC舗装後のビード貫通き裂の補修方法として，貫通孔の有効性が認められている．

これらより，SFRC舗装後のき裂の発生について考察すると，デッキプレート貫通き裂に対しては内在き裂の進展抑制効果の検証結果が示されつつあり，舗装後にき裂がデッキプレートを貫通する可能性は低い．一方で，ビード貫通き裂に対してはSFRC舗装後にき裂の発生や貫通孔を施していないき裂の進展が確認されている．これは，SFRC舗装を施工する目的はデッキプレートの局部変形の抑制であり，輪荷重の縦リブ直上載荷に起因する鉛直方向応力の影響も受けるビード貫通き裂に対しては補修効果が高くないことを示唆している．さらに，ビード貫通き裂の発生起点はデッキプレート貫通き裂と同じ位置となる場合もあり[3.13]，実橋における車両走行位置のばらつきを考えると，SFRC舗装時に内在していた微小なデッキプレート貫通き裂がビードを貫通する方向へ進展する可能性もある．

以上より，デッキプレートと縦リブ溶接部のき裂にSFRC舗装を適用する場合には，適切な応急対策を施すとともに，舗装までの間にも点検を実施することが望ましい．そして，SFRC舗装後に発生するビード貫通き裂に対しては，貫通孔の施工が有効だと考えられるが，貫通孔の長期的な疲労耐久性については今後も注視していかなければならない．また，き裂が縦リブとしての構造性能を満足しなくなる長さとなってしまった場合には，1.1.3に示した当て板などの対策も必要となる可能性もある．

3.2.3 SFRC舗装の耐久性

鋼床版の疲労損傷対策としてSFRC舗装による補強が実施され10年以上が経過している．これまでの所，SFRC本体の耐久性について問題となる事例は確認されておらず，鋼床版の疲労損傷対策としての効果が低下しているという報告も確認されていない．また，3.2.1の事例に示す通り補強効果は維持されているとの報告もあり，今後も継続してSFRC舗装の耐久性を確認していくことが重要であると考えられる．

SFRC舗装の耐久性に関して着目すべき点は，水の浸入によるSFRC舗装自体の耐久性とデッキプレートとSFRC舗装を結合する接着材の耐久性である．舗装自体の耐久性については舗装厚の影響も大きく，デッキプレートのボルト連結部などにおける舗装厚の確保が重要である．さらに，将来的な打替えに関して確実に撤去可能な施工方法の検討・開発が必要になるものと考えられる．

第4節 最近の研究事例

4.1 低変態温度溶接材料

溶接継手の疲労強度向上法として，溶接材料そのものを改良することにより，溶接完了後に圧縮残留応力を導入し，疲労強度の向上が期待できる溶接材料が開発されている[4.1]．これは，低変態温度溶接材料（以下，LTT溶材）と呼ばれ，通常の溶接材料（以下，普通溶材）と比較して，Ni，Cr，Mn等の元素が多く添加されており，冷却時に比較的低温で相変態が生じる溶接材料である．

これまでLTT溶材は，その溶接性の観点などから，部材組立のための本溶接として用いられることはほとんどなく，普通溶材での本溶接の上に付加的に溶接する，いわゆる付加溶接としての使用が一般的であった．近年，LTT溶材の省合金化が進められており，低炭素鋼に近い成分系のLTT溶材が開発され，溶接性の改善が図られている[4.2]．海外ではLTT溶材の本溶接への試用もみられ，突合せ継手や面外ガセット継手の止端破壊に対して疲労強度の向上が確認されている[4.3]-[4.6]．

ここで紹介する研究事例[4.7]では，LTT溶材のみで部材組立を行い，デッキプレート貫通き裂に対する疲労強度の向上を試みている．具体には，LTT溶材を用いて鋼床版の一部を模擬した片面すみ肉溶接継手を製作し，疲労試験によりその疲労強度を明らかにしている．

4.1.1 試験体

試験体の形状および寸法を図4-1に示す．試験体は既往の研究[4.8],[4.9]を参考にし，鋼床版のデッキプレートを模した板厚12mm，幅300mmの主板に，板厚6mm，幅300mmのリブを77°の角度で溶接した継手である．道路橋

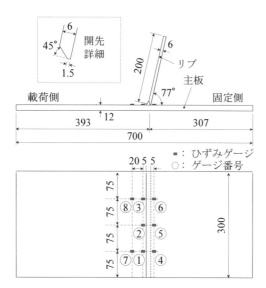

図 4-1 試験体（単位：mm）[4.7]

示方書[4.10)]では，閉断面リブとデッキプレートの縦方向溶接継手は，必要なのど厚を確保するとともに，閉断面リブ板厚の75％以上の溶込み量を確保することが規定されている．この基準を満足し，かつ片面からのすみ肉溶接により試験体間で一定ののど厚および溶込み量が確保できるように，ここではリブに開先を設けて製作している．

使用した鋼材はSM400Aであり，溶接材料にはLTT溶材と，比較のために普通溶材を用いている．どちらもフラックス入りワイヤであり，LTT溶材は径1.2mm，普通溶材は径1.4mmである．なお，LTT溶材には変態点を下げるためにMnが多く添加されているものが使用されている．

溶接条件を**表 4-1** に，溶接部の断面マクロ組織写真を

図 4-2 に示す．溶接にはCO_2自動溶接を用い，始終端にエンドタブを設けて下向きにて1パスで溶接している．溶接条件をデジタル制御できる多関節ロボットにより製作することで，試験体間の溶接形状のばらつきが小さくなるよう配慮されている．

4.1.2 疲労試験方法

繰返し載荷には板曲げ振動疲労試験機[4.11)]を用いている．対象とした鋼床版溶接部では主に圧縮応力が繰返し作用する条件と考えられる[4.12)]が，この研究ではより厳しい試験条件下となるよう溶接ルート部の応力比がゼロとなるように予荷重を与えて実験が行われている．

図 4-1 に示すように，主板表面の8ヶ所にひずみゲージを貼り付け，試験中の公称応力範囲の確認や疲労き裂の発生，進展状況の把握に使用している．溶接ルート部における公称応力範囲は，図中のNo.1, 4, 7 および No.3, 6, 8 のひずみゲージの値からルート部位置に線形内挿して求めている．試験中，1万回の載荷ごとに動的ひずみ計測が行われている．載荷は試験体が破断するまで繰り返したが，1,000万回載荷してもき裂が確認されない場合には，応力範囲を高くして載荷が継続されている．

4.1.3 試験結果

(1) 溶接形状

LTT溶材と普通溶材の溶接部の形状を比較するために溶接形状計測が行われている．計測項目は，**図 4-3** に示す主板側の脚長（L_M），リブ側の脚長（L_R），止端曲率半径（ρ），止端角（θ），溶込み深さ（p）の5項目である．

計測結果の平均値を**表 4-2** に示す．表中の括弧内の値

表 4-1　溶接条件[4.7]

溶接材料	電流 (A)	電圧 (V)	溶接速度 (mm/min)	入熱量 (J/mm)	予熱 (°C)
LTT溶材	250	28	370	1,135	57〜70
普通溶材	280〜285	26.5〜27	400	1,113〜1,134	なし

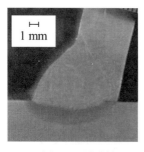
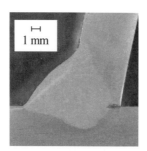

(a) LTT試験体　　(b) 普通溶材試験体

図 4-2　断面マクロ組織写真[4.7]

L_M：主板側の脚長
L_R：リブ側の脚長
ρ：止端曲率半径
θ：止端角
p：溶込み深さ
a：未溶着寸法
t_r：リブ厚

図 4-3　溶接形状の定義[4.7]

表4-2 止端形状計測結果一覧[4.7] を基に改変転載（一部抜粋して作図）

試験体	脚長 主板側 L_M (mm)	脚長 リブ側 L_R (mm)	止端半径 ρ (mm)	止端角 θ (°)	溶接溶込み量 深さ p (mm)	溶接溶込み量 比率 p/t_r
LTT溶材	3.87 (0.26)	7.44 (0.26)	0.65 (0.23)	67.5 (3.21)	4.82 (0.18)	0.80 (0.03)
普通溶材	3.88 (0.30)	7.16 (0.26)	0.62 (0.22)	67.7 (3.56)	4.94 (0.18)	0.82 (0.03)

は標準偏差である．LTT 溶材と普通溶材で溶接部の形状や溶込み深さに大きな差がなく，平均値でみると，脚長は 0.1～0.4 mm 程度，止端曲率半径は 0.1 mm 程度，止端角は 4°程度，溶込み深さは 0.1mm 程度の差であった．よって，LTT 溶材を用いて製作した継手であっても普通溶材の場合と同様の溶接形状を実現できていることがわかる．

(2) 溶接残留応力分布

溶接ルート部の残留応力を実測するのは容易ではないため，ここでは溶接止端近傍の残留応力が計測されている．計測には x 線回折式残留応力測定システム（iXRD, PROTO Manufacturing）が用いられた．コリメータの径は 1mm である．計測点は溶接止端から 2 mm 離れた位置の幅方向の 3 ヶ所とし，応力成分は溶接線に直交する方向である．計測位置には表面処理として電解研磨を施してあり，その研磨深さは 100~200 μm 程度であった．

図 4-4 に得られた残留応力分布を示す．計測点ごとに 3 回計測し，その平均値を示している．また図中には，別途実施した溶接シミュレーションにより得られた幅方向および長手方向の残留応力分布[4.7]も併記している．止端から 2 mm 位置では両者の差は大きくないが，LTT 溶材の残留応力は普通溶材のそれと比較して 30~60 N/mm² 程度小さいことがわかる．また，同図(b)に示す長手方向の残留応力分布より，溶接部近傍では LTT 溶材の残留応力は普通溶材のそれに比べて，溶接止端では 250 N/mm² 程度，溶接ルート部では 200 N/mm² 程度，それぞれ圧縮側にシフトしていることがわかる．以上より，LTT 溶材を本溶接に用いることにより溶接部近傍の局所的な残留応力を圧縮側にシフトできると考えらえる．

(3) 疲労寿命

すべての試験体でき裂は溶接ルート部から発生し，主板を貫通する方向に進展している．ここでは，溶接部近傍に貼付したひずみゲージによる応力範囲が 5%変化したときの繰返し数を N_5，試験体の変形が大きくなり，安定的に載荷できなくなったときの繰返し数を N_f，N_5 から N_f までに要する繰返し数を N_p として，それぞれを用いて疲労試験結果を整理している．

公称応力範囲で整理した疲労試験結果を図4-5に示す．

同図(a)には，普通溶材を用いて同様の試験方法により得られた過去の疲労試験結果[4.8),4.9)]もあわせて載せている．なお，未破断の試験体には矢印を付記している．

N_5，N_f のどちらをみても，LTT 試験体の試験結果は普通溶材試験体のそれよりも上方に位置している．N_5 では，普通溶材試験体の結果は日本鋼構造協会（JSSC）の疲労強度等級[4.13)]の E 等級を下限として分布しているのに対して，LTT 試験体の結果は C~B 等級付近に位置している．また，未破断の領域をみてみても，LTT 試験体の疲労限は普通溶材のそれより高くなっているといえる．N_p においても，ばらつきはあるものの，LTT 試験体は普通溶材試験体と同等以上の疲労強度を有している．

N_f を基準として，LTT 試験体と普通溶材試験体の 200 万回疲労強度を比較した．ここで200 万回疲労強度とは，

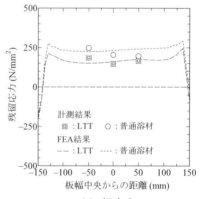

(a) 幅方向

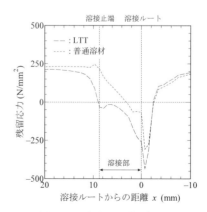

(b) 長手方向（解析結果）

図 4-4 残留応力分布[4.7]

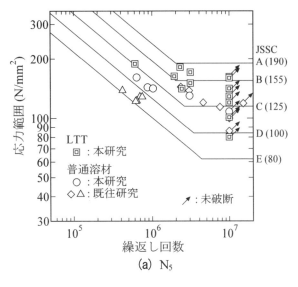

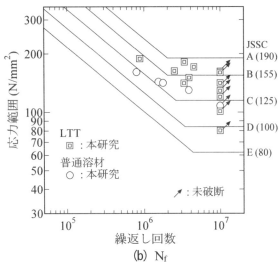

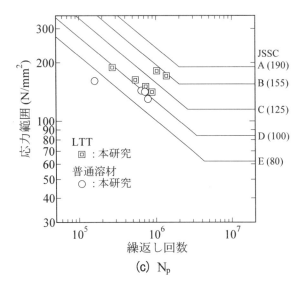

図 4-5　疲労試験結果の整理[4.7] を基に改変転載（一部修正して作図）

疲労試験結果を最小二乗法により直線で回帰し，その回帰線から求めた 200 万回時の応力範囲である．なお，直線の傾きを表す定数 m は 3 に固定して疲労強度を求めている．その結果，LTT および普通溶材試験体の 200 万回疲労強度は，それぞれ 177.2 N/mm^2，131.9 N/mm^2 であった．このことから，LTT 溶材により少なくとも 2~3 割程度の疲労強度の向上が期待できると考えられる．

以上より，LTT 溶材を本溶接に用いることにより，普通溶材の場合に比べて継手の疲労強度を向上できること，さらに疲労限についても，LTT 試験体のほうが普通溶材試験体よりも高くなることが明らかにされている．

4.2　超高性能繊維補強セメント系複合材料の敷設 [4.14],[4.15]

舗装材料の変更によりデックプレートの局部変形を抑制する種々の方法が検討されている [4.16]-[4.21]．その中でも，第 3 節に示す SFRC 舗装が多く検討されており，施工実績も多い．

SFRC 舗装では，発生したき裂に対して応急対策を施した上で敷設する方法が一般的であるが，デックプレート貫通き裂に対しては，舗装の剛性やき裂の深さによっては，き裂先端の応力拡大係数範囲を鋼材の下限界応力拡大係数範囲と同等までとすることができるとしている [4.22]．よって，小さなき裂に対しては，き裂処理を省略し舗装材料の変更による対策のみとする維持管理シナリオが考えられる．このシナリオを実現させるためには，SFRC と比較して弾性係数が高く，き裂処理を省略できるき裂の許容寸法を大きくすることが可能な舗装材の適用が有効と考えられる．

以下では，新しい材料として開発されつつある超高性能繊維補強セメント系複合材料（Ultra High Performance Fiber Reinforced cement-based Composites. 以下，UHPFRC）によるデックプレート貫通き裂の進展抑制効果や，対策後の疲労耐久性の確認を目的とした研究事例 [4.14],[4.15] を紹介する

4.2.1　UHPFRC 舗装の特徴

UHPFRC は，SFRC と比べて材料費は 1.4 倍程度となるものの，弾性係数が 1.4 倍で SFRC 舗装と同様の施工機械で現場施工が実現可能である [4.23]．また，圧縮強度は 150N/mm^2 以上，ひび割れ発生強度が 4N/mm^2 以上，引張強度が 5N/mm^2 以上の材料である．そして，普通コンクリートに比べ，透気係数が約 1/1000，塩化物イオン拡散係数が約 1/100 と遮断性も高い．

4.2.2　デックプレート貫通き裂の進展抑制効果 [4.14],[4.15]

UHPFRC 舗装によるデックプレート貫通き裂の進展抑制効果を明らかにするため，輪荷重走行試験により得られたき裂の破面観察や進展挙動，および FEA により求めた応力拡大係数とき裂深さの関係を基に考察されている．

半楕円形で進展していくき裂を想定して，FEA により応力拡大係数とき裂深さの関係が求められている．無補

強の状態での解析結果を図4-6に示す．図は横リブ交差部にき裂があり，ダブルタイヤ70kNがき裂を跨ぐように載荷した場合を想定している．図中の破壊角度θ_fはき裂先端のエネルギー解放率が最大となる角度，等価応力拡大係数K_{eq}は破壊角度と同じ方向のき裂に対するモードIに相当する応力拡大係数である．デッキプレート板厚t（=12mm）とすると，a/t=1/6～5/6の範囲ではK_Iの絶対値はK_{eq}とほぼ一致し，この範囲ではデッキプレート貫通き裂はモードIが支配的であるといえる．また，a/t=1/2～2/3程度の大きさのき裂となれば，その後の進展とともに応力拡大係数は減少し，停留する傾向にある．よって，発生応力の低減により停留できる可能性のあるき裂であることがわかる．なお，無補強の状態で輪荷重走行試験により発生したき裂最深部の断面観察結果を図4-7に示す．図中には，図4-6の破壊角度の方向にき裂が進展すると仮定して求めたき裂進展曲線を赤線で示しており，き裂進展曲線で試験結果をある程度模擬できることがわかる．

この解析手法を用いて求められた応力拡大係数範囲とき裂深さの関係が図4-8である．UHPFRC舗装とSFRC舗装は40mm厚が想定されている．まず，付着の有無，つまり舗装材とデッキプレートとの合成がΔK_Iに影響することがわかる．次に，同じΔK_Iとなるき裂深さについてみると，UHPFRC舗装とSFRC舗装で3mm程度の差がある．き裂を停留させることができる下限界応力拡大係数範囲があると考えれば，UHPFRC舗装の場合はSFRC舗装より停留できるき裂深さを3mm程度大きくできる可能性があり，き裂処理を省略する維持管理シナリオを考えると，UHPFRC舗装がSFRC舗装より優位になると推論されている．

4.2.3 UHPFRC舗装の疲労耐久性 [4.14],[4.15]

UHPFRC舗装の疲労耐久性を明らかにするため，輪荷重走行試験では，UHPFRCの材料自体やそのデッキプレートとの界面に対する輪荷重繰返し載荷の影響についても考察されている．具体的には，実橋の100年以上の繰返し疲労負荷に相当する輪荷重走行試験を実施した後に，鋼床版やUHPFRCのひずみの変化，UHPFRC上面のひび割れ，デッキプレートとの界面の残存付着強度の確認が行われている．その結果，大きな劣化は認められず，UHPFRC舗装は十分な疲労耐久性を有すると判断されている．

4.3 閉断面リブの開断面化および両側すみ肉溶接化による対策方法 [4.15],[4.24]

鋼床版のデッキプレート溶接部を対象として，交通規制が不要で補強による死荷重の増加を回避できる方法として，閉断面リブの内面から溶接を追加する方法が検討されている[4.25],[4.26]．一方でこれらはき裂の起点が溶接止端部に移行する可能性が指摘されている[4.25],[4.27]．ここでは，閉断面リブを開断面化するとともに，き裂の起点とな

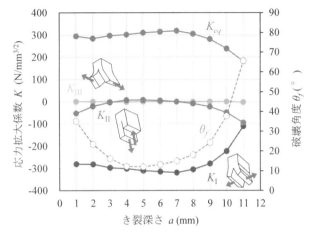

図4-6 応力拡大係数，破壊角度とき裂深さの関係 [4.14]を参考に編集作成

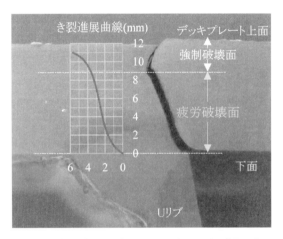

図4-7 輪荷重走行試験により発生したき裂最深部の断面観察結果 [4.14]

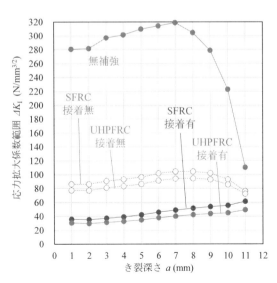

図4-8 UHPFRC，SFRCにおける応力拡大係数範囲とき裂深さの関係 [4.14]を参考に編集作成

る止端部への各種処理を施した場合の研究事例[4.15],[4.24]を紹介する.

4.3.1 耐荷性能への影響

閉断面リブを開断面化し両側すみ肉溶接を行った場合の縦リブとしての耐荷性能および2方向面内力を受ける補剛板としての耐荷性能が,実橋を対象とした設計計算により照査されている.その結果,縦リブとしての応力増加率は1.7倍程度となるものの許容応力度以下であること,2方向面内力を受ける補剛板としての圧縮強度は開断面化の影響をほとんど受けないことから,耐荷性能上は閉断面リブの開断面化が成立することが確認されている.

4.3.2 溶接の施工性と出来形

提案される構造は,図4-9に示すように開断面化されるのは支間部のみである.内面側の追加溶接は,交差部も含めて全線で施工され,既存溶接と追加溶接の溶接止端部に対し,支間部はデッキプレート側を,交差部は全4ヶ所にTIG処理が施されている.これらの施工は,狭隘な箇所に対して上向き姿勢となり難易度が高いことから,溶接施工試験により施工性や出来形が確認されている.その結果,適切な溶接条件を満たせば目標とした脚長や止端曲率半径に概ね施工できることが確認されている.また,振動による高温割れの懸念に対して,解析的に輪荷重によるルートギャップの開口変位を求めたところ,文献4.28)の高温割れの判定よりも十分小さい変位であることが確認されている.

4.3.3 アスファルト舗装への影響

縦リブの開断面化によりデッキプレートの変形挙動が変化することから,舗装への影響が懸念される.そこで,アスファルト舗装の損傷に影響するとされるデッキプレートの最小曲率半径の確認が解析的に検討されている.その結果,デッキプレート上面の鉛直変位自体は最大で1.3倍に増大するものの,デッキプレートの最小曲率半径は34.1mとなり,文献4.29)において目安として規定されている曲率半径20m以上となることが確認されている.

また,溶接時の熱がアスファルト舗装に及ぼす影響の確認試験も実施されている.その結果,グースアスファルト舗装の舗設温度を一瞬超過するものの,アスファルト舗装は熱劣化することなく,むしろアスファルトが再溶融してデッキプレートとの付着面積が広がり,建研式引張試験において残存付着力が増加する結果が得られている.

4.3.4 局部応力性状の確認

着目溶接部の局部応力性状の確認のために,溶接ルート部や止端部にフィレット形のノッチを設け,そのノッチ上の絶対値最大の主応力を用いた橋軸直角方向影響線が求められている.この際,両側すみ肉溶接に対しては,TIG処理(止端形状改善)の効果も確認されている.結果の一例としてダブルタイヤを横リブ交差部の断面に載荷した際の影響線を図4-10に示す.

開断面化および追加溶接により,き裂起点となるルート部の評価応力であるσ_3とσ_4の発生応力レベルは,SFRC舗装と同程度まで低減されている.また,大きな局部応力の最大位置は溶接止端部のσ_1, σ_2, σ_7, σ_8へ移行する.さらに,これらの止端部の発生応力は,形状改善によって無補強の場合と同程度まで低減できることが示されている.

また,デッキプレート貫通き裂が既に存在している状態で本対策を施した場合の残存き裂に対する進展抑制効果についても解析的に検討されており,SFRC舗装と比較すると,深さが9mm以下のき裂に対しては,本対策のき裂進展抑制効果が高いことが示されている.

4.3.5 疲労耐久性の検証

実橋の100年以上の繰返し疲労損傷度[4.30]に相当する定点疲労試験が実施され,疲労き裂発生の有無の確認が行われている.溶接止端部に対しTIG処理を行った上でピーニング処理を施した場合には,性能に影響を及ぼすき裂は認められなかったが,TIG処理のみとした場合には既往研究[4.25],[4.27]と同様の止端き裂が確認されている.

本補修方法については,上述の結果が横リブ交差部から得られたものであることから,溶接止端処理の方法選定や適用範囲の最適化,および支間部も含めた更なる疲労試験データの蓄積が今後の課題として挙げられている.

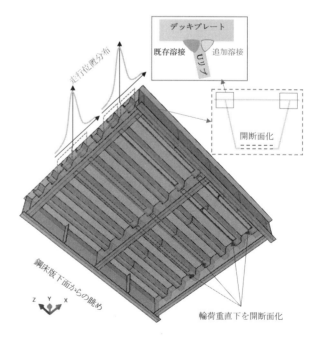

図4-9 閉断面リブの開断面化および両側すみ肉溶接化による対策方法の概要図[4.24]

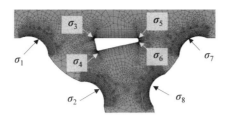
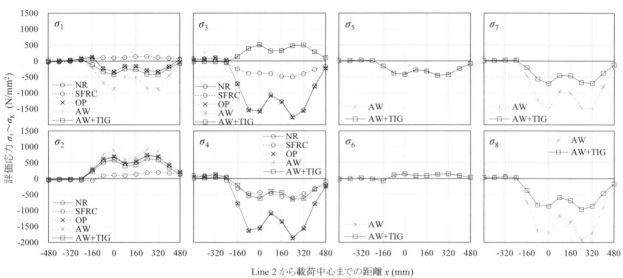

図4-10 横リブ交差部における局部応力の橋軸直角方向影響線 [4.24)を参考に編集作成

第5節　対策工法の選定
5.1　対策手順

図5-1に既設鋼床版の疲労に対する維持管理の手順を示す．き裂発見後の対策手順としては，応急対策の要否を判断し，応急対策の実施によらず恒久対策の要否を判断する．さらに，き裂の有無によらず，き裂発生箇所と類似した構造条件や荷重条件の箇所においては予防保全の要否を判断し，その実施の有無によらず経過観察を行う．

ここで，恒久対策はき裂発生前の性能までの復旧を目的とした補修および，き裂発生前より性能を向上させた補強の2種類があるが，定量的な性能評価は容易ではなく，両者の線引きは曖昧なため，ここでは両者を合わせて恒久対策と呼ぶこととしている．

恒久対策を実施するためには，工事契約やき裂の状況に応じた補修設計などが必要であり，施工までには時間を要する．このため，き裂発見から対策を実施するまでの間，き裂の進展抑制を目的とした「応急対策」の実施は重要である．適切な応急対策を実施することで，き裂の進展を抑制し，その間に恒久対策の要否を判断するための詳細調査と，恒久対策を実施する場合にはその補修設計・施工を確実かつ計画的に行うことが可能となる．なお，応急対策では，き裂の進展の抑制に加え，第三者被害の防止や交通影響への有無等の観点も重要である．なお，恒久対策

実施の直前には，き裂の進展の有無の確認など詳細調査が実施されることも多い．

予防保全は，調査時にき裂が発見されていない部位で

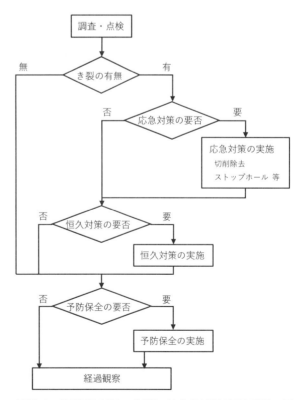

図5-1　既設鋼床版の疲労に対する維持管理手順の例

あっても，将来的にき裂の発生が予想される場合にはライフサイクルコストの観点から橋梁全体をまとめて実施することが望ましい．各種対策後は，経過観察を行うこととなり，通常の維持管理のサイクルへと移行する．

なお，**図5-1**に示す時系列で対応する手順ではなく，応急対策・恒久対策・予防保全を一度に実施する場合や，手順に沿って少しずつ恒久対策を実施しつつ，ある段階で橋梁全体の恒久対策や予防保全を一度に実施する事例などもある．

5.2 対策工法の選定

表5-1に主なき裂タイプに対する各種対策工法の適用例を示す．表中のき裂タイプは，**第2章**で示したき裂タイプのうち，**第3章 第1節**に示した発生数の多いき裂タイプを抽出している．対策工法は，応急対策，恒久対策，予防保全に分類した．なお，各き裂タイプに対して適用が可能と考えられる工法を「○」で示し，そのうち，本章で事例を紹介した工法には，対応する項目番号を付記している．

5.2.1 応急対策

応急対策は，**表5-1**に示すように切削除去，ストップホール，ピーニングによる方法が用いられている．限られた制約条件下（施工可能時間，施工条件等）での実施となることから，できるだけ簡易な方法が要求される．具体的には，き裂先端の処理により応力集中を緩和させ，進展を裂の先端をバーグラインダなどで除去する方法，ストップホールはき裂先端にφ24.5mm程度の孔を設置する方法である．その他の方法として，き裂開口部に間接あるいは直接打撃を与えることでき裂を閉口させたり，圧縮残留応力を与えたりすることでき裂の進展を抑制するピーニングが用いられることもある．これらの工法は，き裂の発生起点やき裂の進展位置に応じて適切に選定する必要がある．切削除去は止端き裂の除去を目的にするものと，ルートき裂の先端をとらえることを目的とする2種類がある．「②縦リブと横リブの溶接部（ダイアフラム）のスリット部」や「③デッキプレートと垂直補剛材の溶接部」などの止端き裂を除去する場合には，溶接継手の性能を低下させないように切削深さに留意する必要があり，板厚の1/2の程度まで切削してもき裂が除去できない場合には，き裂先端にストップホールを設けることとなる．また，閉断面リブにおける「④デッキプレートと縦リブの溶接部」では，溶接ルート部を起点とするき裂に対しては，き裂先端を確実にとらえることが重要であり，最終的にはき裂先端に貫通孔を設けることとなる．き裂先端を確認するための切削除去範囲は，溶接継手の性能を低下させないよう配慮する必要がある．例えば表面に見えるき裂先端の少し先から切削を開始したり，連続でなく断続的に切削を行うなどの配慮により切削量を減らすことができる．

ストップホールを用いる場合，デッキプレートへの削孔は舗装への影響や止水対策が重要となる．ピーニングは，板を貫通していない表面き裂に対し，切削除去に代わって用いられることもあるが，狭隘部では適切な施工が困難であることや，き裂が深い場合には効果が限定的と

表5-1 対策工法の一覧

閉断面リブ鋼床版の損傷タイプ	○：適用が考えられる工法（※は本章での紹介した項目番号を示す）								
	応急対策			恒久対策			予防保全		
	切削除去	ストップホール	ピーニング	溶接補修	当て板	リブ取替	当て板	形状改良	SFRC舗装 ※第3節
② 縦リブと横リブ（ダイアフラム）の溶接部（スリット部）	○	○ ※1.3.1	○		○ ※1.3.2			○ ※1.3.3	
③ デッキプレートと垂直補剛材の溶接部	○	○ ※1.5.1	○ ※1.5.2		○ ※1.5.3			○ ※1.5.2	○ ※1.5.2	○(注)
④ デッキプレートと縦リブの溶接部（④-1 ビード貫通き裂）	○ ※1.1.1	貫通孔 ※1.1.1		○ ※1.1.2	○ ※1.1.3	○ ※1.1.4	○ ※1.1.3		
④ デッキプレートと縦リブの溶接部（④-2 デッキプレート貫通き裂）		○ ※1.2.1			○ ※1.2.3	○ ※1.2.4			○
⑦ 縦リブと縦リブの突合せ溶接部		○ ※1.4			○ ※1.4				

注）デッキプレート側溶接止端部のき裂が対象

開断面リブ鋼床版の損傷タイプ	○：適用が考えられる工法（※は本章での紹介した項目番号を示す）								
	応急対策			恒久対策			予防保全		
	切削除去	ストップホール	ピーニング	溶接補修	当て板	リブ取替	当て板	形状改良	SFRC舗装
② 縦リブと横リブ（ダイアフラム）の溶接部（スリット部）	○	○ ※2.1			○ ※2.2			○ ※2.3	

なることに留意する必要がある.

5.2.2 恒久対策

恒久対策は, 表5-1に示すように溶接補修, 当て板, リブ取替え, 形状改良による方法が用いられている.

溶接による対策は, 「④デッキプレートと縦リブの溶接部（ビード貫通き裂）」への恒久対策の一つとなる. 本対策は, き裂が溶接ビード内部に留まり, 母材まで進展していない場合にのど厚を確保することを目的に適用され, 既設部材の加工が比較的少なく, 補強部材の取り付けがないなどの利点がある. 一方で, 鋼床版は輪荷重による振動の影響を受けやすく, また, 狭隘部での上向き, あるいは立向き溶接になるなど厳しい施工条件になるため, 溶接品質確保のための管理が重要となる. 例えば, 1.1.2の事例では, 所定の資格を有した作業者のうち, 事前に実施する技量試験で合格した者が作業に従事するとともに, プロセス管理による方法で品質管理を行っている. この対策は, のど厚の確保以外にも止端形状の改良などにより疲労耐久性を確保する方法として他の部位への恒久対策となりうるが, 適用にあたっては溶接品質の確保に対する十分な検討が必要である.

当て板による対策は, き裂による断面欠損を補う形で実施されるため, ほぼすべてのき裂タイプで施工実績がある. 当て板を行う場合, 応急対策を行ったき裂を残置することが多いため, 残置したき裂の再発防止やそのモニタリングの方法を検討しておく必要がある. また, 当て板に伴う周辺部位への影響に対する検討も重要である.

当て板は一般的に高力ボルトを用いて接合されるが, 補強範囲やボルト配置を明確にしておく必要がある. 疲労き裂に対する当て板は一般的に, き裂部を覆うように当て板範囲を決定した上で, 道路橋示方書の高力ボルト摩擦接合接手の規定に準拠してボルト配置を決定している事例が多い. 道路橋示方書の適用が困難な場合には, 1.1.3で示したように, 実験や解析, あるいは欠損した溶接部の作用断面力を考慮して添接方法やボルト配置などが決定された事例もある. また, 1.5.3のように, 作用する輪荷重（T荷重）の大きさと衝撃係数を考慮して直接ボルト本数を決定している事例もある. ボルトの配置は, ボルト孔を過度に設けると母材の耐荷力が低下するため, 本数は少ない方がよいが, 当て板のへ力の伝達と密着性の確保等に配慮して決定する必要がある.

部材取替えとしては, 閉断面リブにおける「④デッキプレートと縦リブの溶接部」のき裂に対する縦リブ取替えがある. 縦リブ取替えは, デッキプレートや閉断面リブの母材に進展したき裂に断面欠損が大きくなり, 当て板による補強が合理的ではなくなった場合に採用されている.

本対策ではき裂発生部を切断撤去し新設部材に取り替えることで完全にき裂を除去できるが, 縦リブを撤去した状態での安全性を踏まえた上で選定する必要がある. また, 施工時に交通規制が必要であり, 施工期間も長くなることから, 閉断面リブ側面に進展したき裂が縦リブ高さの 1/2 を超えるような大きな損傷の場合に採用されている.

形状改良は, 応急対策を施した上で, 溶接部近傍の部材の形状を改良することで溶接部の応力集中を低減させ, 恒久対策とする方法である. 「②縦リブと横リブ（ダイアフラム）の溶接部（スリット部）」については1.3.3および2.3に紹介しているが, まわし溶接のために設けられたスリットを対象に, き裂を除去するとともに, 横リブウェブのスリットを広げ, 溶接部への応力の低減を図っている. また, 「③デッキプレートと垂直補剛材の溶接部」については1.5.2に紹介したように, ストップホールやピーニング等による応急対策を行った上で, 半円形の切欠きを設けることで溶接部の応力の低減を図っている. なお, これらの方法は, 溶接部の応力集中を形状改良箇所全体へ分散させるものであり, 形状改良位置によっては応力低減効果が異なる. そのため, 事前に解析や実験による検討を行い, 応力低減効果と形状改良箇所の応力集中の程度を明らかにしておく必要がある.

5.2.3 予防保全

疲労損傷に対する予防保全は, ライフサイクルコスト縮減や疲労耐久性の向上を目的に, き裂の発生が予想される部位を対象に事前に実施されるものである. 特に鋼床版においては, 径間単位や橋梁全体, さらには路線で同じタイプの溶接部が多いため, 損傷が発生する度に個々に対策を行うことは合理的ではない. また, 点検による見逃しがないとも限らず, 走行車両への第三者被害を防止するという観点などから予防保全の必要性は高い.

予防保全は, 表5-1に示すように, 当て板, 形状改良, およびSFRC舗装による方法が用いられている.

当て板による対策は, 1.1.3に示した「④デッキプレートと縦リブの溶接部」に対するものが挙げられる. 予防保全のための対策は大規模な範囲を対策する場合が多いことから, 1.1.3で紹介した対策ではいずれも, 交通規制が不要となる鋼床版下面からのみで対策が行えるように工夫がなされている.

形状改良による対策は, 「③デッキプレートと垂直補剛材の溶接部」に対するものが挙げられる. 1.5.2で紹介したように, 垂直補剛材の上端に半円切欠きを設けてデッキプレートと垂直補剛材の溶接部の応力集中を緩和する対策事例がある.

SFRC舗装による対策は，路面からの対策のため交通規制が必要になるものの，他の対策に比べ複数の縦リブを含む車線単位での面での補強が可能であるなど，一度に実施可能な対策範囲が広いという特長がある．SFRC舗装による対策については，**第3節**に紹介しているので参考にされたい．なお，SFRC舗装は損傷発生部位だけでなく，き裂の発生が予想される部位も含めて実施されることが多いため，ここでは，「③デッキプレートと垂直補剛材の溶接部」と「④-2 デッキプレートと縦リブの溶接部のデッキプレート貫通き裂」の予防保全に位置付けている．ただし，垂直補剛材溶接部の垂直補剛材側止端を起点としたき裂に対しては，その発生メカニズムを考慮すると対策の効果が低い可能性があるので留意する必要がある．また，損傷発生部位の状態にもよるが，SFRC舗装に他の対策を併せることにより恒久対策になる場合もある．

以上，本章では実績が確認された対策について，発生割合の高いき裂タイプ（②，③，④，⑦）を抽出し，応急対策，恒久対策，予防保全に分類して整理した．これらの対策については，現在も施工性の向上やさらなる疲労耐久性の向上を目指した検討が進められており，常に最新の知見に基づいた対策工法を選定することが望ましい．

第5章　参考文献

第1節

1.1) 井口進, 平山繁幸, 内田大介：海外における鋼床版橋梁の疲労に関する現状—デッキと閉断面リブ溶接線の疲労損傷について—，日本橋梁建設協会平成23年度技術発表会，2011.

1.2) 阪神高速道路(株)：既設鋼床版疲労対策マニュアル 2023年7月版，2023.

1.3) 溝上善昭, 森山彰, 小林義弘, 坂野昌弘：Uリブ鋼床版ビード貫通亀裂に対する下面補修工法の提案, 土木学会論文集A1, Vol.73, No.2, pp.456-472, 2017.

1.4) 金澤高宏, 貴志友基, 溝上善昭, 森下元晴, 西山圭介, 坂野昌弘：Uリブ鋼床版のビード亀裂に対する下面補修, 土木学会年第71回次学術講演会概要集, CS6-003, pp.5-6, 2016.

1.5) 楠元崇志, 奥村淳弘, 坂野昌弘, 小林義弘, 溝上善昭：Uリブ鋼床版のビードき裂に対する補修方法の検討, 土木学会第70回年次学術講演会概要集, CS4-008, pp.15-16, 2015.

1.6) 有馬敬育, 西谷雅弘：TRSを用いたUリブ鋼床版ビード貫通亀裂の下面補強工法の施工マニュアル, 本四技報, Vol.45, No.136, pp.31-32, 2021.

1.7) 八ツ元仁, 田畑晶子, 小林寛：Uリブ鋼床版における下面補強工法の疲労耐久性能評価, 高速道路と自動車, Vol.63 No.7, pp32-35, 2020.

1.8) （社）日本道路協会：道路橋示方書（I 共通編・II 鋼橋編）・同解説, 2012.

1.9) 小野秀一, 渡辺真至, 田畑晶子, 中井勉, 山口隆司, 儀賀大己：スタッドボルトによりあて板したUリブ鋼床版の輪荷重疲労試験, 土木学会第70回年次学術講演会講演集, I-386, pp.771-772, 2015.

1.10) 須藤丈, 岡村敬：鋼床版下面補強法（ビード切断あて板工法）におけるUリブ切断および仕上げの効率化に関する開発, 第21回土木施工管理技術論文・技術報告, pp.133-136, 2017.

1.11) 青木康素, 足立幸郎, 田畑晶子, 加賀山泰一：鋼床版の疲労損傷対策と最近の取組み-疲労損傷の現状と今後の疲労対策-, 土木施工, Vol.55, No.6, 2014.

1.12) （社）土木学会：鋼床版の疲労2010年改訂版, 2010.

1.13) 阪神高速道路管理技術センター：阪神高速道路における鋼橋の疲労対策, pp80-99, 2012.

1.14) （社）日本道路協会：道路橋示方書・同解説　II 鋼橋編, 2002.

1.15) （社）日本道路協会：鋼橋の疲労, 1997.

1.16) （独）土木研究所, 川田工業(株)：鋼床版橋梁の疲労耐久性向上技術に関する共同研究（その5）報告書—Uリブ・横リブ交差部を対象とした疲労耐久性向上技術に関する検討—, 共同研究報告書, 第405号, 2010.

1.17) 新山惇, 佐藤昌志, 三田村浩, 岩崎雅紀, 石井博典：鋼床版縦リブ溶接部の疲労補強対策に関する一検討, 土木学会構造工学論文集, Vol.47A, pp.1047-1054, 2001.

1.18) 松本理佐, 石川敏之, 塚本成昭, 栗津裕太, 河野広隆：鋼床版の垂直補剛材溶接部のき裂を対象とした各種補強法の効果の比較に関する研究, 土木学会論文集A1, Vol.72, No.1, pp.192-205, 2016.

1.19) 大住圭太, 森猛, 阪間大介：鋼床版垂直スティフナ溶接部の疲労き裂に対するストップホール法の効果, 鋼構造論文集, 第23巻, 第91号, pp.31-41, 2016.

1.20) 高田佳彦, 川上順子, 酒井優二, 坂野昌弘：半円切欠きを用いた既設鋼床版主桁垂直補剛材上端溶接部の疲労対策, 鋼構造論文集, 第16巻, 第62号, pp.35-46, 2009.

1.21) 高田耕庸, 山本修嗣, 森謙吾：垂直補剛材直上の鋼床版デッキプレートき裂に対する半円切欠きとICR処理の効果, 阪神高速道路第54回技術研究発

表会論文, No.52, 2022.

1.22) 森猛, 原田英明, 大住圭太, 平山繁幸：鋼床版垂直スティフナ溶接部に生じる疲労き裂の補修・補強方法, 鋼構造論文集, 第18巻, 第69号, pp.51-59, 2011.

1.23) 穴見健吾, 竹渕敏郎, 米山徹, 長坂康史, 木ノ本剛：支圧接合用高力ボルトを用いた鋼床版垂直補剛材上端部の当て板補修, 土木学会構造工学論文集, Vol.65A, pp.533-543, 2019.

1.24) 坂本千洋, 小西日出幸, 奥村信太郎, 坂野昌弘：Uリブ鋼床版垂直補剛材上端部に対する下面からの疲労対策, 鋼構造年次論文報告集, 第27巻, pp.815-823, 2019.

第2節

2.1) 青木康素, 足立幸郎, 田畑晶子, 加賀山泰一：鋼床版の疲労損傷対策と最近の取組み-疲労損傷の現状と今後の疲労対策-, 土木施工, Vol.55, No.6, 2014.

2.2) 阪神高速道路管理技術センター：阪神高速道路における鋼橋の疲労対策, pp80-99, 2012.

2.3) (社)土木学会：鋼床版の疲労 2010年改訂版, 2010.

2.4) 崎谷浄, 杉山裕樹, 田畑晶子, 迫田治行, 坂野昌弘：バルブリブ鋼床版の疲労損傷対策に関する実働応力計測と疲労試験, 鋼構造年次論文報告集, 第17巻, pp.337-344, 2009.

2.5) 阪神高速道路(株)：既設鋼床版疲労対策マニュアル 2023年7月版, 2023.

第3節

3.1) (社)土木学会：鋼床版の疲労 2010年改訂版, 2010.

3.2) (独)土木研究所, (株)横河ブリッジ, (株)NIPPO, 鹿島道路(株), 大成ロテック(株)：鋼床版橋梁の疲労耐久性向上技術に関する共同研究（その2・3・4）報告書－SFRC舗装による既設鋼床版の補強に関する設計・施工マニュアル（案）－, 共同研究報告書, 第395号, 2009.

3.3) 青木康素, 足立幸郎, 田畑晶子, 加賀山泰一：鋼床版の疲労損傷対策と最近の取組み-疲労損傷の現状と今後の疲労対策-, 土木施工, Vol.55, No.6, 2014.

3.4) 阪神高速道路(株)：既設鋼床版疲労対策マニュアル 2023年7月版, 2023.

3.5) 首都高速道路 (株)：舗装設計施工要領, 2021.

3.6) 神田信也：既設鋼床版の疲労耐久性向上を目的とした SFRC 舗装による上面増厚工法, 建設の施工企画, 2009.

3.7) 小林明史, 深山大介, 平野秀一：施工後10年経過した鋼床版 SFRC 舗装の追跡調査, 土木学会第73

回年次学術講演会概要集, I-134, pp.267-268, 2018.

3.8) 例えば, (社)日本道路協会：道路橋床版防水便覧, 2007.

3.9) 池川大哉, 福島誉央, 藤田麗：SFRC 施工10年後追跡点検結果について, 阪神高速道路第54回技術研究発表会論文, No.41, 2022.

3.10) 村越潤, 森猛, 幅三四郎, 小野秀一, 佐藤歩, 高橋実：デッキ進展き裂を有する鋼床版に対する SFRC 舗装のき裂進展抑制効果, 土木学会論文集 A1, Vol.75, No.2, pp.194-205, 2019.

3.11) 服部雅史, 舘石和雄, 判治剛, 清水優：鋼床版のUリブ溶接部からデッキプレートに進展した疲労き裂に対する UHPFRC 敷設による対策効果, 土木学会論文集 A1, Vol.76, No.3, pp.542-559, 2020.

3.12) 日名誠太, 平野秀一, 平山繁幸：SFRC 補強後に発見されたビード貫通き裂の補修方法検討, 土木学会第75回年次学術講演会概要集, I-62, 2020.

3.13) 平山繁幸, 内田大介, 小笠原照夫, 井口進, 大西弘志：鋼床版デッキ・Uリブ溶接部に生じるビード進展き裂の発生および進展経路に関する考察, 鋼構造論文集, 第22巻, 第85号, pp.71-84, 2015.

第4節

4.1) 太田明彦, 渡辺修, 松岡一祥, 志賀千晃, 西島敏, 前田芳夫, 鈴木直之, 久保高宏：低変態温度溶接材料を用いた角回し溶接継手の疲労強度向上, 溶接学会論文集, Vol.18, No.1, pp.141-145, 2000.

4.2) 宮田実, 鈴木励一：溶接継手疲労強度改善溶接施工法と溶接材料, 神戸製鋼技報, Vol.65, No.1, pp.16-20, 2015.

4.3) Lixing, H., Dongpo, W., Wenxian, W. and Yufeng, Z.: Ultrasonic peening and low transformation temperature electrodes used for improving the fatigue strength of welded joints, Welding in the World, Vol.48, No.3-4, pp.34-39, 2004.

4.4) Barsoum, Z. and Gustafsson, M.: Fatigue of high strength steel joints welded with low temperature transformation consumables, Engineering Failure Analysis, Vol.16, pp.2186-2194, 2009.

4.5) Bhattia, A.A., Barsoum, Z., van der. Mee, V., Kromm, A. and Kannengiesser, T.: Fatigue strength improvement of welded structures using new low transformation temperature filler materials, Procedia Engineering, Vol.66, pp.192-201, 2013.

4.6) Harati, E., Karlsson, L., Svensson, L.E. and Dalaei, K.: Applicability of low transformation temperature welding consumables to increase fatigue strength of welded high strength steels, International Journal of Fatigue, Vol.97, pp.39-47, 2017.

4.7) 判治剛, 加納俊, 舘石和雄, 清水優, 津山忠久, 竹渕敏郎：低変態温度溶接材料を用いた片面すみ肉溶接ルート部の疲労強度, 構造工学論文集, Vol.66A, pp.607-616, 2020.

4.8) 山田健太郎, Samol, Y.：U リブすみ肉溶接継手のルートき裂を対象とした板曲げ疲労試験, 構造工学論文集, Vol.54A, pp.675-684, 2008.

4.9) 服部雅史, 牧田通, 舘石和雄, 判治剛, 清水優, 八木尚人：鋼床版 U リブ・デッキプレート溶接部の内在き裂に対するフェーズドアレイ超音波探傷法の測定精度, 土木学会論文集 A1, Vol.74, No.3, pp.516-530, 2018.

4.10) （公社）日本道路協会：道路橋示方書（II 鋼橋・鋼橋編）・同解説, 2017.

4.11) 山田健太郎, 小薗江朋尭, 小塩達也：垂直補剛材と鋼床版デッキプレートのすみ肉溶接の曲げ疲労試験, 鋼構造論文集, 第 14 巻, 第 55 号, pp.1-8, 2007.

4.12) 服部雅史, 舘石和雄, 判治剛, 清水優：鋼床版 U リブ・デッキプレート溶接部のルートき裂に対する疲労評価, 土木学会論文集 A1, Vol.77, No.2, pp.255-270, 2021.

4.13) （一社）日本鋼構造協会：鋼構造物の疲労設計指針・同解説-付・設計例-2012 年改訂版, 2012.

4.14) 服部雅史, 舘石和雄, 判治剛, 清水優：鋼床版の U リブ溶接部からデッキプレートに進展した疲労き裂に対する UHPFRC 敷設による対策効果, 土木学会論文集 A1, Vol.76, No.3, pp.542-559, 2020.

4.15) 服部雅史：鋼床版 U リブ・デッキプレート溶接部のルートき裂に対する維持管理に関する研究, 名古屋大学博士論文, 2022.

4.16) 小野秀一, 下里哲弘, 増井隆, 町田文孝, 三木千壽：既設鋼床版の疲労性能向上を目的とした補強検討, 土木学会論文集, No.801/I-73, pp.213-226, 2005.

4.17) Walter, R., Olesen, J. F., Stang, H. and Vejrum, T.: Analysis of an orthotropic deck stiffened with a cement-based overlay, Journal of Bridge Engineering, Vol.12, No.3, pp.350-363, 2007.

4.18) 三田村浩, 須田久美子, 福田一郎, 今野久志, 松井繁之：高靭性繊維補強セメント複合材料による鋼床版上面増厚補強に関する研究, 土木学会論文集 E, Vol.62, No.2, pp.356-375, 2006.

4.19) 大垣賀津雄, 杉浦江, 大久保藤和, 若林伸介：ゴムラテックスモルタルの既設鋼床版への適用法に関する研究, 土木学会第 7 回複合構造の活用に関するシンポジウム, pp.53-1-53-8, 2007.

4.20) 三木千壽, 加納隆史, 片桐誠, 菅沼久忠：UFC パネル貼付による鋼床版の疲労強度, 鋼構造論文集, 第 15 巻, 第 58 号, pp.79-87, 2008.

4.21) Dieng, L., Marchand, P., Gomes, F., Tessier, C. and Toutlemonde, F.: Use of UHPFRC overlay to reduce stress in orthotropic steel decks, Journal of Constructional Steel Research, Vol.89, pp.30-41, 2013.

4.22) 村越潤, 森猛, 幅三四郎, 小野秀一, 佐藤歩, 高橋実：デッキ進展き裂を有する鋼床版に対する SFRC 舗装のき裂進展抑制効果, 土木学会論文集 A1, Vol.75, No.2, pp.194-205, 2019.

4.23) 渡邉有寿, 柳井修司, 牧田通, 北川寛和：UHPFRC による道路橋床版打替え・補強工法に向けた実大施工実験, プレストレストコンクリート工学会第 28 回シンポジウム論文集, pp.619-622, 2018.

4.24) 服部雅史, 舘石和雄, 判治剛, 清水優：既設鋼床版の U リブ・デッキプレート溶接部に対する床版下面からの疲労対策, 土木学会論文集 A1, Vol.79, No.1, 2023.

4.25) 相場充, 岡俊蔵：鋼床版の下面補強工法に関する検討, 土木学会第 61 回年次学術講演会概要集, I-552, pp.1101-1102, 2006.

4.26) 村野益巳, 小西拓洋, 小西由人：鋼床版の溶接補修工法の開発, 土木学会第 67 回年次学術講演会概要集, I-300, pp.599-600, 2012.

4.27) 小西拓洋, 小西由人, 窪田裕一：TIG 溶融による鋼床版き裂補修工法の評価, 土木学会第 68 回年次学術講演会概要集, I-573, pp.1145-1146, 2013.

4.28) 判治剛, 舘石和雄, 清水優：繰返し荷重下の溶接割れとルートギャップ開閉挙動, 土木学会論文集 A1, Vol.77, No.2, pp.287-303, 2021.

4.29) 本州四国連絡橋公団：橋面舗装基準（案）, 1983.

4.30) 平山繁幸, 村野益巳, 村越潤, 窪田光作, 高橋晃浩, 入江健夫：既設鋼床版橋梁におけるデッキ貫通型き裂の進展に関する検討, 構造工学論文集, Vol.64A, pp.560-572, 2018.

第 5 節

5.1) 青木康素, 足立幸郎, 田畑晶子, 加賀山泰一：鋼床版の疲労損傷対策と最近の取組み-疲労損傷の現状と今後の疲労対策-, 土木施工, Vol.55, No.6, 2014.

第6章　その他の損傷と補修・補強事例

第1節　デッキプレートの腐食損傷
1.1　舗装の劣化・損傷に伴う腐食損傷

鋼床版では，基層の撤去を伴うアスファルト舗装の補修時にデッキプレート上面に**写真1-1**に示すような腐食損傷が発見される場合があり，このような腐食では，広範囲に1～2mmの減肉が生じ，局所的には3～5mm程度の深さの孔食や溝状の腐食となっているケースもある[1.1]。腐食の主要因は，舗装の基層として防水層も兼ねて採用されているグースアスファルト混合物とデッキプレート間の界面が，経年劣化と輪荷重の繰り返し負荷により剥離したためと考えられる。この結果，舗装のひび割れなどから浸入した雨水（凍結防止剤による塩分も含む）が滞水し，デッキプレートの腐食減肉が生じる。

デッキプレートの腐食減肉部では，輪荷重により橋軸直角方向に大きな応力が発生し，これが車両の通過に伴い繰返し作用した場合，腐食部あるいはその周辺の溶接部に疲労き裂の発生が懸念される[1.2]。文献1.3), 1.4)では，実際に疲労き裂が発生したデッキプレートをレーザースキャナーで測定し，**図1-1**に示すように腐食深さを平均（一様腐食）あるいは実形状でモデル化したFEAを実施し，大型車の輪荷重による発生応力を確認している。その結果，デッキプレートと閉断面リブ溶接部近傍における最大主応力が健全時で105N/mm^{2}となるのに対して，一様腐食時で平均腐食深さd_{mean}=6mmの場合が206N/mm^2（約2倍），実腐食形状時でd_{mean}=5.7mmの場合が262N/mm^2（約2.5倍）となり，実形状でモデル化された孔食部の応力集中が疲労き裂の起点になる可能性を示唆している。

デッキプレートの腐食部からき裂が発生した場合の対策方法として，鋼床版の部分的な取替えが実施された事例がある[1.5]。本事例では，繰り返し舗装の補修が実施された箇所において，ポットホール補修時にデッキプレート表面に縦リブに沿ったき裂が確認された。応急対策として，**図1-2**，**写真1-2**に示すようにデッキプレート上面と

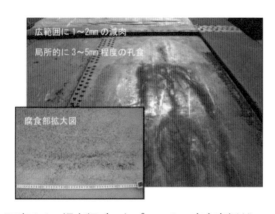

写真1-1　鋼床版デッキプレートの腐食事例[1.1]

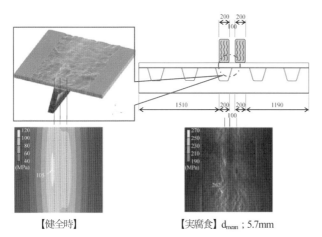

図1-1　腐食した鋼床版の最大主応力コンター図
1.3)を改変（加筆修正）して転載

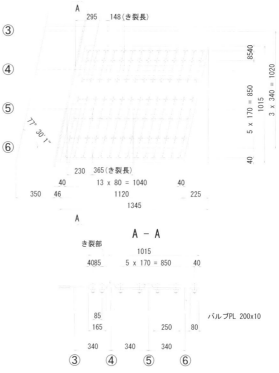

図1-2　デッキプレートの応急補修図の例[1.5]を改変
（加筆修正）して転載

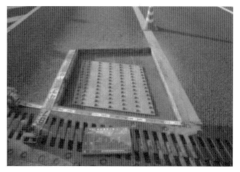

写真1-2　デッキプレートの応急補修事例[1.5]

下面から高力ボルトを用いた当て板が施された．なお，この応急対策が実施されるまでの数か月の間は，デッキプレート下面よりき裂の調査が実施されている．

恒久対策は，**図1-3**，**写真1-3**に示すようにデッキプレート厚が6mm以下の範囲を切り出し，部分的な取替え鋼床版を上面と下面から板厚12mmの補強板で挟み込む補強構造が採用された．腐食した鋼床版には不陸調整のためエポキシ樹脂が塗布されている．

この他，短時間で補修可能な技術として，エポキシ樹脂接着剤を用いてデッキプレートに当て板を接着接合し，応力伝達を図る工法も検討されている[1.1]．

1.2　ボルト継手部からの漏水に伴う腐食損傷

一般にデッキプレートの高力ボルト継手部には，架設時の誤差吸収などを目的に母材間に5mm程度のクリアランスが設けられる．鋼床版上の舗装の劣化などにより雨水が浸入した場合，このクリアランス部分から漏水し，周辺の鋼部材が腐食する事例がある（**写真1-4**）．特に箱桁橋の場合，漏水により箱桁内が湿潤状態となるほか，下フランジへの滞水を招き，腐食性が高くなることが懸念される．鋼床版では基層のグースアスファルトに防水機能を期待するが，防水機能の低下時の漏水対策として，クリアランス部分をシールしておく必要がある．実際には，グースアスファルトなど基層施工時にアスファルト成分が漏れないようシールする場合が多いが，シール材には水密性に加えて舗装敷設時の合材の温度を考慮して選定する必要がある．

(a) 鋼床版の部分取替え状況

(b) 鋼床版の部分取替え完了状況

写真1-3　恒久対策の事例[1.5]

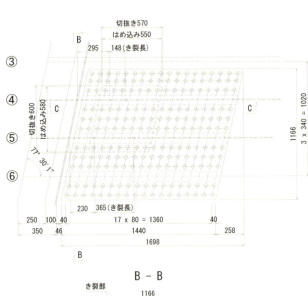

図1-3　デッキプレートの恒久補修図の例[1.5]を改変
（加筆修正）して転載

写真1-4　ボルト継手部の腐食例

1.3 鋼製排水溝の漏水に起因する腐食損傷

鋼床版橋梁の橋面排水設備の一つとして鋼製排水溝がある．鋼製排水溝の設置例を**写真 1-5** に示す．この構造は，縦断勾配が小さい場合や，景観性への配慮から桁下の横引き排水管を低減したい場合[1.6]などに採用される．ここでは，鋼床版橋梁の鋼製排水溝からの漏水に起因する損傷事例について紹介する．

鋼製排水溝流末部における縦引き管の腐食状況を**写真 1-6** に示す．縦引き管において高さ調整用敷きモルタルからのエフロレッセンスと腐食損傷が確認できる．**写真 1-7** に損傷箇所直上の鋼製排水溝を一部撤去した状況，**図 1-4** に当該排水溝の流末部の構造を示す．鋼製排水溝は，高さ調整用の敷きモルタル上に直接据え付けられており，鋼床版上面の排水溝前面の舗装部から浸入した雨水の滞水によりモルタルが劣化した結果，デッキプレートの開口部と縦引き管の隙間から漏水したと考えられる．

このため，応急対策として**写真 1-8** に示すように，縦引き管を交換するとともに受け枡が設置されている．鋼製排水溝下面への雨水の浸入は，流末部に限らず全ての箇所で起こりうる．例えば，**写真 1-9** に示すように，デッキプレート連結部から漏水し，その近傍の鋼部材に腐食損傷が生じる場合もある．

舗装前面からの浸水に対しては，止水板の設置や適切なコーキング等が考えられ，滞水に対しては水抜きパイプや水抜き孔等の設置による適切な導水対策などが考えられる．

写真 1-5　鋼製排水溝の設置例

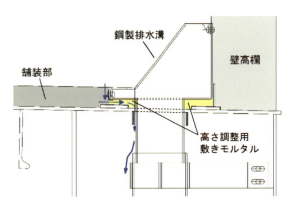

図 1-4　鋼製排水溝の流末部の構造例

写真 1-6　縦引き管の腐食例

写真 1-8　縦引き部の応急処置の例

写真 1-7　鋼製排水溝の一部撤去後の状況の例

写真 1-9　デッキプレート連結部の腐食例

第2節　伸縮装置の腐食損傷

鋼床版の伸縮装置は，伸縮量と耐久性を考慮し，鋼製フィンガージョイントが選定されることが多く，鋼床版との取り合いは，図2-1に示すようにフェースプレート（以下，FP）をデッキプレートに高力ボルトで接合するのが一般的である[2.1)]．伸縮装置の排水処理方法は，桁端部および支承などの防食性や維持管理性の観点から非排水形式が採用されている．

ここでは，鋼床版の非排水形式の伸縮装置におけるFP底面の著しい腐食損傷の事例を示す．非排水構造の伸縮装置は，止水材の劣化・消失に伴って土砂が堆積して湿潤状態になりやすく，冬季に凍結防止剤が散布される場合には，さらに腐食性の高い環境となる．この事例では，FP底面の腐食損傷が進行することで，図2-2に示すように，FP底面を起点とした疲労き裂が発生し，複数のFPが破断している[2.2),2.3)]．図中の破線は破断した櫛歯を示しており，き裂はFP根元部から50mm以内に発生していた．

腐食損傷が生じていた実橋の伸縮装置から採取した破断前のFPにおける側面と先端部断面を図2-3に示す．FP試験体の採取位置は，輪荷重走行位置の直下である．腐食深さは，底面では3mm以上，側面の下部では数mmであった．腐食が最も進行していた箇所は，FP根元部から先端方向に50mm付近である．図2-3でCrackと記載された位置のき裂による破面を暴露し，観察した結果を図2-4に示す．き裂断面は，3つの領域から構成され，i 薄いさび層の領域，ii 厚いさび層の領域，iii 腐食孔が多い領域

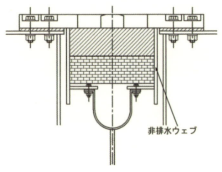

図2-1　伸縮装置の構造例[2.1)]

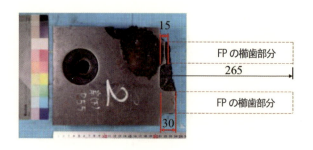

図2-2　伸縮装置の損傷例[2.2)]

図2-3　腐食損傷した実橋のフェースプレートの例[2.3)]

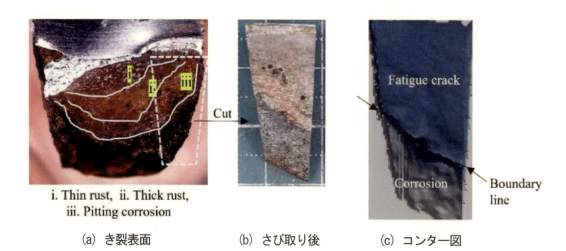

(a) き裂表面　　　(b) さび取り後　　　(c) コンター図

図2-4　破面開放による観察結果[2.3)]

に分類された．領域iとiiの腐食生成物層の表面がほぼ平滑であるが，領域iiiの表面状態から，FPの側面と底面における複数のき裂が進展して合体したものと考えられている．さらに，**図2-4 (a)**の白破線で囲まれたき裂断面の一部が切り出され，さびを除去した後，3Dスキャナーによる測定も実施されている．疲労き裂は，**図2-4 (c)**のコンター図に示すように，腐食孔の底部に位置する境界線上から発生していることがわかる．この事例のように，伸縮装置の腐食損傷は非排水構造の劣化に起因したものが多く見られ，乾式止水材への取替えなど，定期的な維持管理が重要である．

第3節　架設用吊金具における疲労損傷

鋼床版橋梁の架設時に用いられる吊金具は，主桁ウェブあるいは閉断面リブ溶接線直上のデッキプレート上面に溶接で取り付けられる．架設用吊金具は架設完了後，一部分を残してガスや専用の機械で切断・撤去されるが，吊金具残し部に疲労き裂が発生した事例が報告されている[3.1)]．このようなき裂の発生を防ぐために，吊金具残し部を完全に撤去し，デッキプレート上面はグラインダで平滑に仕上げる場合もある．一方で，都市内高速道路の重交通路線において，アスファルト舗装をSFRC舗装に打替える際に，吊金具残し部の疲労き裂を検査した事例もあるが，残し部における疲労き裂は，鋼床版に発生している他の疲労き裂と比べて，現状では極めて少ない．

文献3.2)では，吊金具残し部の疲労き裂は，**写真3-1**に示すようなまわし溶接部の溶接止端に発生することが懸念されている．そして，その発生原因として吊金具残し部の直上に載荷される輪荷重によってデッキプレートが局部的に変形することが挙げられている．

吊金具残し部の周辺に作用する応力状態に着目したFEA[3.3)]による検討結果では，輪荷重を直上載荷した時に吊金具残し部のまわし溶接部に応力集中が発生することが示されている．**図3-1**に吊金具残し部の高さを10mmとした場合の最大主応力コンター図を示す．

文献3.4)では，デッキプレート厚と吊金具残し部の高さをパラメータとして，走行位置のばらつきも考慮するためのFEAを実施し，線形累積被害則に基づいた疲労照査が行われている．なお，この照査では評価応力を日本鋼構造協会鋼構造物の疲労設計指針・同解説[3.5)]（以下，JSSC指針）のホットスポット応力（以下，HSS）としており，疲労設計曲線には溶接のままの場合には荷重非伝達型十字溶接継手と同じE等級，止端仕上げを施した場合にはD等級のものを適用している．また，輪重は国内における重交通路線の大型車の重量の実態調査結果[3.6)]が用いられている．FEAでは，吊金具残し部に疲労上問題となる応力集中が発生するのは，吊金具残し部の位置と輪荷重位置が一致するような場合であり，横断方向に160mm程度ずれれば応力範囲が1/2程度までに低下し，疲労上問題となるような応力集中が発生しないことが示されている．この結果から，**図3-2**に示す輪荷重直下のB4位置の吊金具にのみ，大型車交通量に応じた疲労対策，具体的には**表3-1**に示すような処置（平滑仕上げ，2mm残し，止端仕上げ）を実施することにより，100年の疲労寿命が確保できるとしている．

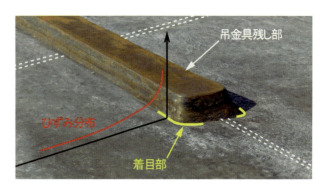

写真3-1　吊金具残し部の疲労き裂発生の懸念部位

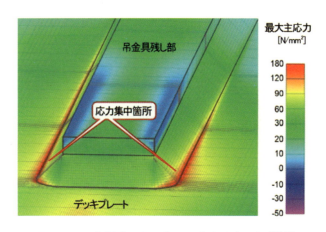

図3-1　吊金具残し部における応力分布の例[3.3)]を改変（以下必修正）して転載

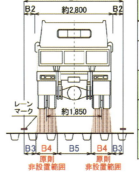

図3-2　吊金具残し部の疲労対策とその範囲[3.4)]を基に改変転載（一部修正して作図）

表3-1 大型車交通量と疲労対策[3,4]

a) デッキ厚12mmの場合

大型車交通量（台/日/車線）	吊金具の処置
1,150台未満	2mm程度残し、止端仕上げなし
1,150台以上、3,000台未満	2mm程度残し、デッキ側止端仕上げあり
3,000台以上	完全撤去

b) デッキ厚16mm以上の場合

大型車交通量（台/日/車線）	吊金具の処置
6,700台未満	2mm程度残し、止端仕上げなし
6,700台以上、29,500台未満	2mm程度残し、デッキ側止端仕上げあり
29,500台以上	完全撤去

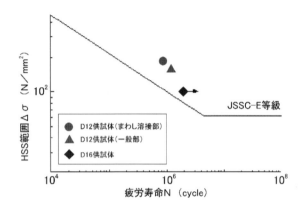

図3-3 S-N線図に基づいた疲労寿命の比較[3,7]

文献3.7)では，鋼床版供試体を用いた定点疲労試験により，吊金具残し部の疲労耐久性は，JSSC指針[3.5]で規定されているHSS範囲で安全側に整理できることが示されている（図3-3）．また，デッキプレート厚を12mmから16mmとすることでHSS範囲が低減し，6倍以上の疲労寿命の延伸効果が期待できること等も示されている．

第6章 参考文献

第1節

1.1) 青木康素, 石川敏之, 河野広隆, 足立幸郎：鋼床版デッキプレート腐食部に対する片面からの当て板接着補修の提案, 土木学会論文集A1, Vol.72, No.1, pp.263-278, 2016.

1.2) 結城正洋, 新田與吉, 松本好生, 名取暢：鋼床版デッキプレートの腐食減厚に対する補修方法の検討, 構造工学論文集, Vol.39A, pp.971-980, 1993.

1.3) Young-soo Jeong：ASSESSMENT ON FIGURATION OF TIME-DEPENDENT SURFACE AND STRESS CONCENTRATION IN CORRODED STEEL STRUCTURAL MEMBER UNDER ATMOSPHERIC ENVIRONMENT, A Thesis For the Doctor of Engineering to the Kyushu University, 2013.

1.4) Young-soo Jeong, Shigenobu Kainuma and Jin-Hee Ahn : Structural response of orthotropic bridge deck depending on the corroded deck surface, Construction and Building Materials, Vol.43, pp 87–97, 2013.

1.5) 﨑谷淨, 杉山裕樹, 高村義行：大阪西宮線における鋼床版腐食に伴うデッキプレート貫通き裂について, 阪神高速道路 第42回技術研究発表会論文集, pp.233-240, 2010.

1.6) 出口哲章, 野田康彦, 下川清亮：福岡高速5号線における合成床版の設計施工について, 第5回道路橋床版シンポジウム, pp.195-198, 2006.

第2節

2.1) 一般社団法人 日本橋梁建設協会：鋼橋伸縮装置設計の手引き～道示平成29年11月版対応～（改訂第4版）, 2019.

2.2) X.WEIKUN, 貝沼重信, 楊沐野, 山内誉史, 鍋島渉：道路橋鋼製フィンガープレートのルート部の腐食表面性状に関する基礎的研究, 鋼構造年次論文集, 第27巻, pp.391-397, 2019.

2.3) 楊沐野, 貝沼重信, 鍋島渉, 山内誉史, 吉伯海：熱影響部に着目した鋼製伸縮装置の疲労破断メカニズムの検討, 鋼構造年次論文集, 第29巻, pp.546-553, 2021.

第3節

3.1) （社）日本鋼構造協会：鋼橋付属物の疲労, JSSCテクニカルレポートNo.81, 2008.

3.2) （一社）日本橋梁建設協会：鋼床版の耐久性向上への取り組み－デッキプレート上の吊金具残し部の疲労対策－, 技術短信No.14, 2017.

3.3) 藤井基史, 山内誉史, 内田大介, 平井大雅, 貝沼重信：鋼床版上面の架設用吊金具残し部の疲労強度に関する解析的研究, 鋼構造年次論文集, 第20巻, pp.557-564, 2012.

3.4) （一社）日本橋梁建設協会：鋼床版の垂直補剛材上端部と架設用吊金具残し部の疲労対策, 平成29年度橋梁技術発表会, 2017.

3.5) （一社）日本鋼構造協会：鋼構造物の疲労設計指針・同解説－付・設計例－2012年改訂版, 2012.

3.6) 限界状態設計法における設計活荷重に関する検討, 土木研究所資料第2539号, 建設省土木研究所 構造橋梁部橋梁研究室, 1988.

3.7) 井口進, 内田大介, 鄭暎樹, 貝沼重信：鋼床版上面の架設用吊金具残し部の疲労耐久性に関する実験的検討, 鋼構造論文集, 第24巻, 第93号, pp.73-81, 2017.

第7章　まとめ

　本編では，今後の鋼床版の維持管理に資する資料として，既設鋼床版の点検・調査および補修・補強対策事例について，その発生要因，具体的な対策方法，および対策時の留意点等を収集しとりまとめた．以下に，本編の主な内容をまとめる．

[鋼床版の使用実績]

　年度ごとの鋼橋の建設数に対する鋼床版形式の建設数の割合や，高速道路の鋼床版の施工実績等から，鋼床版が鋼橋の床版形式として現在も重要な役割を担っていることを示した．

[鋼床版の疲労き裂の発生状況]

　これまでに確認された鋼床版の疲労き裂について，「鋼床版の疲労（2010年改訂版）」で分類されたき裂タイプに対して，それぞれのき裂タイプの損傷概要，発生要因，および対策の概要等を述べるとともに，これらのき裂の発生数と増加率，主なき裂の起点および進展方向の傾向，供用年数ごとのき裂の発生傾向等を整理した．

[鋼床版の点検・調査手法]

　「鋼床版の疲労（2010年改訂版）」発刊以降に実施された点検・調査手法の検討，導入事例を紹介した．具体的には，「鋼床版の疲労（2010年改訂版）」発刊当時は，主に超音波探傷や渦電流探傷等を利用した手法が試行導入もしくは検討されている状況であったが，その後本格導入もしくは新たに検討が実施されたものとして，渦電流探傷試験を用いた方法，赤外線カメラを用いた温度ギャップ法による方法，また，新たな超音波探傷法として，フェーズドアレイ超音波探傷やフルマトリクス・キャプチャとトータル・フォーカシング法を組み合わせた方法等を示した．

[鋼床版の補修・補強事例]

　主な鋼床版のき裂タイプに対する補修・補強事例を紹介した．補修補強事例では，具体的な施工方法や施工時の留意点を示し，特にSFRC舗装による方法では維持管理上の留意点等も示すことで，今後同種の補修補強対策を実施する際の参考となるように整理した．また，これらの対策工法を選定する際の参考となるように，対策の手順を示すとともに，それぞれの対策を応急対策，恒久対策，予防保全に分類・整理した．

[その他の損傷と補修・補強事例]

　その他の鋼床版の損傷事例として，デッキプレートの腐食，伸縮装置の腐食，および架設用吊金具における疲労損傷について，その損傷要因と補修補強事例について示した．

第2編　鋼床版溶接継手部の疲労強度評価法

第2編	鋼床版溶接継手部の疲労強度評価法

第1章	はじめに	………	63

第2章	公称応力に基づく疲労強度評価法	………	64
第1節	現行の疲労強度等級分類の整理	………	64
1.1	国内の基準	………	64
1.2	ASSHTO LRFD	………	65
1.3	EN1993-1-9	………	66
第2節	閉断面リブの突合せ溶接部の疲労強度	………	66
2.1	疲労損傷の概要	………	66
2.2	既往の研究の整理	………	67
第3節	疲労強度等級	………	69

第3章	公称応力に基づく疲労照査	………	70
第1節	実橋計測に基づく照査事例	………	70
1.1	橋梁概要	………	70
1.2	計測概要	………	70
1.3	疲労寿命予測	………	71
第2節	数値解析による公称応力の算出	………	72
2.1	対象とする数値解析	………	72
2.2	実橋計測の概要	………	72
第3節	有限帯板法（FSM）解析による公称応力の算出	………	74
3.1	解析モデル	………	74
3.2	応力の橋軸方向の影響線	………	75
3.3	応力波形の比較	………	75
3.4	舗装剛性の影響に関する考察	………	75
第4節	有限要素解析（FEA）による公称応力の算出	………	77
4.1	解析モデル	………	77
4.2	実橋計測結果との比較と舗装剛性	………	78
4.3	閉断面リブ下面における応力分布	………	78

第4章	局部応力に基づく疲労強度評価法	………	80
第1節	縦リブと横リブの溶接部の疲労強度	………	80
1.1	閉断面リブに対する既往の研究の整理	………	80
1.2	開断面リブに対する既往の研究の整理	………	84
1.3	疲労照査法	………	88
第2節	デッキプレートと垂直補剛材の溶接部の疲労強度	………	91

	2.1	疲労試験体による検討と疲労強度評価	…… 92
	2.2	鋼床版パネルを対象としたFEAによる検討	…… 95
	2.3	実橋の応力頻度計測と疲労強度評価	…… 95
第3節		デッキプレートと閉断面リブの溶接部の疲労強度	…… 96
	3.1	疲労試験による検討	…… 97
	3.2	FEAによる検討	…… 102
	3.3	疲労強度評価	…… 105

第5章		局部応力に基づく疲労照査	…… 114
第1節		照査法の概要	…… 114
	1.1	評価応力の分類	…… 114
	1.2	評価応力の取得方法	…… 114
	1.3	評価応力に影響を与える因子	…… 114
	1.4	対象とした各溶接部の特徴	…… 115
	1.5	照査フロー例	…… 115
第2節		縦リブと横リブの溶接部	…… 116
	2.1	縦リブと横リブ交差部構造	…… 116
	2.2	着目溶接止端部の選定	…… 116
	2.3	応力影響面の作成方法	…… 118
	2.4	シミュレーションケース	…… 118
	2.5	累積疲労損傷比の計算	…… 119
	2.6	疲労寿命評価結果	…… 119
第3節		主桁ウェブと垂直補剛材の溶接部	…… 120
	3.1	応力頻度計測の結果	…… 120
	3.2	疲労強度評価	…… 121
第4節		デッキプレートと閉断面リブの溶接部	…… 122
	4.1	参照応力による疲労損傷度評価	…… 122
	4.2	ルート部応力による疲労損傷度評価	…… 125
	4.3	仮想フィレット部のノッチ部応力による疲労評価	…… 126

第6章	まとめ	…… 132

第1章　はじめに

　鋼橋の疲労設計の基本は，部材に生じる公称応力の変動範囲を適切に評価し，それによって要求される疲労耐久性が確保されているかを照査することである．具体的には，求めた公称応力範囲と対象とする継手部に対する疲労強度曲線を照らし合わせ，設計供用期間内に疲労損傷が生じないことを確認する．

　鋼床版に対しては，日本鋼構造協会 鋼構造物の疲労設計指針・同解説（以下，JSSC 指針 1993 年版）[1.1]の中でも，公称応力範囲に基づく疲労照査事例が紹介されている．一方，実際に鋼床版で問題となっている疲労損傷は，鋼板の局部的な変形に起因する，いわゆる二次応力によるものがほとんどであり，かつ，舗装の剛性や輪荷重のばらつき，輪荷重走行位置などの因子の影響を強く受ける．そのため，通常の設計で求める公称応力では適切に評価できない疲労損傷がほとんどであり，鋼床版に公称応力に基づく疲労照査を適用することは難しい場合が多い．

　公称応力による疲労照査が困難な継手に対しては，例えば，対象となる継手部の板組・鋼種・溶接材料・溶接条件などを適切に反映した試験体に対して，供用下の荷重を想定した疲労試験によって十分な疲労耐久性を有することを確認する方法が考えられる．鋼床版においても，実橋の一部分を切り出した鋼床版パネルに対して，輪荷重の繰返し作用下での実験や有限要素解析（Finite Element Analysis，以下，FEA）により，疲労耐久性を確保可能な構造詳細が明らかにされている．道路橋示方書[1.2]における鋼床版の疲労設計では，構造条件を限定した上で，疲労耐久性を確保できる細部構造などの構造細目に関する事項が規定されている．

　このように，公称応力による疲労照査が難しい場合には，十分な疲労耐久性を有することが確認された継手や構造を採用する方法のほかに，FEA により応力の流れを詳細に検討し，それに基づき照査する方法もある．FEA を用いる場合，形状による応力集中や二次的な応力までも求めることができるため，それらを含んだ，溶接部近傍の局部的な応力（以下，局部応力）に基づく疲労強度評価法の適用が考えられる．

　鋼床版に生じる疲労損傷のように，局部的な変形に起因するき裂に対しては局部応力に基づく疲労照査が有効である．これまでに，鋼床版溶接継手部に対する広範な研究により，様々な局部応力を用いた疲労強度評価法が提案され，その有効性が示されている．一方で，それらの結果が体系的には整理されておらず，どのような局部応力

を用いれば過去の試験結果を包括的に評価可能であるかまでは議論されていない．

　本編では，**第1編 第2章**に示した鋼床版での実際の疲労損傷事例を参考に4つの代表的な溶接継手部を選定し，過去の研究結果を整理・分析することにより，各継手に対する疲労強度評価法を検討した結果を紹介する．ここで対象とした継手は，公称応力による疲労照査が可能な閉断面リブの突合せ溶接部と，公称応力の算出が難しい縦リブと横リブの溶接部（スリット部），デッキプレートと垂直補剛材の溶接部，デッキプレートと閉断面リブの溶接部である．さらに，これらの継手部に対する実橋での疲労照査事例もあわせて紹介する．

第1章　参考文献

1.1) （社）日本鋼構造協会：鋼構造物の疲労設計指針・同解説，1993.

1.2) （公社）日本道路協会：道路橋示方書・同解説　II鋼橋・鋼部材編，2017.

第2章 公称応力に基づく疲労強度評価法

本章では，鋼床版溶接継手部の中で公称応力による疲労強度評価法が適用できる部位に対して，国内外で示されている疲労強度等級分類を紹介する．また，その一例として，閉断面リブの突合せ溶接部を取り上げ，過去の実験結果を整理することにより，提案されている疲労強度等級分類の妥当性を検証する．

第1節 現行の疲労強度等級分類の整理

ここでは，2012年に改定された日本鋼構造協会 鋼構造物の疲労設計指針・同解説（以下，JSSC指針2012改定版）[1.1)]に示されている疲労強度等級分類と，AASHTO LRFD Bridge Design Specifications 9th edition[1.2)]（以下，AASHTO LRFD），EN 1993 Eurocode 3: Design of Steel Structure, Part 1-9: Fatigue[1.3)]（以下，EN1993-1-9）に規定されている疲労強度等級分類を紹介する．

1.1 国内の基準

JSSC指針2012改定版[1.1)]で用いられる，直応力を受ける継手に対する疲労強度曲線は次式のとおりである．

$$\Delta\sigma^m \cdot N = 2 \times 10^6 \cdot \Delta\sigma_f{}^m (\Delta\sigma \geq \Delta\sigma_{ce}, \Delta\sigma_{ve})$$
$$N = \infty (\Delta\sigma \leq \Delta\sigma_{ce}, \Delta\sigma_{ve}) \tag{1.1}$$

ここで，$\Delta\sigma$：直応力範囲，$\Delta\sigma_{ce}$：一定振幅応力に対する応力範囲の打切り限界（疲労限），$\Delta\sigma_{ve}$：変動振幅応力に対する応力範囲の打切り限界，$\Delta\sigma_f$：2×10^6回基本疲労強度，m：疲労強度曲線の傾きを表すための定数（=3），である．

疲労強度曲線は，図1-1に示すものが定められている．そして，それぞれの継手等級に対応した2×10^6回基本疲労強度，一定振幅応力および変動振幅応力に対する応力範囲の打切り限界が表1-1のように設定されている．継手の種類や対象とする疲労損傷に応じてA等級からI等級までの9段階の継手等級が定められている．

1990年に出版された「鋼床版の疲労」[1.4)]では，設計計算で求められる応力，すなわち公称応力が支配的である部位における疲労設計例が示されている．対象となる継手として，「デッキプレートの現場突合せ継手部」や「縦リブの現場突合せ溶接部」，「デッキプレートと横リブのすみ肉溶接における横リブ側止端部」などが挙げられている．

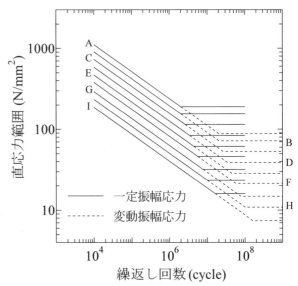

図1-1 疲労強度曲線（直応力を受ける継手）
1.1)を参考に作成

表1-1 基本疲労強度（直応力を受ける継手） 1.1)を参考に作成

継手等級	2×10^6回基本疲労強度 (N/mm²)	応力範囲の打切り限界				
		一定振幅応力		変動振幅応力	
		応力範囲 (N/mm²)	繰返し数 (回)	応力範囲 (N/mm²)	繰返し数 (回)
A	190	190	2.0×10^6	88	2.0×10^7
B	155	155	2.0×10^6	72	2.0×10^7
C	125	115	2.6×10^6	53	2.6×10^7
D	100	84	3.4×10^6	39	3.4×10^7
E	80	62	4.4×10^6	29	4.4×10^7
F	65	46	5.6×10^6	21	5.6×10^7
G	50	32	7.7×10^6	15	7.7×10^7
H	40	23	1.0×10^7	11	1.0×10^8
I	32	16	1.6×10^7	7	1.9×10^8

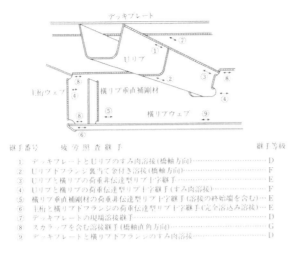

図1-2 公称応力に基づく疲労照査継手[1.5]

表1-2 継手等級ごとの定数と疲労限[1.2]を参考に作成

継手等級	定数 A ×10^{11} (($N/mm^2)^3$)	疲労限 $\Delta\sigma_{th}$ (N/mm^2)
A	82.0	165.0
B	39.3	110.0
B'	20.0	82.7
C	14.4	69.0
C'	14.4	82.7
D	7.21	48.3
E	3.61	31.0
E'	1.28	17.9

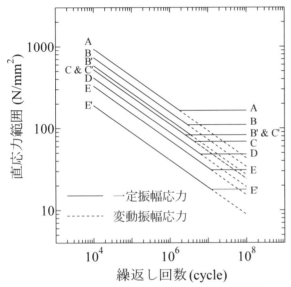

図1-3 AASHTO LRFDにおける疲労強度曲線
[1.2]を参考に作成

また，JSSC指針1993年版[1.5]では，鋼床版に等価格子桁法を適用して算出した応力に基づく疲労照査例が示されており，そのなかで，**図1-2**に示すように各継手部に対して継手等級が設定されている．公称応力で評価できる継手のうち，例えば「閉断面リブの突合せ溶接部」に対しては，横突合せ溶接継手で最も疲労強度等級の低い裏当て金付き片面溶接継手の継手等級（F等級）としている．

1.2 AASHTO LRFD

AASHTO LRFD[1.2]において採用されている疲労強度曲線を次式および**図1-3**に示す．

$$\Delta\sigma^m \cdot N = A \quad (\Delta\sigma \geq \Delta\sigma_{th})$$
$$N = \infty \quad (\Delta\sigma \leq \Delta\sigma_{th}) \qquad (1.2)$$

ここで，A：継手等級を表すための定数，$\Delta\sigma_{th}$：一定振幅応力に対する応力範囲の打切り限界（疲労限），である．

式(1.2)中の A は式(1.1)上段の式における右辺を計算したものに相当し，A と $\Delta\sigma_{th}$ は**表1-2**に示すように設定されている．AASHTO LRFD[1.2]ではCategory AからCategory E'までの8本の強度曲線が示されており，いずれもJSSC指針2012年改訂版と同様に $m=3$ である．なお，変動振幅応力下での応力範囲の打切り限界は設定されていない．

AASHTO LRFD[1.2]では，鋼床版の疲労設計において，3種類のDesign Levelが示されている．Level 1 Designは，構造解析をほとんど，もしくは全く必要としないものであり，実験によって十分な疲労強度を有することが証明された構造詳細を選択することによって実施される．2022年には，FHWA (Federal Highway Administration)よりGuide for Orthotropic Steel Deck Level 1 Design[1.6]が発刊され，供用下の橋梁における広範な検討結果を基に，閉断面リブや開断面リブを有する鋼床版に対して，十分な性能を有することが示された構造詳細などが紹介されている．

Level 2 Designは，単純化された1次元または2次元の解析手法によるものであり，この計算では公称応力のみが求められ，局部的な応力集中は考慮できない．Level 3 Designは，高度な3次元解析により行われるものであり，この計算では，疲労損傷が懸念される構造詳細の局部的な応力集中までも考慮できる．AASHTO LRFD[1.2]に示される公称応力に基づく疲労評価が適用できる継手部とその強度等級を**図1-4**に示す．公称応力は，対象継手位置における図中の矢印の向きの応力をLevel 2 Designの簡易な解析手法により求める．対象となる継手部は多くなく，縦リブ継手部などの5種類が規定されている．デッキプレートや閉断面リブの突合せ溶接部はCategory D（**表1-2**）とされている．

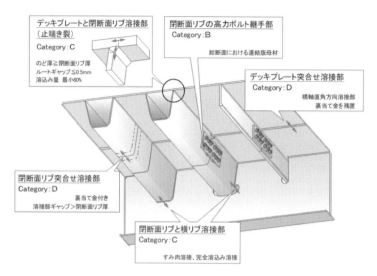

図1-4　AASHTO LRFDにおける疲労強度等級分類 [1,2)を参考に作成]

1.3　EN1993-1-9

EN1993-1-9[1.3)]における疲労強度曲線は次式の形で与えられている．

一定振幅応力下：

$$\Delta\sigma^m \cdot N = \Delta\sigma_C{}^m \cdot 2 \times 10^6 \quad (m = 3, N \le 5 \times 10^6)$$

$$\Delta\sigma_D = \left(\frac{2}{5}\right)^{\frac{1}{3}} \Delta\sigma_C = 0.737\Delta\sigma_C \quad (5 \times 10^6 \le N) \tag{1.3}$$

変動振幅応力下：

$$\Delta\sigma^m \cdot N = \Delta\sigma_C{}^m \cdot 2 \times 10^6 \quad (m = 3, N \le 5 \times 10^6)$$

$$\Delta\sigma^m \cdot N = \Delta\sigma_D{}^m \cdot 5 \times 10^6$$
$$(m = 5, 5 \times 10^6 \le N \le 10^8)$$

$$\Delta\sigma_L = \left(\frac{5}{100}\right)^{\frac{1}{5}} \Delta\sigma_D = 0.549\Delta\sigma_D \quad (10^8 \le N) \tag{1.4}$$

ここで，$\Delta\sigma_C$：2×10^6回時の応力範囲（継手等級），$\Delta\sigma_D$：一定振幅応力に対する応力範囲の打切り限界（疲労限），$\Delta\sigma_L$：変動振幅応力に対する応力範囲の打切り限界，である．

EN1993-1-9[1.3)]では，直応力を受ける継手に対して，**図1-5**に示す疲労強度曲線が定められている．図中に記されている値（160～36）は$\Delta\sigma_C$（継手等級）を表しており，Category 160からCategory 36までの14本の強度曲線が設定されている．

閉断面リブおよび開断面リブに対して設定されている継手等級を**図1-6**に示す．公称応力で評価できる継手には，縦リブ継手部や縦リブと横リブの交差部，縦リブとデッキプレートの溶接部などが挙げられている．

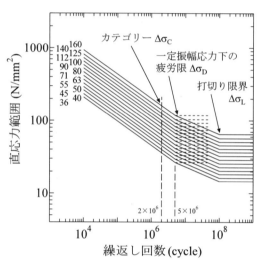

図1-5　EN1993-1-9における疲労強度曲線
[1.3)を参考に作成]

第2節　閉断面リブの突合せ溶接部の疲労強度

公称応力で評価できる継手部として，AASHTO LRFD[2.1)]やEN1993-1-9[2.2)]において継手等級が示されている閉断面リブの突合せ溶接部を例にとり，過去の疲労試験結果を整理することにより，この継手部に対する疲労強度等級の妥当性を検証する．なお，JSSC指針1993年版[2.3)]に示される設計例では，前述のとおり，閉断面リブの突合せ溶接部は裏当て金付き片面溶接継手のF等級である．

2.1　疲労損傷の概要

鋼床版の閉断面リブの現場継手部については，「鋼道路橋の疲労設計指針」[2.4)]が発刊された2002年以前には裏当て金付きの突合せ溶接継手が一般的に採用されていた．この場合，閉断面リブに裏当て金を密着させることは難しく，ルートギャップや目違いが発生する可能性がある．

第2編　第2章　公称応力に基づく疲労強度評価法

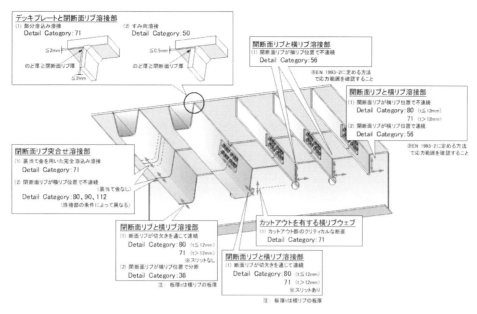

図1-6　EN1993-1-9における疲労強度等級分類[1,3)を参考に作成]

また，溶接姿勢も通常は上向きと立向き姿勢の併用となるため，施工条件も難易度の高い溶接となる．

閉断面リブの突合せ溶接部においては，裏当て金側から発生した疲労き裂が溶接ビードを貫通し，閉断面リブ表面に現れた段階で発見されることが多い．き裂は溶接ビードに沿って進展し，デッキプレートと閉断面リブの溶接部まで進展した事例も報告されている[2.5)]．

2.2　既往の研究の整理

文献2.6)では，裏当て金と閉断面リブの間の目違い量に着目し，疲労強度に及ぼす影響が曲げ疲労試験により確認されている．その結果，目違い量が大きいほど疲労寿命が短くなることが明らかにされている．

文献2.7)では，継手形式や現場施工条件の影響を調べるために，図2-1に示す試験体に対して4点曲げ疲労試験が行われている．まず，図中に示す4タイプの継手形式の疲労試験により，リブと同厚の裏当て金（幅50mm）を用いた突合せ溶接継手（TYPE-A）と板厚12mmのダイアフラムを閉断面リブ内に挿入して裏当て材として用いた突合せ溶接継手（TYPE-B）が，ダイアフラムに閉断面リブを突合せ溶接する継手（TYPE-Dは開先を設けて溶接，TYPE-Eはすみ肉溶接）に比べて疲労強度上有利であることが示されている．次に，TYPE-Aの継手形式について，上向き姿勢で溶接を施すとともに，リブのR部と裏当て金の隙間に着目した疲労試験が行われている．その結果，この試験で設定した範囲内（隙間：1～5mm）では，疲労強度の低下がみられないことが明らかにされている．さ

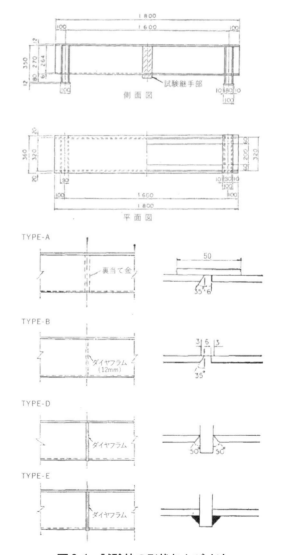

図2-1　試験体の形状および寸法
（単位：mm）[2.7)を改変（一部修正）して転載]

表2-1 追加した開先条件[2.7]

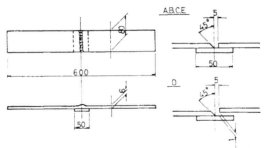

図2-2 引張疲労試験用試験体（単位：mm）[2.8]

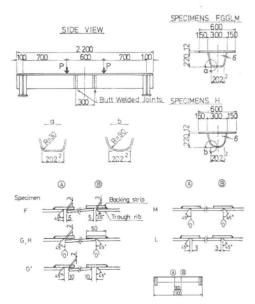

図2-3 曲げ疲労試験用試験体（単位：mm）[2.8]

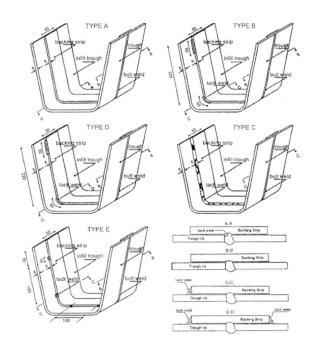

図2-4 裏当て金の取付け詳細（単位：mm）[2.9]

らに，表 2-1 に示すように，TYPE-A の継手形式に対して，両側に開先を設けたものや開先を設けないものを用意し，疲労試験により疲労強度が確認されている．その結果，開先形状や開先の有無により疲労強度は変化すること，上向き溶接となる現場溶接が必ずしも疲労強度が低くならないこと，工場溶接を想定し開先を設けて下向き姿勢により製作した試験体の疲労強度が下限値となった

ことが示されている．

文献 2.8)では，目違いとルートギャップ量に着目し，図 2-2 に示す平板の継手引張疲労試験と，この試験結果に基づいて図 2-3 に示す実物大閉断面リブの継手に対する 4 点曲げ疲労試験が行われている．平板の引張疲労試験では，き裂がルート部から発生することから，溶接内部にある欠陥は疲労強度にはほとんど影響せず，1 mm 程度の目違いを設けて上向き姿勢で溶接した場合の疲労強度が最も低いとしている．また実物大閉断面リブの 4 点曲げ疲労試験では，ルートギャップを 0 mm とすると不溶着を生じ，2×10^6 回疲労強度は不溶着がない場合に比べて約 45％低下することが示されている．

文献 2.9)では，閉断面リブの突合せ溶接部の疲労は裏当て金の取付詳細に依存すると考えられることから，当時の日本とイギリスで標準的な構造を含む 5 種類の裏当て金の取付詳細（図 2-4）に対して，疲労試験が行われている．載荷方法は 4 点曲げである．その結果，取付詳細による疲労強度の差はほとんどみられなかったことが示されている．これは，裏当て金を取り付けたことが支配的な因子となり，その他の詳細の変化はさほど疲労耐久性に影響しなかったためと結論付けている．また，この実験で得られた疲労強度は JSSC 指針 1993 年版[2.3]で示される F 等級より高めであったが，溶接順序の影響により圧縮の残留応力が導入されていた可能性があると述べられている．

文献 2.10)では，斜張橋の鋼床版に橋軸方向の圧縮応力が発生する場合を想定し，圧縮応力場における鋼床版現場溶接部の疲労強度が明らかにされている．試験要領を

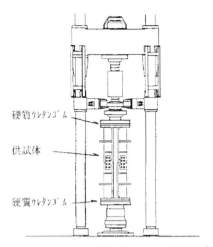

図2-5 繰返し軸圧縮荷重下の疲労試験 [2.10]

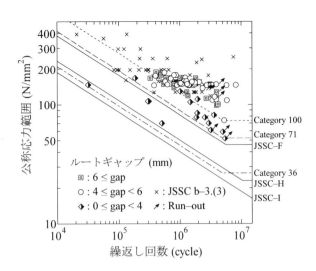

図3-1 閉断面リブ突合せ溶接部の疲労試験結果
[3.5)-3.8)] を参考に作成

図2-5に示す．継手として溶接タイプとボルトタイプが検討されており，溶接タイプでは裏当て金付きの突合せ溶接が施されている．閉断面リブの突合せ溶接部の疲労強度は，完全片振り圧縮の疲労試験であるため，$2×10^6$回疲労強度を3割増しとした疲労強度曲線 [2.3] と比較し，F等級を下限として分布することが示されている．

文献2.11)でも同様に，軸圧縮の繰返し載荷による疲労試験が行われ，特に1,000万回程度の長寿命域に着目して疲労強度が明らかにされている．その結果，裏当て金の溶接方法により疲労強度が変化することが示されている．裏当て金の組立溶接を開先内のみに実施する場合と，開先内に加えて閉断面リブ内側とも溶接する場合を比較し，後者では疲労強度が低くなる可能性があることが示されている．

第3節　疲労強度等級

上述の各研究により得られた疲労試験結果を整理し，現行の基準類で示されている疲労強度等級と比較した．ここでは，裏当て金付き突合せ溶接により接合された閉断面リブを対象とし，ルートギャップの大きさにより試験結果を分類した．またデータ整理にあたり，完全片振り圧縮の荷重下での疲労試験結果は対象外とした．

文献3.1)によると，ルートギャップの大きさが4mm以上6mm以下の場合はCategory 71とされている．これは現行のEN1993-1-9 [3.2] と同様である．一方，ルートギャップが6mmより大きい場合はCategory 100が，逆に4mmより小さい場合はCategory 36がそれぞれ提案されている．また，AASHTO LRFD [3.3] ではCategory D（$2×10^6$回疲労強度：71 N/mm^2）と規定されており，EN1993-1-9 [3.2] と同等の疲労強度である．一方，JSSC指針2012改定版 [3.4] では，裏当て金付き片面溶接による横突合せ継手の疲労強度等級はF等級（$2×10^6$回疲労強度：65 N/mm^2）である．

収集した疲労試験結果 [3.5-3.8] を図3-1にまとめる．図中にはJSSC指針2012改定版 [3.4] で示されている裏当て金付き片面溶接による継手の疲労試験結果と継手等級も併せて示している．ルートギャップが小さくなると疲労強度のばらつきが大きくなり，極端に疲労強度が低い結果もみられる．一方，ルートギャップが4mm以上であれば十分な疲労強度を有しており，JSSC-F等級で十分に安全側の疲労照査が可能であるといえる．

第2章　参考文献

第1節

1.1)　(一社) 日本鋼構造協会：鋼構造物の疲労設計指針・同解説　－付・設計例－　2012年改定版，2012.

1.2) American Association of State Highway and Transportation Officials: AASHTO LRFD Bridge Design Specifications, 9th edition, 2020.

1.3) Eurocode 3: Design of Steel Structure, Part 1-9: Fatigue, 2005.

1.4)　(社) 土木学会：鋼床版の疲労，鋼構造シリーズ 4，1990.

1.5)　(社) 日本鋼構造協会：鋼構造物の疲労設計指針・同解説，1993.

1.6) Federal Highway Administration: Guide for Orthotropic Steel Deck Level 1 Design, FHWA-HIF-22-056, 2022.

第2節

2.1) American Association of State Highway and Transportation Officials: AASHTO LRFD Bridge Design Specifications, 9th edition, 2020.

2.2) Eurocode 3: Design of Steel Structure, Part 1-9: Fatigue, 2005.

2.3)　(社) 日本鋼構造協会：鋼構造物の疲労設計指針・同

解説, 1993.

2.4) （社）日本道路協会：鋼道路橋の疲労設計指針, 2002.

2.5) （社）土木学会：鋼床版の疲労［2010 年改訂版］, 鋼構造シリーズ 19, 2010.

2.6) 堀川浩甫, 李東郁, 石崎浩：閉断面縦リブを有する鋼床版現場溶接部の疲労強度に関する研究, 土木学会第 37 回年次学術講演会講演概要集, I-73, pp.145-146, 1982.

2.7) 佐伯彰一, 西川和広, 滝沢晃：鋼床版 U リブ現場溶接継手の疲労試験, 土木技術資料, 25-3, pp.21-26, 1983.

2.8) 近藤明雅, 山田健太郎, 青木尚夫, 菊池洋一：鋼床版閉断面縦リブ現場溶接継手の疲労強度, 土木学会論文報告集, No.340, pp.49-57, 1983.

2.9) 三木千壽, ミューラ ホルヘ：鋼床版縦リブ現場継手部の疲労強度について, 鋼構造論文集, 第 5 巻, 第 18 号, pp.11-19, 1998.

2.10) 藤井裕司, 松本毅, 三木千寿, 小野秀一：鋼床版縦リブ継手部の圧縮疲労強度, 構造工学論文集 A, Vol.39A, pp.999-1009, 1993.

2.11) 大橋治一, 梁取直樹：鋼床版構造の長寿命域疲労試験結果, 本四技報, No.85, pp.2-10, 1998.

第3節

3.1) Menke Henderikus Kolstein: Fatigue Classification of Welded Joints in Orthotropic Steel Bridge Decks, Ph.D. Dissertation. Delft University of Technology. The Netherlands. ISBN 978-90-9021933-2, 2007.

3.2) Eurocode 3: Design of Steel Structure, Part 1-9: Fatigue, 2005.

3.3) American Association of State Highway and Transportation Officials: AASHTO LRFD Bridge Design Specifications, 9th edition, 2020.

3.4) （一社）日本鋼構造協会：鋼構造物の疲労設計指針・同解説 ―付・設計例― 2012 年改定版, 2012.

3.5) 堀川浩甫, 李東郁, 石崎浩：閉断面縦リブを有する鋼床版現場溶接部の疲労強度に関する研究, 土木学会第 37 回年次学術講演会講演概要集, I-73, pp.145-146, 1982.

3.6) 佐伯彰一, 西川和広, 滝沢晃：鋼床版 U リブ現場溶接継手の疲労試験, 土木技術資料, 25-3, pp.21-26, 1983.

3.7) 近藤明雅, 山田健太郎, 青木尚夫, 菊池洋一：鋼床版閉断面縦リブ現場溶接継手の疲労強度, 土木学会論文報告集, No.340, pp.49-57, 1983.

3.8) 三木千壽, ミューラ ホルヘ：鋼床版縦リブ現場継手部の疲労強度について, 鋼構造論文集, 第 5 巻, 第 18 号, pp.11-19, 1998.

第3章　公称応力に基づく疲労照査

本章では, 閉断面リブ突合せ溶接部を対象とし, 実橋計測により疲労照査を試みた事例と, 数値解析による公称応力の算出精度に関する検討結果を紹介する.

第1節　実橋計測に基づく照査事例

閉断面リブの突合せ溶接部を対象とし, 疲労損傷が報告された鋼床版における応力頻度計測結果を基に, 疲労寿命の予測を試みた.

1.1　橋梁概要

計測が行われた橋梁は, 一般県道に位置する 4×3 径間連続鋼床版 1 箱桁橋（昭和 59 年（1984 年）12 月竣工）であり, 橋長は 966 m（支間長 80.1 m）, 幅員は 12.8 m（片側 1 車線）である. 昭和 48 年（1973 年）の道路橋示方書[1.1)]に基づき設計されており, デッキプレート厚は 12 mm, 閉断面リブ厚は 8 mm, 横リブ間隔は 4.45 m である. なお, 箱桁下フランジの縦リブにも閉断面リブが採用されている.

平成 27 年度（2015 年）道路交通センサス[12)]によると, 24 時間の交通量は約 15,000 台であり, 大型車混入率は約 30%である.

この橋梁では, 平成 27 年（2015 年）から 3 年間の調査において, 51 箇所の閉断面リブ突合せ溶接部にき裂が確認されている. 調査結果によると, これらは溶接の不溶着部を起点としたき裂と結論付けられている. それに加えて, 閉断面リブ厚が 8 mm である一方で, 縦リブ支間長が 4.45 m であり, 道路橋示方書[13)]に示される縦リブ支間（L ≦2.5m）より大きいこともき裂が多発した要因の一つであると推察される.

1.2　計測概要

計測は平成 28 年（2016 年）3 月の平日の約 3 日間（68 時間）で行われた. 計測箇所は**図 1-1** に示すゲージ位置のうち, 支間中央付近の横リブから橋軸方向に 1,320 mm の位置にある突合せ溶接部近傍（CH01, 以下, 箇所 A）と, 中間支点付近の横リブから橋軸方向に 1,500 mm の位置にある突合せ溶接部近傍（CH06, 以下, 箇所 B）である. いずれも, 閉断面リブの下面中央において, 溶接止端部から 5 mm 離れた位置の橋軸方向のひずみを計測している. ここでは, これらのひずみ値に弾性係数を乗じて求めた応力を公称応力とみなして疲労照査を行う.

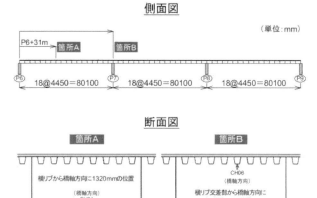

図1-1 ひずみゲージ貼付位置

1.3 疲労寿命予測

計測結果から以下の手順で疲労寿命を試算した．まず，レインフロー法により応力範囲 1 N/mm² ごとに計数し，等価応力範囲を求めた．その際，き裂が溶接不溶着を起点としたものであったことと，**第2章 第3節**に示したルートギャップの大きさで整理した疲労試験結果に基づき，この不溶着を含む突合せ溶接継手部の疲労強度等級をJSSC指針2012改定版[1,4]のH等級もしくはI等級と設定し，変動振幅応力に対する応力範囲の打切り限界 $\Delta\sigma_{we}$（H等級：11 N/mm²，I等級：7 N/mm²）を考慮した．次に，得られた等価応力範囲と**第2章** 式 (1.1) の疲労強度曲線を照らし合わせて繰返し回数を求め，計測した3日間の日平均交通量を基に，得られた繰返し回数を年換算した．

計測結果を**表1-1**に示す．ここで，応力範囲 2 N/mm²以下は計測ノイズと考え除去している．箇所Aにおける最大応力範囲は26 N/mm²，箇所Bにおける最大応力範囲は38 N/mm²であった．また，疲労強度等級をJSSC-H等級と仮定し $\Delta\sigma_{we}$ を考慮した場合，等価応力範囲は箇所Aで15.5 N/mm²，箇所Bで16.5 N/mm²となり，I等級と仮定した場合はそれぞれ12.6 N/mm²，13.5 N/mm²となった．これらの等価応力範囲と**第2章** 式 (1.1) の疲労強度曲線から疲労寿命を予測すると，H等級の場合，箇所Aで102年，箇所Bで38.5年，I等級の場合，箇所Aで29.3年，箇所Bで12.1年であった．年間の温度変化に伴う舗装剛性の変化の影響や供用開始からの交通量の推移などを考慮していない概算ではあるが，供用開始から約30年後の平成27年（2015年）からの調査で多くの疲労き裂が発見されていることを考えると，疲労寿命のオーダーは概ね一致しているといえる．

溶接部に不溶着がなく健全な突合せ溶接が得られたと考えた場合，その疲労強度等級は**第2章 図3-1**からJSSC-F等級と考えることができる．F等級として同様に試算すると，いずれの箇所においても疲労寿命は100年以上となり，き裂は発生しないと予想される．

表1-1 実橋計測結果

応力範囲 (N/mm²)	繰返し回数 (回) 箇所A	繰返し回数 (回) 箇所B
3	5,016	21,268
4	3,137	12,094
5	2,313	8,609
6	2,398	5,883
7	1,829	3,899
8	1,232	2,923
9	1,030	2,664
10	983	2,475
11	994	1,945
12	782	1,632
13	510	1,204
14	302	1,070
15	225	839
16	224	678
17	144	587
18	157	457
19	140	345
20	97	339
21	85	205
22	49	184
23	25	135
24	13	71
25	9	60
26	2	52
27	-	30
28	-	29
29	-	27
30	-	10
31	-	6
32	-	3
33	-	5
34	-	1
35	-	2
36	-	2
37	-	2
38	-	1

以上より，実橋鋼床版において公称応力に相当する応力を計測することができれば，それと対象継手の疲労強度曲線を照らし合わせることにより，疲労寿命を予測できる可能性が高い．以降では，公称応力を数値解析により算出する方法を紹介し，その精度について考察する．

第2節 数値解析による公称応力の算出
2.1 対象とする数値解析

鋼床版は複数の鋼板が複雑に接合された構造のため，溶接継手部に生じる応力を数値解析的に求める手法としてはFEAが有効であると考えられる．一方，鋼床版の設計において用いられる解析法としては，例えば，直交異方性版理論や等価格子桁理論，Pelican-Esslingerによる直交異方性版理論に基づく実用計算法，有限帯板法（Finite Strip Method．以下，FSM）などがあり，国内ではFSM解析が主流である．

Pelican-Esslingerによる実用計算法[2,1]は，比較的重要でないパラメータを省略して，精度を確保しつつ簡素化した計算法である．これは，2本の平行な主桁を想定した線支承に単純支持されたデッキプレートと縦リブからなる直交異方性版の解析方法である．具体的な計算は2段階に分けて行われる．まず，剛な横リブによって連続的に支持された連続直交異方性版の曲げモーメントを求める．次に，横リブが弾性的にたわむものとして，その影響をねじり剛性のない単純または連続格子桁として求め，2つの段階から求めた応力を重ね合わせる方法である．なお，並列多主桁や張出部にも適用可能であるが，直接用いることはできず，工夫が必要となる．

FSM解析は，図 2-1に示す概念図のように，主桁で支持されたデッキプレートと縦リブを含めた剛性を有する直交異方性版を，有限幅をもつ帯状板要素と横リブおよび横桁から構成される力学モデルに置換し，応力とひずみとの関係式により部位ごとの断面力を求める手法である．なおFSM解析を用いた昨今の設計では，主桁の支持条件は両端単純支持（中間部の計算）と片持ち支持（張出部の計算）の2種類を用いたものが一般的である．

ここでは，公称応力を求める方法として FSM 解析と FEA に着目し，それらにより求めた公称応力と実橋において計測した値を比較することにより，各手法による応力算出の妥当性や留意点を示す．算出する公称応力は，閉断面リブの突合せ溶接継手部の疲労照査を想定し，リブ下面の橋軸方向の応力である．

2.2 実橋計測の概要

広島高速2号線の鋼床版において，荷重車を用いた動的載荷試験と実交通流下の応力頻度計測を実施した．この計測は，広島高速道路公社および西日本高速道路（株）の協力を得て，当委員会と（一社）日本橋梁建設協会の合同で実施した．計測の対象とした橋梁は，図 2-2 に示す広島高速2号線における片側1車線の対面通行の区間であり，平面線形がほぼ直線かつ一定幅員であるため，試験車両の走行位置のズレが小さくなると考え選定した．

主な橋梁諸元は以下のとおりである．
・構造形式：鋼5径間連続鋼床版箱桁橋（2箱桁）
・供用年：2010年（平成22年）
・橋長：453.285 m
・支間長：
　69.100 m+110.000 m+110.285 m+81.500 m+80.600 m
・デッキプレート厚：12 mm
・閉断面リブ寸法：320×240×6 mm
・縦リブ支間（横リブ間隔）：2.5 m
・アスファルト舗装厚：80 mm

荷重車による動的載荷試験は，アスファルト舗装の剛性が比較的低くなる気温の高い時期とし，9月初旬に実施した．試験時のデッキプレート下面の温度は27.5～31.5 ℃であった．また，実交通環境下における発生応力を確認するため，平日の約3日間（72時間）の応力頻度計測も同時期に実施した．

動的載荷試験は，交通規制は行わずに一般車両に交えて総重量および軸重が既知な荷重車を走行させることにより行った．荷重車には，カウンターウェイトで重量を200 kN程度に調整した3軸の大型車を用いた．荷重車の諸元を図 2-3に示す．荷重車の軸重は，前輪が62.2 kN，後輪がそれぞれ69.5 kNと71.6 kNであった．

荷重車は橋軸直角方向の位置を変えて14回走行させ，荷重車通過時のひずみを計測した．車両走行位置は，図 2-4 に示すように，荷重車に搭載した超音波距離計で計測した壁高欄からの距離から推定した．荷重車の走行位置は図 2-5 に示すとおりである．ひずみ計測はG1桁を対象とし，計測位置は図 2-6に示すように，閉断面リブ下面の橋軸方向のひずみ，主桁ウェブと垂直補剛材の溶接部近傍のひずみ，横リブ交差部のデッキプレートと閉断面リブの溶接部近傍のひずみである．

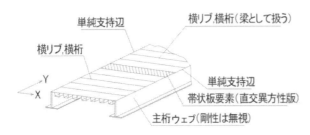

図 2-1　FSM解析モデルの概念図　[2,2]を基に改変転載（一部抜粋して作図）

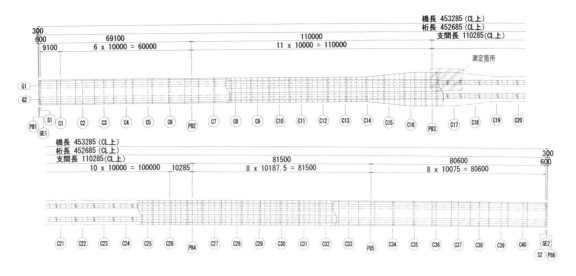

(a) 平面図

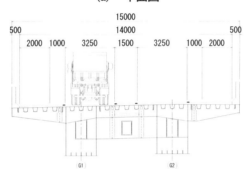

(b) 断面図

図 2-2 対象橋梁（単位：mm）

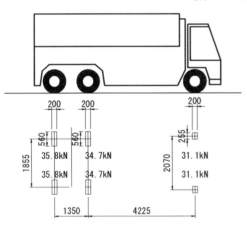

図 2-3 荷重車の諸元（単位：mm）

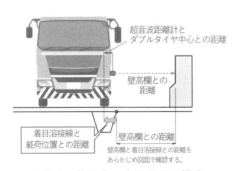

図 2-4 荷重車の走行位置の推定

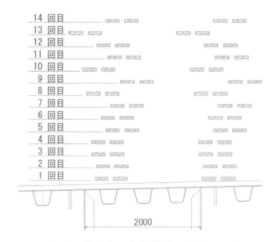

図 2-5 荷重車の走行位置（単位：mm）

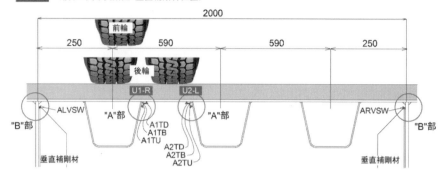

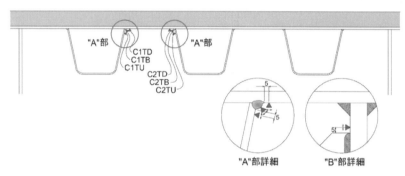

(a) ひずみゲージ貼付位置（単位：mm）

(b) 実橋計測状況

図2-6 広島高速2号線の実橋計測

第3節 有限帯板法（FSM）解析による公称応力の算出
3.1 解析モデル

前節の鋼床版を対象にFSM解析により公称応力を算出した．対象橋梁のFSM解析モデルを図3-1に示す．図3-2に示すように，閉断面リブ下面のひずみ計測は横桁（C17）と横リブ（R39）間の支間1/4点（図2-6中のB断面）で行っており，ひずみ計測位置の前方5パネル，後方7パネルの12パネル分（30 m）をモデル化範囲としている．橋軸直角方向は主桁G1のウェブ間である．前述のとおり，デッキプレート板厚は12 mm，閉断面リブ寸法は320×240×6 mmである．また，ダイアフラム，横桁，横リブは実形状に応じた剛性を考慮している．

荷重車の諸元は図2-3に示したとおりであり，荷重は

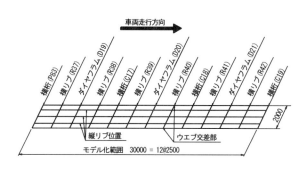

図3-1　対象橋梁のFSM解析モデル（単位：mm）

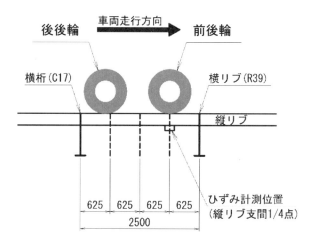

図3-2　橋軸方向のひずみ計測位置（単位：mm）

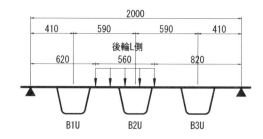

図3-3　橋軸直角方向の載荷位置（単位：mm）

タイヤの全幅（560mm）×200mmを接地面積として等分布載荷した．橋軸直角方向の載荷位置は図2-5に示した9回目の走行位置とし，図3-3に示すように与えた．この図は後輪（前側）を載荷したときの模式図である．橋軸方向には，横リブ（R38）から横桁（C18）まで位置を移動させて載荷した．なお，ここでは衝撃の影響は考慮していない．

FSM解析では使用したソフトの制約上，橋軸直角方向には主桁ウェブ位置の2辺で単純支持とした1パネルのみの評価となる．そのため，輪の位置と支持条件の影響の少ない図3-3に示す閉断面リブB2Uのみに着目した．

3.2　応力の橋軸方向の影響線

FSM解析モデルを用いて，閉断面リブ（B2U）下面の

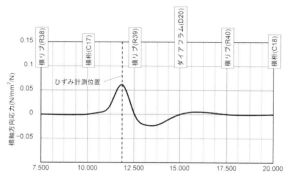

図3-4　橋軸方向の影響線

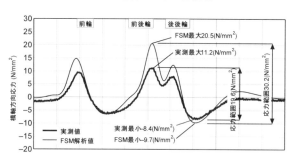

図3-5　応力波形の比較

ひずみ計測位置における応力の橋軸方向の影響線を求めた．その結果を図3-4に示す．図より，C17-R39間のひずみ計測位置直上に載荷されたときに最大の引張応力が生じ，ひずみ計測位置を通過してR39-D20間に載荷されたときに圧縮側の最大の応力が生じることがわかる．

3.3　応力波形の比較

実橋にて計測された応力波形とFSM解析により得られた応力波形の比較を図3-5に示す．車両の速度は輪の直上載荷により引張側の極値が生じているとして，前輪と前後輪の間隔から算出した．

引張応力の最大値は実測値11.2 N/mm^{2}に対し，FSM解析値20.5 N/mm^{2}であり，FSM解析の結果は実測値の1.83倍となった．応力の変動範囲でみてみると，実測された最大応力範囲は19.6 N/mm^{2}であるのに対し，FSM解析値は30.2 N/mm^{2}であり，解析結果は実測値の1.54倍となった．この程度の差異は過去の研究[3,1)]においても確認されているものの，FSM解析では様々な設計上の仮定の下で応力を算出するため，安全側の応力値，つまり実際に生じる応力に比べて大きめの値を与えることがわかる．

以降では舗装剛性の影響に着目し，実測値と解析値の差が生じる要因について考察する．

3.4　舗装剛性の影響に関する考察

FSM解析では通常，舗装剛性は無視されているため，上述のように，デッキプレートや閉断面リブの発生応力が大きめに算出される．部材設計では安全側となるが，疲

労照査のための公称応力範囲を精度よく求めるには舗装剛性の影響も考慮する必要がある．

舗装剛性を考慮する場合，一般に舗装をデッキプレートの一部として換算する方法が用いられる．具体的には，デッキプレートとアスファルト舗装を完全合成版と仮定して求めた断面 2 次モーメントと，舗装をデッキプレートの一部として換算した断面 2 次モーメントが等しくなるような等価換算板厚をデッキプレート厚として用いるものである．

図 3-6 に示すように，等価換算板厚の算出にはアスファルト舗装の弾性係数が必要となるが，アスファルト舗装は粘弾性体であることから弾性係数は舗装本体の物性の他，載荷速度，温度などの影響を受ける．

温度の影響については，温度が上がるにつれ弾性係数は小さくなる傾向にあり，図 3-7 に示すように，過去に温度と弾性係数の関係式がいくつか提案されている．例えば，夏季計測時の舗装温度を 30 ℃と仮定した場合のアスファルト舗装の弾性係数は，文献 3.2)に示される関係式（$E = 36,438.2e^{-0.1202t}$）を用いた場合 990 N/mm^2，文献 3.3)に示される関係式（$E = 10^4 e^{-0.07t}$）を用いた場合 1,225 N/mm^2 となる．これらの結果を基に，アスファルト舗装の弾性係数を 1,000 N/mm^2 と仮定すると，等価換算板厚 t_a は 27.2 mm となる．

車両速度の影響については，車両速度が上がると，一般にアスファルト舗装の弾性係数も高くなる．また，温度が低いとアスファルト舗装の弾性係数は車両速度の影響を受けにくい．文献 3.4)では層構造の弾性理論解法を用いて，アスファルト層，路盤，路床からなる 3 層の舗装構造を例にアスファルト舗装の弾性係数と温度ならびに車両走行速度との関係について試算を行っている．図 3-8 に試算結果を示すが，舗装温度-15 ℃においてはアスファルト舗装の弾性係数は車両速度の影響をあまり受けていないものの，舗装温度 25 ℃においては走行速度が 10 km/h から 60 km/h に上昇すれば舗装の弾性係数は約 1.6 倍に上昇する．

図 3-8 の試算結果は鋼床版上のアスファルト舗装とは層構成が異なるなど，今後の検討の余地はあるものの，この試算結果を参考に，計測時の車両速度 46.9 km/h から，速度の影響として弾性係数が 1.5 倍に上昇すると仮定する．つまり，舗装温度 30 ℃において速度の影響を考慮すると，アスファルト舗装の弾性係数は 1,500 N/mm^2 となり，等価換算板厚 t_a は 38.7 mm となる．

以上の検討から，舗装剛性の影響を見込んだ等価換算板厚を整理した結果を表 3-1 にまとめる．

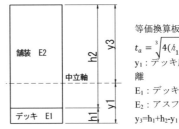

図 3-6 等価換算板厚の算出条件（完全合成版）

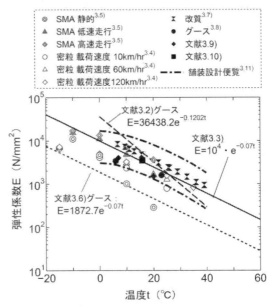

図 3-7 アスファルト舗装の弾性係数と温度の関係
3.2~3.11) を参考に作成

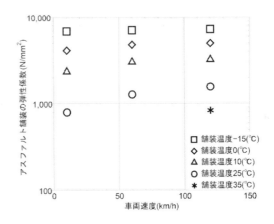

図 3-8 アスファルト舗装の弾性係数と速度の関係

表 3-1 舗装剛性の影響を考慮した等価換算板厚

	アスファルト舗装の弾性係数 E (N/mm^2)	等価換算板厚 t_a (mm)
舗装剛性無視	---	12
舗装温度 30℃	1,000	27
舗装温度 30℃ ＋車両速度の影響	1,500	39

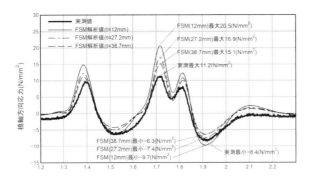

	閉断面リブ下面応力(B2U)		
	引張最大 σ_t (N/mm²)	圧縮最大 σ_c (N/mm²)	応力範囲 $\Delta\sigma$ (N/mm²)
実測値	11.2	-8.4	19.6 (1.00)
FSM解析値(t=12mm)	20.5	-9.7	30.2 (1.54)
FSM解析値(t=27.2mm)	16.9	-7.4	24.3 (1.24)
FSM解析値(t=38.7mm)	15.1	-6.3	21.4 (1.09)

図3-9 舗装剛性と閉断面リブ下面の応力波形

温度と車両速度の影響を見込んだ等価換算板厚を用いてFSM解析を行った．得られた閉断面リブ下面の応力波形を図3-9に示す．舗装剛性を無視した場合に比べてFSM解析値は実測値に近づいており，等価換算板厚 t_a = 27.2 mm における最大応力範囲は実測値の1.24倍，t_a = 38.7 mm では実測値の1.09倍であった．

舗装剛性を無視した通常のFSM解析では，解析値と実測値の最大応力範囲の比率は1.54倍であったが，舗装剛性の影響として，温度および車両速度を見込んだ等価換算板厚を用いると，それは1.09倍となる．このように，舗装剛性の影響を考慮することにより，FSM解析による応力範囲は実測値とほぼ同程度となるが，依然として若干の差が生じる．この理由としては，例えば，以下が考えられる．

・FSM解析における横桁の曲げ剛性およびねじり剛性は橋軸直角方向に一定であるが，実際は横リブ支間中央に比べ主桁ウェブとの接合部付近は剛性が高いと考えられる．計測位置は支間1/4点であり横リブに比較的近いため，この影響を受けやすい可能性がある．

・ここで用いた汎用FSM解析ソフトでは，対象とする閉断面リブの断面力の算出に，図3-3に示したG1桁左右のウェブ部分で単純支持したモデルが適用される．実際の鋼床版は連続構造であり，載荷荷重についても箱桁外側に作用する輪荷重（後輪R側）も考慮する必要がある．

第4節 有限要素解析（FEA）による公称応力の算出
4.1 解析モデル

解析対象はFSM解析の場合と同じである．前節にて述べたとおり，FSM解析では閉断面リブB2Uのみに着目したが，FEAでは計測を実施したB1U，B2U，B3Uの全ての閉断面リブに着目した．モデル化にあたっては，主桁系で発生する応力は小さいと考え，橋軸方向には車両走行方向に対し，支点上横桁（P83）の一つ手前の横リブから，横桁（C18）の一つ先の横リブまでの10パネルのみをモデル化した．

解析はFEMAP with Simcenter Nastran Ver.2021.1を用いた線形弾性解析とし，鋼材の弾性係数は 2.0×10^5 N/mm²，ポアソン比は0.3である．アスファルト舗装は前節に示したように粘弾性体であるが，便宜上，弾性係数を前節で推定した1,500 N/mm²，ポアソン比が0.35の弾性体とした．

解析モデルを**図4-1**に示す．鋼桁は**第4章 第3節**の垂直補剛材溶接部の検討への適用も踏まえた範囲をソリッド要素で，その他の位置はシェル要素でモデル化し，アスファルト舗装はソリッド要素でモデル化している．着目する閉断面リブの板厚方向の分割は4層である．なお，近傍の高力ボルト継手と壁高欄，支承部のモデル化は行っていない．載荷荷重については，感圧紙等による実際の荷重車のタイヤの接地面積は未計測のため，**図4-2**に示すように全ての輪で 200×200 mm と仮定している．また，前節と同様，衝撃の影響は考慮していない．拘束はP83の支点上横桁のウェブ下端を完全固定とし，主桁の下フランジ下面の全ての節点の鉛直方向を拘束した．

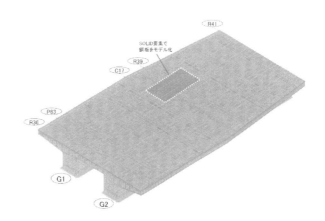

図4-1 解析モデル

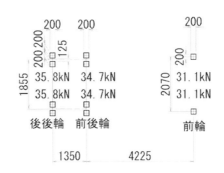

図4-2 載荷荷重（単位：mm）

4.2 実橋計測結果との比較と舗装剛性

図4-3に橋軸方向応力の解析結果と実橋計測結果の比較を示す．実橋計測結果は9回目の載荷の結果であり，解析結果は実橋と同様，橋軸方向ひずみに弾性係数 2.0×10^5 N/mm² を乗じた値である．図中にはFSM解析の結果も示している．FEAの結果は全体的にやや引張側へシフトする傾向はFSM解析と同じであるが，より実測値に近い結果となった．

図4-4は，解析結果とB1U，B3Uの計測結果の比較である．載荷ケースはそれぞれの閉断面リブの発生応力が大きくなった12回目（車両速度 53.7 km/h）と13回目（車両速度 45.5 km/h）の載荷の結果である．これらのケースについてもFEAは実測値を概ね再現できていることがわかる．図4-3と図4-4に示したそれぞれの波形からレインフロー法[4,1)]により応力範囲頻度分布を求め，疲労強度曲線の傾きを表すための定数 $m = 3$ として荷重車1台の通過に対する等価応力範囲を算出した結果を表4-1に示す．アスファルト舗装の剛性 1,500 N/mm² についてはさらなる精査が必要であると考えられるが，FEAと実測値の差は小さく，FEAにより実橋計測の疲労強度評価の補間が可能であると思われる．

4.3 閉断面リブ下面における応力分布

図4-5に9回目の載荷を対象に，解析より得られた計測断面における200倍変形図に，最大主応力コンター図を重ねた結果を示す．これらは図4-3の影響線の引張側の3つの極値，すなわち，前輪，前後輪，後後輪が着目断面直上を通過した際の結果である．閉断面リブは複雑な変形をしており，この荷重載荷におけるB2Uは下面左側の発生応力が大きい．

図4-6は，それぞれの閉断面リブに最大の橋軸方向応力が発生する，12回目の載荷のB1U，9回目の載荷のB2U，13回目の載荷のB3Uについて，リブ下面中央（C），左側（L）と右側（R）の位置（図4-7）における橋軸方向応力の影響線を比較した結果である．このように，着目位置によって値や波形が異なっており，閉断面リブの突合せ溶接部の疲労強度評価を行う場合には，閉断面リブ下面中央に加えて下面の左右の位置にも着目することが望ましいと考えられる．

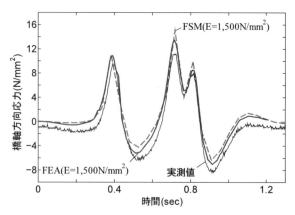

図4-3　閉断面リブB2U下面の応力波形（9回目載荷）

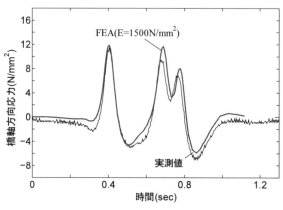

(a)　B1U（12回目載荷）

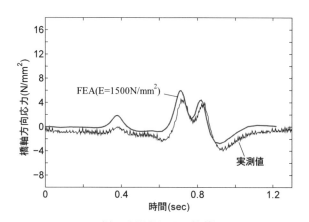

(b)　B3U（13回目載荷）

図4-4　閉断面リブ下面の応力波形の比較

表4-1　荷重車通過時の等価応力範囲 (N/mm²)

		B1U	B2U	B3U
実測値		21.2	22.7	9.1
FEA	解析値	21.5	23.4	9.0
	比率	1.01	1.03	0.98
FSM	解析値	—	23.9	—
	比率	—	1.05	—

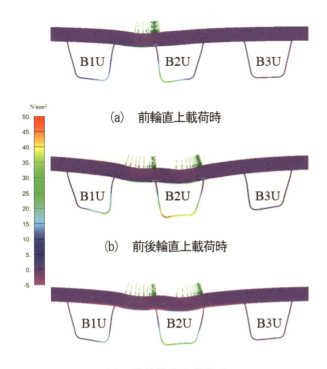

(a) 前輪直上載荷時

(b) 前後輪直上載荷時

(c) 後後輪直上載荷時

図 4-5 閉断面リブ B2U 最大主応力コンター図 ＋200 倍変形図（9 回目載荷）

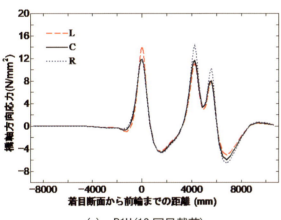

(a) B1U（12 回目載荷）

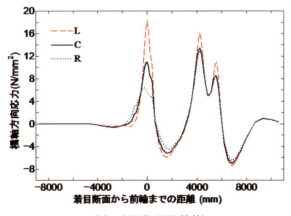

(b) B2U（9 回目載荷）

図 4-6 閉断面リブ下面の影響線

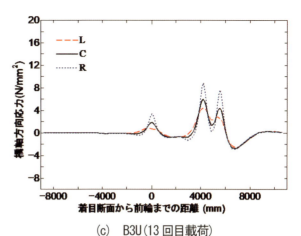

(c) B3U（13 回目載荷）

図 4-6 閉断面リブ下面の影響線（つづき）

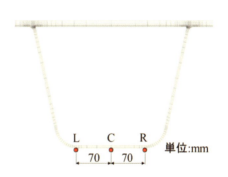

図 4-7 閉断面リブ下面の着目点

第 3 章　参考文献

第 1 節

1.1) （社）日本道路協会：道路橋示方書・同解説　II 鋼橋編，1973．

1.2) 平成 27 年度 全国道路・街路交通情勢調査 一般交通量調査集計表 (https://www.mlit.go.jp/road/census/h27/)

1.3) （公社）日本道路協会：道路橋示方書・同解説　II 鋼橋・鋼部材編，2017．

1.4) （一社）日本鋼構造協会：鋼構造物の疲労設計指針・同解説 －付・設計例－，2012 年改訂版，2012．

第 2 節

2.1) 国広哲男，藤原稔：直交異方性版理論による鋼床版実用設計法，建設省土木研究所報告，137-1，1969．

2.2) 今北明彦，鹿野顕一，西原誠一郎，西川武夫，福岡哲二：張出し部を有する多主桁鋼床版の Finite Strip Method による解析，橋梁と基礎，Vol.15, No.4, pp.43-47, 1981．

第 3 節

3.1) 新山惇，佐藤昌志，三田村浩，岩崎雅紀，石井博典：鋼床版縦リブ溶接部の疲労補強対策に関する一検討，

構造工学論文集，Vol.47A，pp.1047-1054，2001.

3.2) 森直樹，森清，山本泰幹，秋山洋，小泉幹男：鋼床版舗装の力学的性状の実験的研究，土木学会第51回年次学術講演会概要集，I-A503，pp.1006-1007，1996.

3.3) Xiaohua Cheng, Jun Murakoshi, Kazuhiro Nishikawa and Harukazu Ohashi: Local Stresses and Fatigue Durability of Asphalt Paved Orthotropic Steel Deck, 2004 Orthotropic Bridge Conference, pp.543-555, 2004.

3.4) 笠原篤，岡川秀幸，菅原照雄：アスファルト混合物の動的性状とその舗装構造の力学解析への利用，土木学会論文報告集，第254号，pp.107-117，1976.

3.5) 中西弘光：鋼床版舗装への砕石マスチック混合物の適用について，舗装，Vol.33，No.8，pp.4-11，1998.

3.6) 渡辺昇，大島久，金子孝吉：鋼床版とアスファルト舗装との合成板の実験的研究，土木学会第31回年次学術講演会概要集，I-108，pp.182-183，1976.

3.7) 小林隆志，西澤辰男：疲労解析に基づいた鋼床版舗装の表面ひび割れの発生予測，土木学会舗装工学論文集，第8巻，pp.215-222，2003.

3.8) 田嶋仁志，半野久光，山崎武文：主桁腹板上の鋼床版舗装ひび割れに関する検討，土木学会第52回年次学術講演会概要集，I-A179，pp.356-357，1997.

3.9) 三木千壽，菅沼久忠，冨澤雅幸，町田文孝：鋼床版箱桁のデッキプレート近傍に発生した疲労損傷の原因，土木学会論文集，No.780/I-70，pp.57-69，2005.

3.10) 井口進，内田大介，川畑篤敬，玉越隆史：アスファルト舗装の損傷が鋼床版の局部応力性状に与える影響，鋼構造論文集，第15巻，第59号，pp.75-86，2008.

3.11) （社）日本道路協会：舗装設計便覧，2006.

第4節

4.1) （一社）日本鋼構造協会：鋼構造物の疲労設計指針・同解説 －付・設計例－ 2012年改定版，2012.

第4章　局部応力に基づく疲労強度評価法

本章では，鋼床版において局部変形に起因する代表的な疲労損傷である縦リブと横リブの溶接部（スリット部），デッキプレートと垂直補剛材の溶接部，デッキプレートと閉断面リブの溶接部からのき裂を対象とし，これらに対する疲労強度評価法に関連する検討事例を紹介する．なお，各疲労損傷の概要については，**第1編 第2章**を参照されたい．

第1節　縦リブと横リブの溶接部の疲労強度

1990年版の「鋼床版の疲労」[1.1)]が発刊されて以降，縦リブと横リブの交差部に生じる疲労損傷に関する検討は数多く行われている．2010年版の「鋼床版の疲労」[1.2)]では，疲労き裂の発生原因や対策手法の検討について，実橋応力計測やFEA，疲労試験など多方面から検討した事例について取りまとめられている．ここでは，この溶接部に対する疲労強度・寿命の評価方法について，閉断面リブと開断面リブに分けて，最近の検討事例を中心に紹介する．

1.1　閉断面リブに対する既往の研究の整理
1.1.1　疲労き裂の発生要因分析

縦リブと横リブ交差部の横リブウェブ側止端部に発生する応力には面内成分と面外成分とが混在すること，その応力が最も大きくなるのは輪荷重が当該交差部から橋軸方向に離れた位置に載荷されたときであることが報告されている[1.3)-1.5)]．これらの文献は，実橋応力測定の逆解析から，横リブウェブの交差部近傍には面内応力と同程度の面外応力が発生しており，面外応力はデッキプレートの水平変位とそれに伴う回転変形を縦リブが拘束することで生じているとしている．さらに文献1.5)では，**図1-1**に示すように，橋軸および橋軸直角方向への多点載荷から，スリットまわりには面内応力よりも大きな面外応力が発生することを確認している．その面外応力は，横リブから橋軸方向に500mm程度離れた位置の縦リブ溶接線直上（側面直上）に載荷した場合に最大となる結果を得ている．また，構造詳細を変化させた疲労試験の結果から，縦リブと横リブの交差部において，スカラップを省略した構造詳細の疲労強度の方がスカラップを設けたそれより高いとしている[1.5)]．この結果を受け，鋼道路橋疲労設計便覧では，この部位のスカラップを省略した構造を規定している[1.6)]．

縦リブ側面側に発生する応力は，交差部付近に密閉ダイアフラムが設置されているかどうかによって大きく異

第2編　第4章　局部応力に基づく疲労強度評価法

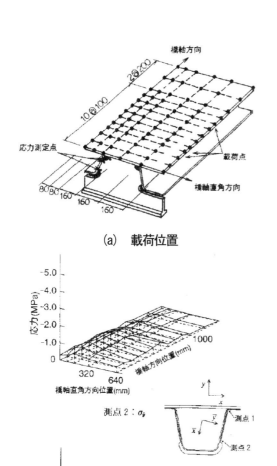

(a) 載荷位置

(b) 応力影響面（上：膜応力，下：面外応力）
図1-1　静的載荷試験結果[1.5]

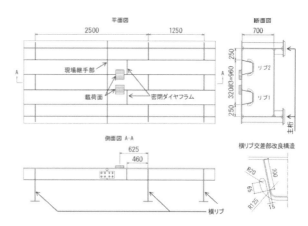

図1-2　定点載荷疲労試験の状況[1.9]を改変（一部修正）して転載

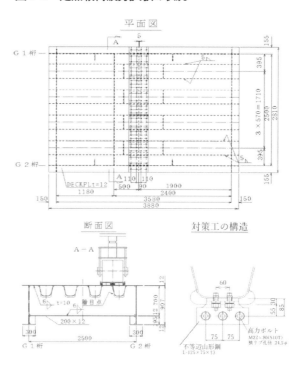

図1-3　輪荷重走行疲労試験の試験体
[1.10]を改変（一部修正）して転載

なることが知られている[1.7),1.8]．文献1.7)は，実物大パネル試験体を対象とした静的載荷試験とFEAを実施している．そして，横リブから離れた断面で縦リブの片側側面に荷重を偏載すると，密閉ダイアフラムがある場合には縦リブが回転変形し，これが横リブとの交差部で拘束され，スリット端部まわし溶接の縦リブ側面側止端部に著しい応力が発生すること，密閉ダイアフラムが無い場合，縦リブはせん断変形し，縦リブ側面側止端部の応力は横リブウェブ側止端部のそれより小さくなることを明らかにしている．

1.1.2　疲労試験による疲労強度評価

文献1.9)では，横リブスリット形状の改良によるスリット端部と縦リブとの溶接部の疲労強度向上の試みのなかで定点載荷疲労試験が実施されている．疲労試験はFEAにより選定された改良構造の疲労強度の確認が目的であり，図1-2に示す縦リブ2本，横リブ3本，および縦リブ現場継手部を含む試験体が用いられた．縦リブと横リブとの溶接部に発生する応力を最大化させる載荷位置は縦リブと横リブ交差部から離れた位置にあると報告されており[1.5]，本文献でもその位置をFEAにて同定して載荷位置とし，さらに荷重範囲は実交通計測データの最大値を参考に140 kNのダブルタイヤを模擬している．試験の結果，現行のスリット形状では10万回載荷後に疲労き裂が発見されたが，改良形状では400万回載荷後も疲労き裂が検出されず，構造改良により疲労耐久性を向上できることが確認された．

このように定点載荷疲労試験によって従来構造と提案

構造の疲労強度を比較することはできるが，一方で実際には車両荷重および車両走行位置がばらつくため，試験で想定したような状態が常に生じているわけではない．なお，1.1.3に詳述するように，文献1.9)では，試験結果，実測交通データ，FEA結果を組合わせて実交通荷重下での疲労寿命予測も試みている．

文献1.10)では，縦リブ現場継手部に隣接する縦リブと横リブ交差部の疲労損傷に着目し，その予防保全・補修工法の提案等を目的に輪荷重走行疲労試験を実施している．荷重の載荷位置はダブルタイヤが縦リブの片側の側面を挟み込む位置とし，荷重は事前のFEAから横リブスリットまわし溶接部での応力範囲が実橋で生じるそれと同程度になるよう118kNとしている（図1-3）．その結果，従来構造では69万回で縦リブ側まわし溶接止端部に疲労き裂が検知されている．その後，96万回まで載荷した後に提案する補修を施し，さらに補修後構造の疲労試験を実施したところ，150万回載荷後にも疲労き裂進展が検知されなかったと報告している．本文献でも，文献1.9)の疲労試験と同様に従来構造と補修後構造とで疲労強度が比較されている．

文献1.11)では，縦リブ断面形状および縦リブと横リブ交差部における縦リブ下端部付近の横リブウェブのスリットの有無が疲労耐久性に及ぼす影響を調査する目的で，定点載荷疲労試験が実施されている．試験体は縦リブ3本以上，横リブ3本，閉断面縦リブの場合には縦リブの現場継手部を想定した密閉ダイアフラムを含むものを用いている．本文献では載荷位置をFEAで検討した後に，載荷荷重を割り増して定点載荷疲労試験を実施している．載荷荷重を割り増した理由は，図1-4に示すように，FEAから縦リブと横リブ溶接部の応力が最大（最大引張）とな

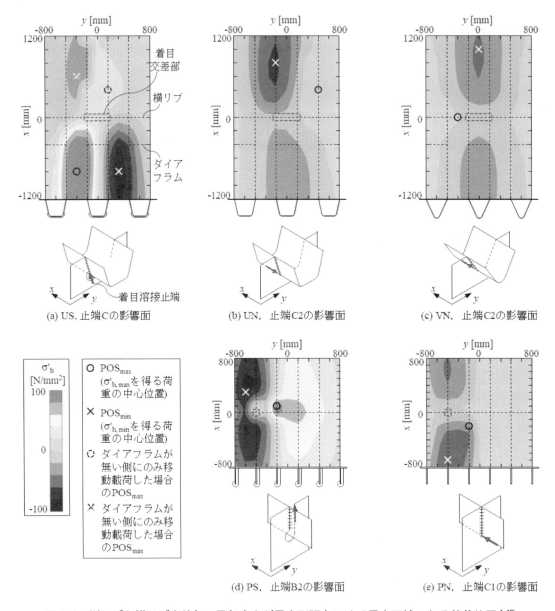

図1-4　縦リブと横リブ交差部の局部応力が最大引張もしくは最大圧縮になる載荷位置[1.12]

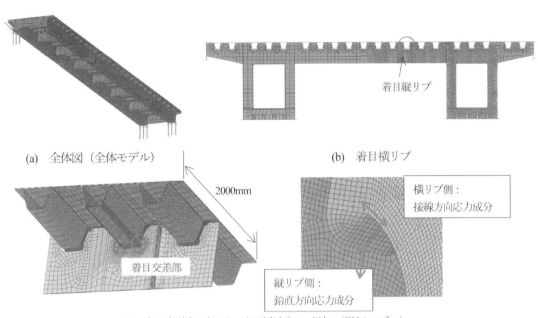

(a) 全体図（全体モデル）　　(b) 着目横リブ

(c) 着目交差部（ソリッド要素部）の詳細（詳細モデル）

図 1-5　箱桁鋼床版橋梁のシェル・ソリッド複合モデル[1.13]

る載荷位置と最小（最大圧縮）となる載荷位置とが，橋軸方向にも橋軸直角方向にも異なる位置と指摘されているためであり[1.12]，荷重位置はなるべく対象箇所の局部応力を大きくする位置としつつ，荷重割り増しによって最大引張応力と最大圧縮応力とが交互に生じる場合の応力範囲の再現を試みている．その結果，縦リブと横リブスリット端部との溶接部では，実交通荷重に換算してダブルタイヤ56 kN に相当する載荷でも70万回繰返し後に疲労き裂が発見されたこと，一方で縦リブを平板もしくはV断面とした上で交差部のスリットを排し，縦リブの全周囲を横リブとすみ肉溶接した構造では，ダブルタイヤ100 kN の 1000 万回に換算相当する繰返し載荷後にも疲労き裂が検知されなかったことを報告している．

1.1.3　応力解析や応力測定による疲労強度評価

縦リブと横リブとの溶接部を評価するには局部応力を算出もしくは測定する必要があるが，特に数値計算による場合は溶接止端部（またはルート部）の応力状態が，局部形状をどうモデル化するかに左右されることや，止端部（またはルート部）がFEA でのモデル化によっては応力特異点となることに対する配慮が必要となる．

文献 1.13)では，**図1-5** に示すように，着目溶接部周辺の要素サイズを 1 辺 1 mm の立方体に制御し，溶接止端部の要素で算出された値を評価応力としている．本文献は縦リブと横リブとの交差部を対象に，スリット形状が交差部の局部応力に及ぼす影響を数値解析的に調査したものであり，解析では，3 径間ある箱桁鋼床版橋梁の 1 径間をシェル要素によりモデル化し，特に着目する交差部周辺にはソリッド要素を用いている．載荷した荷重はダブルタイヤを模した面圧で，着目縦リブから隣接縦リブの間の 5 つの異なる位置を縦リブ 2 径間分にわたって走行するように移動させている．解析の結果より，スリットまわりの局部応力を低減するためには，縦リブ下面の橋軸直角方向への変形を拘束する，もしくはスリット部での剛性の急変を避けて縦リブの局部変形を抑制すること，文献 1.14)などで検討された交差部の閉断面縦リブ内に補剛リブを付加した構造の有効性が再確認されたこと，さらにスリット形状を工夫することでそれと同等の応力低減効果を得ることができることが報告されている．

文献 1.9), 1.12), 1.15)-1.17)では，着目溶接止端部周辺の表面応力を外挿して求めるホットスポット応力（Structural Hot Spot Stress．以下，HSS）を用いて各種構造の疲労強度を比較している．HSS の詳細は後述する．いずれの文献においても前段落で紹介した文献 1.14)と同様に荷重位置の検討を事前に実施した上で着目箇所に生じるHSSを算出し，各種構造でのHSSを比較している．さらに文献 1.15)では局部応力評価方法の一つである有効切欠き応力（Effective Notch Stress, ENS）[1.18]を用いて各種構造の疲労強度を比較している．

応力解析と実交通データを組合わせた疲労寿命予測も試みられている[1.9),1.19)-1.22)]．文献 1.9)では，縦リブ 4 本，横リブ 3 本を含む範囲を抽出したモデルを用いた FEA によって横リブスリット端のまわし溶接部に生じる HSS を，荷重レーンを変化させながら荷重の走行を模擬し，HSSの橋軸直角方向の影響線を作成している．一方，実橋で橋

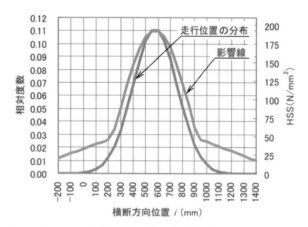

図 1-6 HSS の橋軸直角方向影響線と実橋計測による車両走行位置頻度分布[1.9] を改変（一部修正）して転載

軸直角方向の車両走行位置を計測し，その頻度分布を作成している．そして，HSS の影響線のピーク位置と走行位置頻度分布のピーク位置が一致する状態が最も疲労に対して厳しくなると想定し（**図 1-6**），その状態での疲労寿命予測を行っている．同文献では**図 1-2** に示した試験体による疲労試験を実施しており，その結果による HSS 範囲と疲労寿命との関係，また実橋での軸重計測をあわせて次式で疲労寿命を予測している．

$$\Delta \sigma_a{}^m \cdot N_e = \sum_i \left(\sigma_i{}^m \cdot P_i \right) \cdot N_r \tag{1.1}$$

ここで，σ_a は疲労試験状態を模擬した数値解析における着目箇所の HSS，m は疲労強度曲線の傾きを表すための定数（=3），N_e は疲労試験での載荷回数，σ_i は橋軸直角方向の影響線から得られる，ある橋軸直角方向位置 i での HSS，P_i は走行位置頻度分布から得られる走行位置 i での分布相対度数，N_r は軸重 98 kN 換算軸数としている．上式を N_r について解けば軸重 98 kN 換算軸数としての疲労寿命が得られる．その結果として，改良構造でき裂が確認

されなかった 400 万回の載荷が，阪神高速道路の神戸線では約 77 年，湾岸線では約 99 年に相当するとしている．

文献 1.20)では，モンテカルロシミュレーションによる疲労寿命予測を試みている．対象箇所は縦リブと横リブスリットとのまわし溶接部に加えて，開断面リブ交差部構造，開断面リブ交差部構造で横リブスリットを排し，縦リブ全周を横リブと溶接した構造も含めている．シミュレーションでは HSS の影響面（**図 1-7**）を用い，実橋計測データに基づく車種，軸重，走行位置の各頻度分布に従うようランダムに発生させた車両が引き起こす HSS の時刻履歴を作成し，レインフロー法により HSS の応力範囲頻度分布を求め，疲労強度曲線の傾きを表すための定数を 3 と仮定して累積疲労損傷比を計算している．また車両走行位置は頻度分布のピーク位置が縦リブ軸心上となるケース，隣接する縦リブとの中間上となるケース，さらに分布幅が広い／狭いケースなど複数を試行している．その結果，**図 1-8** に示すように，縦リブと横リブスリットとのまわし溶接部に着目した場合，走行位置頻度分布を標準偏差にして 330 mm とした広いケースでは影響面のピーク位置と走行頻度分布のピーク位置がずれた位置において疲労寿命が最も短くなったとしている．これは，対象箇所の影響面における引張ピークと圧縮ピークの位置が橋軸直角方向にずれており，車両走行位置頻度分布のピークが影響面の最大／最小ピークの中間になる場合に最大ピーク・最小ピークの差分である最大応力範囲が生じやすくなるためと考えられている．このことから，縦リブと横リブ交差部の疲労寿命には一つの車両と後続する車両との複合作用が影響する場合があるとしている．

1.2 開断面リブに対する既往の研究の整理
1.2.1 疲労き裂の発生要因分析

文献 1.3)では，縦リブにバルブリブを用いた鋼床版橋梁

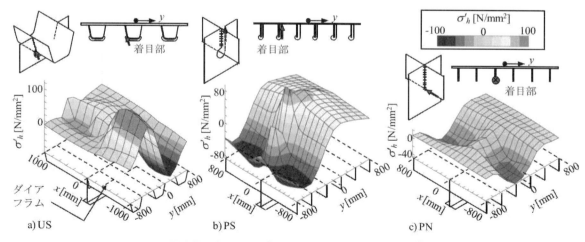

図 1-7 ホットスポット応力（HSS）の影響面[1.19]

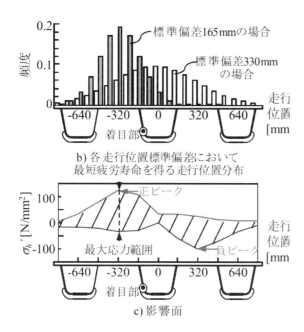

b) 各走行位置標準偏差において最短疲労寿命を得る走行位置分布

c) 影響面

図1-8　車両走行位置頻度分布幅ごとでの疲労寿命が短くなる頻度ピーク位置[1.20]

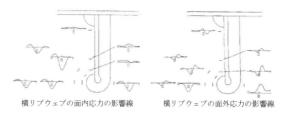

図1-10　横リブウェブの面内・面外応力の影響線[1.3]

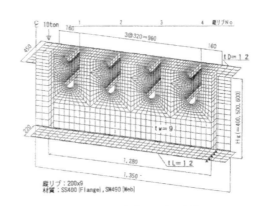

図1-11　解析モデル[1.21]

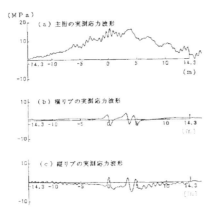

(a)　対象橋梁とひずみゲージ貼付位置（単位：mm）

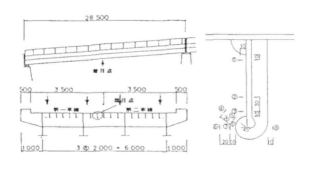

(b)　応力計測結果

図1-9　実橋での応力計測[1.3]

表1-1　比較検討モデル一覧[1.22]

を対象に応力計測を行い，図1-9に示す主桁，横リブ，縦リブの応力波形について，支間全長にわたる主桁系の応力変動と荷重が直上に載った際の局所的な応力変動に着目して考察している．そして，横リブの応力はほとんどが床版作用によるものであり，桁作用によるものはほとんどないこと，また縦リブの応力は桁作用によるものと床版作用によるものが混在しているが，前者は後者に比べて小さいことを示している．また，その実測応力を基に縦リブと横リブ交差部の応力影響線を逆算した結果，対象橋梁の横リブの影響線長は10m程度であり，縦リブと交差する近傍の横リブウェブには面内方向と同程度の面外曲げ応力が生じると報告している（図1-10）．さらにFEAにより，横リブとの交差部に生じる面外曲げ応力は，デッキプレートの鉛直軸周りの回転によるものが大きいことを推定している．

文献1.21)では，開断面リブを用いた鋼床版横リブのスリット部のうち，輪荷重直下に位置しないスリット部を対象としたFEA（図1-11）により，まわし溶接近傍の局部応力を検討している．その結果，横リブに設けられるスリット自由縁には，せん断変形に伴い，断面欠損を考慮したせん断応力度の約3～5倍以上高い応力が発生することを示している．また，スリット上端のデッキプレートとの取合部には，スリット自由縁よりも約20～25%程度高い応力集中が生じており，特にデッキプレートには高い面外曲げ応力が発生し，スリット間において応力の交番が

生じることが報告されている．

文献1.22)では，開断面リブ鋼床版橋梁の全橋モデルによるFEAを行い，スカラップ半径や横リブ高さの構造詳細の違いが着目部位の変形挙動や局部応力に与える影響の検討を行っている（**表1-1**）．その結果，交差部の疲労き裂の発生に対する横リブ高さの影響は小さく，スカラップ半径の大きさがき裂の発生に及ぼす影響は大きいことが示されている．また，スリット下部溶接部においても高い応力域が横リブ母材の広範囲に広がり，まわし溶接近傍ではスリット上端と同程度の応力状態であること，横リブでは橋軸直角方向に輪荷重位置が変わることにより，交番する局部せん断変形が生じることを示している．そして，これにより上側スカラップ付近の応力変動が大きくなり，デッキプレートと横リブの溶接部には交番応力が生じるとしている．

以上のように，開断面リブの縦リブと横リブ交差部に生じる疲労損傷は，局部的な変形に伴い生じる局部応力に起因するため，疲労強度評価についても縦リブなどの公称応力ではなく，溶接部近傍の局部応力により評価することが適切であることがわかる．

疲労き裂の発生要因の分析に関しては，き裂の発生状況の分析も行われている[1.23)-1.25)]．文献1.24)では，バルブプレートと横リブ（ダイアフラム）交差部に発生したき裂損傷の分析を行っている．首都高速道路では交差部に発生したき裂損傷について，全損傷数のうち71%が横リブ（ダイアフラム）交差部における損傷であること，それを発生部位で整理すると，ダイアフラムが12%，横リブが88%であり，ダイアフラム交差部より部材数が多い横リブ交差部でのき裂が多く報告されている．

文献1.25)では，平成19年度（2007年）までの首都高速道路の点検結果に基づき，スカラップ半径別に径間当たりの損傷数を整理した結果，スカラップ半径が30 mm以上となると径間当たりの損傷数が急激に減少し，42mm以上では損傷がみられなかったことを報告しており，その要因としてスカラップ半径を大きくすることで溶接施工性が改善され，疲労耐久性が向上すると推測している．

1.2.2 疲労試験による疲労強度評価

文献1.26)では，開断面リブの縦リブと横リブ交差部の疲労強度について，実験的な検討が行われている．試験体の寸法と形状を**図1-12**に示す．試験体は実物大（長さ1,000 mm，幅4,000 mm，高さ1,000 mm）としている．試験体には横リブを中央に1本のみ，バルブプレートを実物と同様に左右対称に8本設けている．載荷は同図中に示すように，横リブスパン中央に対して左右対称の横リブ直上とし，橋軸直角方向に移動させたD-1～D-5の計5

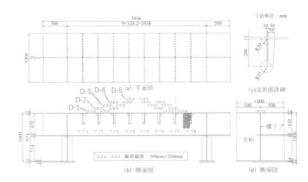

(a) 試験体の形状と寸法および載荷位置

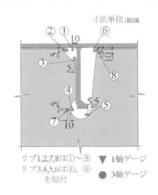

(b) ひずみゲージ貼付位置

図1-12 疲労試験概要[1.26)] を改変（一部修正）して転載

パターンで静的載荷試験を行っている．載荷には，ダブルタイヤ2組を想定し，厚さ40 mm，大きさ200 mm×200 mmのゴム板を4枚用いて（D-5のみゴム板2枚），載荷梁を介して200 kNの荷重を載荷している．

静的載荷の結果，縦リブの横リブスリット側に載荷すると，横リブウェブスリット開口部のせん断変形により，スリット上下部の溶接部に引張応力が生じること，また，その引張応力の大きさはスリット上部溶接部の方がスリット下部より大きいとしている．

さらに，載荷位置をD-1として，下限荷重を20kNとして荷重範囲280 kNで疲労試験を実施した結果，**図1-13**に示すように横リブスリット上部溶接部の横リブコバ面側止端部から疲労き裂が発生し，溶接部を斜め上方に横切り，デッキプレートまで進展したこと，デッキプレートに進展後，橋軸方向に向きを変えて進展したことを報告している．なお，スリット下部では疲労き裂の発生はみられていない．

スリット下部溶接部近傍の④とスリット上部溶接部近傍の⑥（**図1-12(b)**）で計測されたひずみ値により疲労寿命を整理した結果，**図1-14**に示すように，スリット上部溶接部の疲労強度は，疲労き裂発見寿命N_dではJSSC-F等級，デッキプレートへの進展寿命N_DではJSSC-D等級，デッキプレート貫通寿命N_pではJSSC-C等級以上であり，スリット下部溶接部では，疲労き裂発見寿命N_dでは

図1-13 リブ1のスリット上部に生じた疲労き裂の進展状況[1.26]

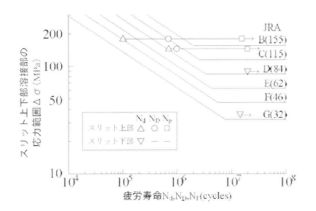

図1-14 スリット溶接部の応力範囲と疲労寿命[1.26]

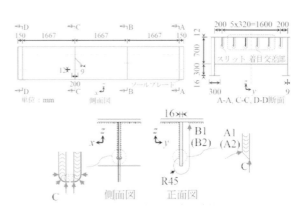

図1-15 モデル寸法および交差部の構造詳細[1.12]

JSSC-D等級以上であるとしている．

1.2.3 FEAによる影響面の検討

開断面リブの縦リブと横リブ交差部に生じる溶接止端部の応力と荷重位置の関係について，影響面による評価が行われている[1.12),1.27]．文献1.12)では，縦リブに平リブを用いた縦リブと横リブ交差部を対象に，輪荷重位置と溶接止端部に発生する応力の関係を解析的に検討している．モデル寸法と交差部の構造詳細を**図1-15**に示す．交差部のスリット形状は，スリット下端での疲労損傷を抑制するために半径を45 mmとしている．**図1-16**に示すように4節点低減積分シェル要素を用いてモデル化し，着目溶接止端部近傍では溶接部の板厚を増厚し，剛性の変化を可能な範囲で表現している．

着目溶接止端部は，縦リブと横リブとの溶接部の横リブ側止端部をA，縦リブ側止端部をC，横リブとデッキプレートとのまわし溶接部の横リブ側止端部をBとしている．なお，止端Bと対になるデッキプレート側止端部は，疲労き裂の発生がほとんど報告されていないため，着目対象から除外している．

荷重はT荷重を参考に100 kNとし，**図1-17**に示すダ

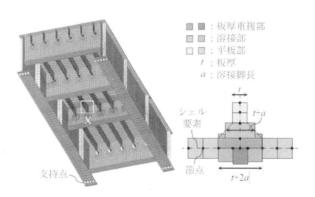

図1-16 解析モデル[1.12]

ブルタイヤを模した接地面へ等分布荷重で与えている．荷重の載荷位置は，橋軸および橋軸直角方向に移動させている．荷重の橋軸方向の位置は，縦リブと横リブ交差部を0として±800 mmの区間を100 mmピッチで，橋軸直角方向の位置は，解析モデルの中心を0として±800 mmの区間を160 mmピッチで移動させている．

縦リブと横リブ交差部の溶接止端部の応力の評価には，HSSにJSSC指針2012改定版[1.28]の面外曲げ成分の応力

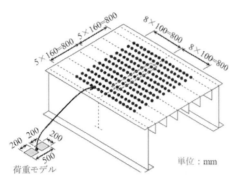

図1-17 載荷位置[1.12]

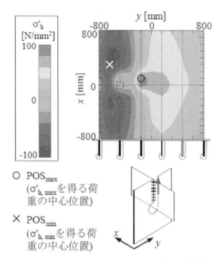

図1-18 止端B2のHSS影響面[1.12]

範囲を4/5倍する補正と，同指針の疲労強度に対する板厚の補正係数 $C_t (= \sqrt[4]{25/t}$，t：板厚(mm)$)$ を発生応力側に準用した次式を用いて算出している．

$$\begin{aligned}
\sigma_h &= 3.0\sigma_{4mm} - 3.0\sigma_{8mm} + 1.0\sigma_{12mm} \\
\sigma_h' &= (t/25)^{0.25}(\sigma_{h,m} + 0.8\sigma_{h,b}) \\
\sigma_{h,m} &= (\sigma_{h,obv} + \sigma_{h,rev})/2 \\
\sigma_{h,b} &= (\sigma_{h,obv} - \sigma_{h,rev})/2
\end{aligned} \quad (1.2)$$

ここで，$\sigma_{h,m}$，$\sigma_{h,b}$ はそれぞれ，HSS の膜応力，曲げ応力成分であり，$\sigma_{h,obv}$，$\sigma_{h,rev}$ はそれぞれ表面，裏面のHSSである．

荷重位置と溶接止端部位置の HSS との関係（影響面）を図1-18に示す．影響面の x，y 軸はダブルタイヤの荷重の中心位置，z 軸は着目溶接止端部について算出したHSSの最大，最小値の絶対値が大きい方としている．図中の○，×はそれぞれ最大，最小のHSSの位置を示している．図より，最大，最小のHSS発生位置は，橋軸直角方向に異なっており，実橋の溶接止端部に発生しうる応力範囲は定点疲労載荷試験や輪荷重走行試験では再現できないとしている．

1.3 疲労照査法

縦リブと横リブ交差部の疲労強度には，輪荷重走行位置の橋軸直角方向のばらつきや舗装など種々の影響があるため，実橋の横リブ交差部がおかれる状況を疲労試験で模すことは非常に困難であり，疲労照査には工夫が必要である．一つの手法としては，前述のように，対象箇所の応力影響面を算出（もしくは測定）し，そこから実橋で生じうる最大応力範囲を検討し，その応力範囲が疲労強度曲線と比較して十分に小さいことを確認する方法が考えられる．ただし実橋では，頻度は低いものの設計軸重を超える軸重が通過することがあり，また縦リブと横リブ交差部はその影響面の範囲が比較的狭いことから車両単位ではなく軸単位で応力が増減し，繰返し回数も多くなるため，注意が必要である．一方で，応力影響面を用い，車両データとあわせて疲労寿命を予測することも試みられている[1.9),1.19),1.20),1.29)-1.31)]．以下に疲労照査に資する考え方を既往文献からまとめる．

1.3.1 荷重条件・境界条件

縦リブと横リブとの溶接部に発生する応力が最大となる載荷位置は横リブ交差部から離れた位置となる場合があるため[1.5)]，疲労評価に用いる荷重位置の選定が重要といえる．前述の既往の研究の多くが，疲労試験もしくは局部応力の算出に用いる荷重条件を事前に検討している．

その疲労評価には単純化した，例えば横リブ1本とその前後数百mmずつを抽出したようなモデルでは不十分と考えられる．一方で，橋梁全体の挙動については縦リブと横リブ交差部の応力に及ぼす影響はそれほど大きくないとの指摘もある．文献1.32)では，FEAを用いて中央支間60mの3径間連続箱桁鋼床版橋をモデル化し，デッキプレート，縦リブ，横リブの諸元が交差部の応力に及ぼす影響について検討されている．そのなかで主桁フランジ下面を固定した場合を解析した結果による交差部の縦リブ側応力は，主桁のたわみを再現した基本モデルに対して1～5%程度の減少であったと報告している．また，少なくとも試験的検討において，橋梁全体構造を模擬した試験体を製作することは現実的でない．前述の既往の試験的研究も横リブ3から4本程度，すなわち縦リブ2から3径間程度をモデルに含め，横リブをプレートガーダー断面の擬似的な主桁に接続し，主桁を単純支持しているケースが多い．ただし，さらに大型の試験体を用いた事例もある[1.33)]．

1.3.2 評価応力

縦リブと横リブ交差部は形状が複雑で，かつ応力状態も一様ではないため，着目箇所近傍の局部応力によって評価する必要がある．古くは縦リブに発生する公称応力

を評価応力とし，縦リブと横リブとのすみ肉溶接を十字継手とみなして疲労照査することが示されていたが[1.34]，現行の道路橋示方書[1.35]にその記述はなく，構造詳細による疲労設計が提供されているのみである．

局部応力の算出方法は種々あるが，ここでは，前述のHSSを用いる．溶接継手部での局部応力は，部材断面に働く公称応力とそれに加わる溶接部近傍の応力増加分からなり，さらに応力増加分は(i)継手形状による増加分と(ii)溶接部の局部形状による増加分があるといわれており[1.36]，HSSは(i)までに対応する応力である．

HSSは着目する溶接止端部からわずかに離れた複数位置（以下，参照点）の表面応力を止端部位置まで外挿して算出する．参照点の位置については種々の提案があるが，国際溶接学会の疲労設計指針（以下，IIW指針）[1.37]では図1-19のように提案されている．図中（a）は板表面の溶接止端部から生じるき裂に着目する場合を示しており，止端部から板厚 t の 0.4, 1.0 倍だけ離れた位置の表面応力から直線外挿する方法を，図中（b）は板端面の溶接止端に着目する場合を示しており，板厚によらず所定の距離だけ離れた3点の表面応力から2次曲線外挿する方法である．ただし同指針はモデル化等の詳細により複数の算出方法を提案しており，この図はそのうちの一つである．この参照点位置は縦リブと横リブ交差部に関する既往の研究でも用いられている．

1.3.3 疲労強度曲線

評価応力としてHSSを用いる際の疲労強度曲線はいくつかの設計基準，指針等に提案がある．JSSC指針2012改定版[1.28]では非仕上げE等級，止端仕上げD等級が提案されている．IIW指針ではFAT90もしくはFAT100，すなわち $2×10^6$ 回疲労強度が 90 N/mm^2 もしくは 100 N/mm^2 となる疲労強度曲線が提案されている．

本項では，HSSを用いた際の縦リブと横リブ交差部の疲労強度曲線を調査するため，既往研究の集約も試みた．ただし対象き裂は，複数の既往データが手に入る縦リブと横リブスリットとのまわし溶接部の縦リブ側溶接止端部に限定している．まず，疲労試験結果とHSSとの両者が提供されている文献[1.9),1.14),1.30),1.31),1.38),1.45]，もしくは既往の疲労試験をFEAにより再現してHSSを算出したもの[1.39]を収集した（表1-2）．表には各文献で用いられた疲労試験および有限要素モデルの情報もまとめた．なお，HSSの参照点位置にわずかな違いがあるが，その影響は軽微であると考え，結果の整理を行った．

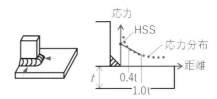

(a) 0.4t と 1.0t 離れた位置から外挿する方法

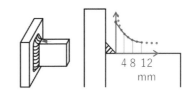

(b) 板端面の溶接止端に着目する方法

図1-19 ホットスポット応力（HSS）の参照点の例
1.37)を参考に作成

表1-2 ホットスポット応力（HSS）による疲労試験結果の整理事例一覧

No.	疲労試験				HSS算出方法		
	文献	データ数	板厚(mm) 縦リブ/横リブ	載荷方法	文献	要素	参照点位置
1	村越[1.42]	1	6/10		判治[1.39]	ソリッド	0.5t-1.0t
2	杉山[1.9]	1	6/不明		判治[1.39]	ソリッド	0.5t-1.0t
3	鈴木[1.43]	1	6/9		判治[1.39]	ソリッド	0.5t-1.0t
4	三木[1.5]	1			判治[1.39]	ソリッド	0.5t-1.0t
5	藤原[1.44]	1			判治[1.39]	ソリッド	0.5t-1.0t
6	平野[1.10]	1			判治[1.39]	ソリッド	0.5t-1.0t
7	横関[1.20]	1	6/9	定点/一定荷重	横関[1.20]	シェル	0.4t-1.0t
8	Suganuma[1.14]	1	8/不明	3連/一定荷重	Suganuma[1.14]	シェル	0.4t-1.0t
9	杉山[1.9]	1	6/不明	定点/一定荷重	杉山[1.9]	ソリッド	0.4t-1.0t
10	Zhang[1.38]	6	8/不明	定点/ステップ増大荷重	Zhang[1.38]	ソリッド	0.4t-1.0t
11	Huang[1.45]	9	8/14	定点/ステップ増大荷重	Huang[1.45]	ソリッド	0.4t-1.0t

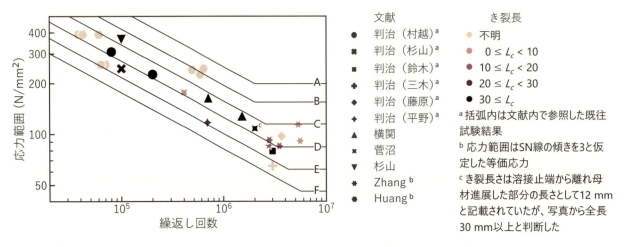

図 1-20 ホットスポット応力（HSS）による既往試験結果の整理
1.9), 1.14), 1.30), 1.31), 1.38), 1.45) を参考に作成

図 1-20 に収集したデータから描いた HSS 範囲と疲労寿命の関係を示す．なお各文献で疲労寿命として報告されている時点での疲労き裂の状態が異なるため，プロットの濃淡でき裂長も表している．プロットは 1 点を除き E 等級以上に位置している．

一方，前段で着目したまわし溶接部の縦リブ側溶接止端部以外から生じる疲労き裂については手に入るデータが限られるため，同様の整理には至っていない．例えば，開断面リブを用いた場合の交差部構造における横リブスリット上端部とデッキプレートとのまわし溶接部の疲労き裂の状態を HSS で整理したデータは，文献 1.40) に示されているが，データ数は 1 点のき裂発生と 3 点のき裂未発生のみである．

その他にも，鋼床版の縦リブと横リブ溶接部の疲労評価を目的に，継手試験結果を HSS で整理する試みがなされている[1.40),1.41)]．いずれも E 等級以上に分布する疲労データが得られている．

1.3.4 疲労寿命予測

応力影響面を用い，車両データとあわせて疲労寿命を予測することが試みられている[1.9),1.19),1.20),1.29)-1.31)]．それら既往の研究が取った計算手法は大きく 2 つに分類できると考えられる．1 つ目の方法では，橋軸直角方向の車両走行位置 x ごとにその位置を軸重 w の車軸が走行した際の疲労損傷比 $d(w,x)$ をその位置の走行が生じる確率 $p(x)$ で重みづけして積分することで，その軸重に対する走行位置頻度分布を考慮した平均的な 1 軸あたり疲労損傷比 $d_{eq}(w)$ を求めている．

$$d_{eq}(w) = \int_{-\infty}^{\infty} p(x) \cdot d(w,x) dx \quad (1.3)$$

式中の $d(w,x)$ を基準となる応力範囲 $\Delta\sigma_0$ とそれに対応する疲労寿命 N_0（例えば 2×10^6 回疲労強度），疲労強度曲線の傾きを表す定数 m，走行位置 x を軸重 w の車軸が通過した際の応力範囲 $\Delta\sigma(w,x)$ で表せば次式となる．ただし，ここでは低応力側の打切り限界を考慮していない．

$$d_{eq}(w) = \int_{-\infty}^{\infty} \frac{p(x)}{N_0} \cdot \left(\frac{\Delta\sigma(w,x)}{\Delta\sigma_0}\right)^m dx \quad (1.4)$$

この $d_{eq}(w)$ の逆数を疲労寿命に相当する車軸走行回数（ここでは $N_{eq}(w)$ とする）とし，積分を有限の走行レーン $i=1,2,\cdots$ の総和に変換すれば式(1.1)の形となる[1.9)]．同文献では軸重 98 kN を式中の w として用い，これに対応する疲労寿命を求め，さらに実橋計測から得られた 98 kN 軸重換算の軸走行頻度を用いて実橋での疲労寿命（年）を算出している．

また，縦リブと横リブ交差部に対する検討ではないが，文献 1.44) では，$d_{eq}(w)$（$N_{eq}(w)$）に相当する応力範囲 $\Delta\sigma_{eq}(w)$，すなわち軸重 w の車軸が走行した際の走行位置頻度分布を考慮した相当応力範囲の考え方を用いている．

$$\begin{aligned}\Delta\sigma_{eq} &= \Delta\sigma_0 \left(\frac{N_0}{N_{eq}(w)}\right)^{1/m} \\ &= \left[\int_{-\infty}^{\infty} p(x) \cdot (\Delta\sigma(w,x))^3 dx\right]^{1/m}\end{aligned} \quad (1.5)$$

2 つ目の方法はモンテカルロシミュレーションである[1.20),1.29)-1.31)]．シミュレーションでは，図 1-21 に示すように，実橋計測に基づいて軸重および橋軸直角方向走行位置の頻度分布モデルが作成され，その頻度分布に従ってラン

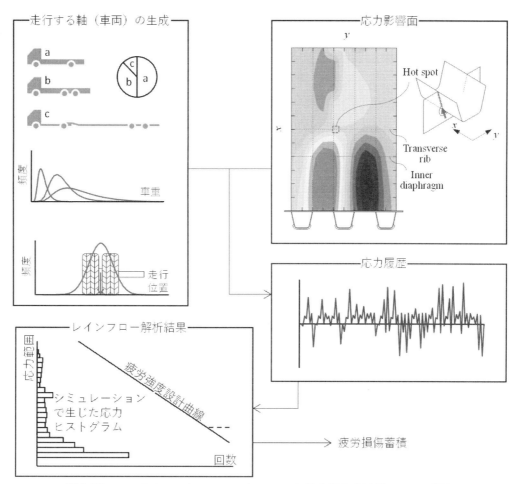

図1-21　モンテカルロシミュレーションによる疲労寿命予測のフロー概要

ダムに車軸が生成されている．その車軸と別途求めた応力影響面とから，その車軸の走行による対象箇所の応力履歴を求めている．以上の過程を繰り返すことで長期にわたる応力履歴を得て，応力履歴からレインフロー法により応力範囲頻度分布を求め，各応力範囲によって生じる疲労損傷比の総和を計算している．このようにして求めた累積疲労損傷比が1となる，すなわち疲労寿命として予測される車軸走行回数を算出することができる．なお文献1.20),1.31)では軸重を決定するプロセスがさらに細分化され，3種の車両モデルから車種割合に従うようランダムに車両モデルが選択され，車種ごとの車重頻度分布を用いて車重をランダムに決定し，車重の各軸への分配比率に従って軸重が決定されている．この手法では各軸によって生じる応力の重ね合わせも考慮されている．

車両走行位置の橋軸直角方向分布の計測事例はいくつかあるが[1.46)-1.48)]，いずれの例でも正規分布状を示している．文献1.48)はさらに，その分布は道路幅員にも依存することを指摘している．

第2節　デッキプレートと垂直補剛材の溶接部の疲労強度

デッキプレートと垂直補剛材の溶接部における疲労損傷は1980年代から報告されており，1990年版の「鋼床版の疲労」[2.1)]では，構造改良検討のために実施された疲労試験の一例が紹介され，疲労照査に関しては公称応力が算出できずFEAにより止端部の局部応力を把握できる継手に分類されている．そして，2010年版の「鋼床版の疲労」[2.2)]では，疲労き裂の発生原因や補修・補強方法，予防保全方法の検討のために実施された，数多くの実橋載荷試験や疲労試験の結果を比較し，き裂の発生要因と実橋の応力状態に関する分析が試みられている．また，実橋の応力頻度計測結果も整理されているが，疲労試験結果から得られた疲労強度と頻度測定結果を結び付けて実橋の寿命を定量的に評価した事例は示されていない．その後も，疲労に関する多くの検討結果が報告されているが，現在も実橋の疲労強度評価法の確立には至っていない．

本節ではこれまでに報告された検討のうち，実橋の疲労強度評価への関連性が高いと考えられる内容について，最近の報告を中心にいくつかの事例を紹介する．

2.1 疲労試験体による検討と疲労強度評価

文献 2.3)では，図 2-1(a)に示す加振機を用いた疲労試験機による疲労試験（板曲げ振動疲労試験）により，デッキプレート側溶接止端部から発生するき裂の疲労強度を評価している．疲労試験機のシステム上，き裂が長くなると応力範囲が漸増していくため，試験体に貼付したひずみゲージにより載荷中の応力を記録し，等価応力範囲を求めている．ひずみゲージの貼付位置は，まわし溶接の先端から 10 mm または 12 mm の断面で，試験体中央（補剛材板厚中心）およびそこから左右 75 mm 離れた位置である（図 2-1(b)）．

なお，試験体中央のゲージには垂直補剛材による構造的な応力集中の影響が含まれるとし，左右 75 mm の 2 枚のゲージのひずみから計算される応力範囲を用いて疲労試験結果を整理している．また，疲労試験の応力比 R≒-1 となるが，着目部の引張の残留応力により完全引張の疲労試験になると推察している．疲労試験体の種類と試験結果を図 2-2(a)〜(c)に示す．疲労試験は，半円切欠きとグラインダー処理の効果確認を目的に実施されており，図中のシリーズ 1 と 2 は垂直補剛材の板厚，板幅，溶接脚長を 12mm，100mm，6mm と 14mm，170mm，4mm とした試験体の結果である．また，シリーズにより半円切欠きの設置位置と形状を変えている．図 2-2(b)は疲労寿命を溶接止端部にき裂が発生したときの繰返し数 N_{toe} とした結果，図 2-2(c)は疲労寿命をき裂が溶接止端部から離れて主板に 10 mm 程度進展したときの繰返し数 N_{10} により評価した結果である．双方とも公称応力に近い参照応力で整理された疲労試験結果であるが，実橋の応力状態と関連付けることにより，疲労強度評価に適用できる可能性がある．

文献 2.4)では，デッキプレートと垂直補剛材の溶接部に発生する疲労き裂を図 2-3 に示すよう 4 種類，すなわちデッキプレート側溶接止端から発生してデッキプレート

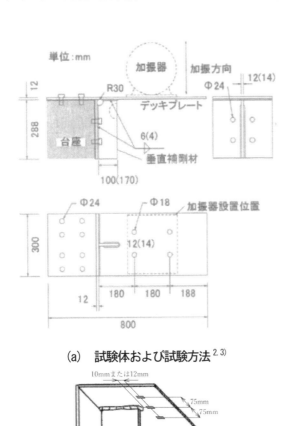

(a) 試験体および試験方法[2.3)]

(b) ひずみゲージの貼付位置

図 2-1 疲労試験の概要

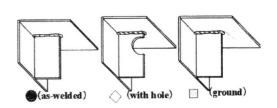

(a) 疲労試験体の種類とシンボル

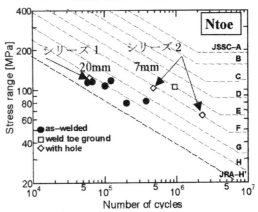

(b) N_{toe}で整理した試験結果

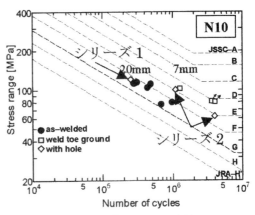

(c) N_{10}で整理した試験結果

図 2-2 疲労試験結果のまとめ[2.3)]

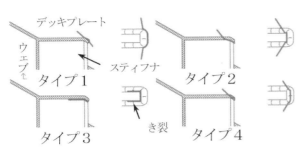

図 2-3 疲労き裂の分類[2.4]

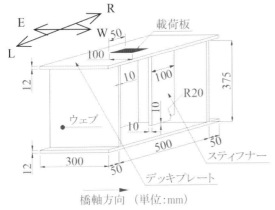

図 2-4 部材試験体[2.4]

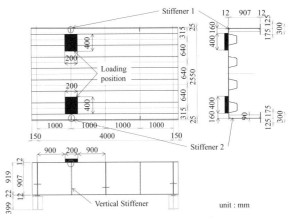

図 2-5 パネル試験体[2.5]

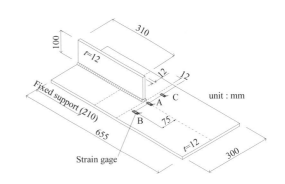

図 2-6 継手試験体[2.5]

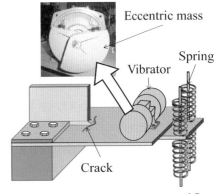

図 2-7 板曲げ振動疲労試験[2.5]

に進展するき裂（タイプ1），垂直補剛材側溶接止端から発生してデッキプレートに進展するき裂（タイプ2），垂直補剛材側溶接止端から発生して溶接止端に沿って進展するき裂（タイプ3），溶接ルート部から発生してデッキプレートに進展するき裂（タイプ4）に分類している．そして，図2-4に示す形状の部材試験体を用い，溶接形状をパラメータとした疲労試験により，これらのき裂を再現している．さらに，FEAにより有効切欠き応力（ENS）の概念を用いて破壊起点に対する検討を行い，溶接ルート部が疲労破壊の起点となるのは，溶接脚長が小さく，ルートギャップが大きい，すなわち溶接のど厚が極端に小さい場合である可能性を示している．この検討ではENSをき裂の起点の判定に使用しているが，疲労試験結果を蓄積することにより，疲労強度評価に適用できる可能性がある．

文献2.5)では，図2-5に示すパネル試験体を用いた定点載荷疲労試験と図2-6に示す面外ガセット溶接継手試験体を対象とした板曲げ振動疲労試験（図2-7）が実施されている．どちらの試験もデッキプレート側溶接止端部から発生するき裂を対象として実施され，き裂が再現されている．疲労試験結果は，溶接止端部から橋軸直角方向に12mm，橋軸方向に75mm離れた位置の橋軸直角方向ひずみを用いた公称応力を定義し整理している．公称応力は，パネル試験体では平面ひずみ状態を仮定してひずみ値に$E/(1-\nu^2)$を乗じた応力（E：弾性係数，ν：ポアソン比），継手試験体ではひずみ値にEを乗じた値である．そして，パネル試験体における公称応力範囲は下限荷重を10kNとし，荷重範囲ΔP=90kNとした補剛材で63.4N/mm^2，荷重範囲ΔP=110kNとした補剛材で86.6N/mm^{2}であったことが示されている．疲労試験結果は，継手試験体と比較してパネル試験体の疲労強度がやや高いことが示されているが，板曲げ振動疲労試験による面外ガセット形式の継手試験体の検討[2.6)-2.8)]と鋼床版パネルの応力状態を比較する際に参考となる．

文献2.9)と2.10)では，デッキプレートと垂直補剛材の溶接部を模した部材試験体を用いた疲労試験が実施され，

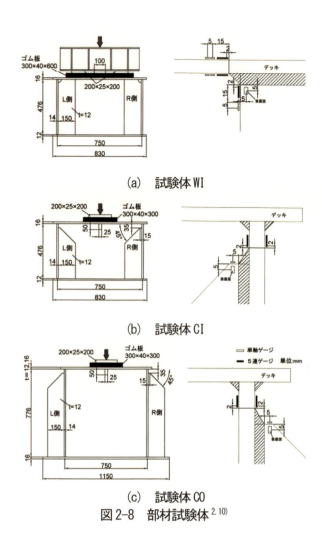

(a) 試験体 WI

(b) 試験体 CI

(c) 試験体 CO

図 2-8 部材試験体[2.10]

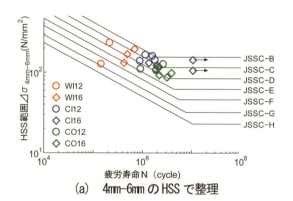

(a) 4mm-6mm の HSS で整理

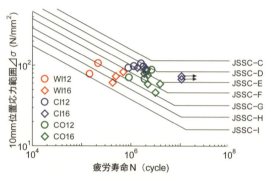

(b) 止端から 10mm 位置の応力で整理

図 2-9 疲労試験結果[2.10]

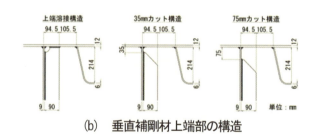

(b) 垂直補剛材上端部の構造

図 2-10 パネル試験体[2.13]を基に改変転載（一部加筆して作図）

図 2-11 載荷試験状況[2.13]

垂直補剛材上端部をデッキプレートに溶接した従来の構造（以下，上端溶接構造）と，この溶接を省略してデッキプレートとの間にギャップを設けた構造（以下，上端カット構造）の疲労強度評価が行われている．図 2-8 に疲労試験体を示す．デッキプレート厚は 12mm と 16mm で，試験体の寸法や形状，および載荷方法は，後述のアスファルト舗装を有する鋼床版パネルの FEA[2.14]に基づき，垂直補剛材溶接部の応力が最大となる状態を再現できるように設定されている．上端溶接構造は，輪荷重が箱桁内に載荷されることを想定した試験体（WI）である．上端カット構造は，垂直補剛材と主桁ウェブのまわし溶接部先端に対し，輪荷重が箱桁内に載荷されて発生する圧縮を模擬した試験体（CI）と箱桁外に載荷されて発生する引張を模擬した試験体（CO）の 2 種類である．図 2-9 に疲労試験結果を示す．疲労寿命は，まわし溶接部の母材側止端から発生し，溶接止端に沿って進展したき裂の左右の先端の何れかが母材に進展した時点の繰返し数である．図 2-9(a) は止端から 4mm と 6mm 位置のひずみから算出される HSS[2.11]，図 2-9(b) は止端から 10mm 位置の応力で整理されている．この結果より，HSS で整理した結果については 3 種類の試験体を一本の疲労強度曲線で評価すると上端カットの試験体（CI，CO）は安全側になること，止端から 10mm 位置の応力で整理すると，2 種類の上端カットの試験体は，平均応力の影響[2.12]の考慮により一本の疲労強度曲線で整理できる可能性があること等が示されている．これらは実橋での適用を想定した評価であり，上端

カット構造の疲労強度曲線を用いた実橋に対する疲労照査の試行については**第5章 第3節**に示すが，更なるデータの蓄積による疲労設計曲線の構築や評価応力に関する検討が望まれる．

文献 2.13)では，**図 2-10** に示す上端溶接構造と上端カット構造を有するパネル試験体を用い，載荷台車による静的載荷試験を実施している（**図 2-11**）．輪荷重の影響範囲は，アスファルト舗装がない状態での計測ではあるが，主桁ウェブ中心位置からダブルタイヤ中心位置までの橋軸直角方向の距離を x として，垂直補剛材が接合された側を正の値とすると，上端溶接構造では $x=-600\sim1,000$ mm 程度，上端カット構造では $x=\pm1,000$ mm 程度であることが示されている．ここで得られた輪荷重の橋軸直角方向の影響範囲は荷重の走行シミュレーションを実施する際などに参考となる．

また，上端溶接構造のデッキプレート側溶接止端部と上端カット構造のウェブ側溶接止端部に着目し，2種類のHSSと止端から10mm位置の応力を用いて，橋軸直角方向の走行位置のばらつきを考慮した疲労損傷度による疲労寿命の相対評価も行われている．この評価では，評価応力によって，走行の平均位置や上端カットの有無が疲労寿命に及ぼす影響が異なっており，適切な評価応力に対する検討が必要であることがわかる．

2.2 鋼床版パネルを対象としたFEAによる検討

文献 2.14)では，**図 2-12** に示す鋼床版パネルに対するFEAにより，ダブルタイヤの走行を模擬した検討が実施されている．具体的には，デッキプレートと垂直補剛材の溶接部の応力性状に各種構造パラメータが及ぼす影響の確認と，上端カット構造による疲労強度改善効果に関する検討が行われている．解析パラメータは，主桁ウェブと第1縦リブ間の距離 $\bar{b}$（200，250，300mm）と垂直補剛材寸法（150mm×12mm，190mm×15mm，110mm×9mm），縦リブ支間長 ℓ（2,000，2,500，3,000mm），舗装剛性（500，1,500，5,000N/mm²），デッキプレート厚 t_d（12，16mm）である．解析は線形弾性解析で，ソリッド要素を用いて溶接部もモデル化されている．着目部近傍の要素サイズは1mm×1mm×1mmであり，要素応力で評価が行われている．

上端溶接構造を対象とした解析結果では，$\bar{b}$ と垂直補剛材寸法については，垂直補剛材先端から第1縦リブ間の距離 b_1 で整理を行い，b_1 が小さい場合には発生応力が大きくなる一方，b_1 が 100～150mm 程度を超えると発生応力が増加に転じる可能性が示唆されている．また，縦リブ支間長 ℓ については 500mm の増減で発生応力が 20%増

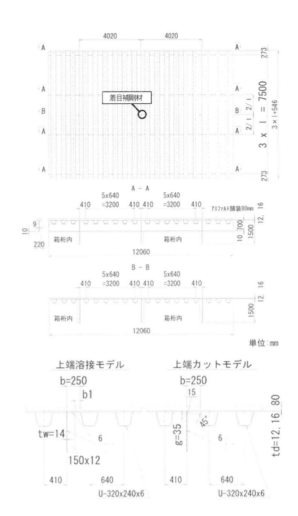

図 2-12 解析対象とした鋼床版パネル
2.14)を基に改変転載（一部加筆して作図）

減すること，舗装剛性の増加とデッキプレート厚の増厚は垂直補剛材側止端部と比較してデッキプレート側止端部の応力緩和に有効であることなどが報告されている．

そして，上端カット構造による疲労強度改善については，FEAで求めた荷重走行時の応力範囲の橋軸直角方向の影響線に対して，輪荷重の走行位置の頻度分布を標準偏差150mmの正規分布と仮定し，疲労強度曲線の傾きを表すための定数 $m=3$ として疲労損傷度を算出している．その結果，平均走行位置が主桁ウェブ直上あるいは箱桁内の場合には，上端カット構造により疲労寿命は4～50倍になることが示されている．また，平均走行位置が箱桁外に載荷される場合には，上端溶接構造と上端カット構造の疲労寿命に大差がないことも示されている．

この検討では，疲労損傷度を用いた疲労寿命の相対比較が行われているが，**図 2-9** に示したような疲労強度曲線がアスファルト舗装を有する場合にも適用できることがわかれば，疲労寿命による比較も可能となる．

2.3 実橋の応力頻度計測と疲労強度評価

2010年版の「鋼床版の疲労」[2.2)]では，6橋に対する10

鋼構造シリーズ40　鋼床版の維持管理技術　〜補修補強・疲労強度評価・床版取替への適用〜

表2-1　実橋の応力頻度計測 [2.2),2.15)-2.25)] を参考に編集作成

(a)　対象橋梁

文献	供用年数	き裂発生の有無	デッキプレート厚(mm)	舗装厚(mm)	垂直補剛材サイズ	横リブ間隔(mm)	桁ウェブから第1縦リブまでの距離(mm)	日交通量(台/日・車線)[※1]	大型車混入率(%)[※1]	備考
2.15)~2.17)	約15年	有り	12	65	150×9mm	3,750	300	25,000	15	
		有り	12	65	185×10mm	5,000	465	25,000	15	コナープレート有
2.18),2.19),2.20)	約20年	有り	12	40(+防水層10mm)	180×9.5mm	5,000	465	19,978(走行)	33.5	コナープレート有 垂直補剛材はバルブプレート
		有り						25,298(追越し)	19.6	
2.20),2.21)	20数年	有り	12	80	150×9mm	3,750	300	76,000(4車線)	約13.7	
2.22)	20数年	有り	不明	不明	不明	不明	不明	不明	不明	
2.23),2.24)	13年	無し	12	80	170×13mm	2,675	230	40,000(3車線)	約20	
					170×14mm	3,000	230			上端カット構造
2.25)	23年	有り	12	70	175×14mm	4,450	300	22,492	34	
2.25)	25年	有り	12	75	170×12mm	3,000	210	50,414(3車線)	45.2	
2.26),2.27)	12年	無し	12	80	200×16mm	2,343	240	25,000(2車線)	15.4	
2.20),2.28)	16年	有り	12	80	150×13mm	2,500	200	25,000(3車線)	14[※2]	
本書第5章第3節	11年	無し	12	80	150×12mm	2,500	250	15,284(2車線)	6.5	上端カット構造

※1：計測時直近の値
※2：車両総重量8t以上の大型バスおよび大型貨物車、セミトレーラーを大型車と定義

(b)　計測結果

文献	計測時期	計測期間	ゲージ添付位置	デッキプレート側(上端カットはウェブ側) 最大応力範囲(N/mm²)	等価応力範囲(N/mm²)	日繰返し数	等級	年	垂直補剛材側 最大応力範囲(N/mm²)	等価応力範囲(N/mm²)	日繰返し数	等級	年
2.15)~2.17)	不明	24hr	止端10mm	不明	37.2	1,052	F	28	不明	44	1,056	F	17
				–	–	–	F	–	不明	48	1,051	F	13
	不明	24hr	止端10mm	不明	29.2	1,058	F	57	–	–	–	F	–
2.18),2.19),2.20)	1月	24hr	止端10mm	211.7	69.9	11,780	E	1	–	–	–	–	–
					55	4,987	E	3	–	–	–	–	–
2.21)	不明	24hr	材縁15mm	不明	不明	不明	F	2	不明	不明	不明	E	5
2.22)	11月	48hr	止端10mm	–	–	–	–	–	不明	40	1,948	F	12
	10月			–	–	–	–	–	不明	12	2,775	F	313
2.23),2.24)	10月	24hr	止端10mm	26.5	24	9	F	12,676	72	30	733	F	76
			止端10mm	61	20	1,502	G	57	–	–	–	–	–
2.25)	3月	72hr	止端5mm	76	15.9	542	–	–	125	29	2,864	–	–
2.25)	8月	72hr	止端6mm[※]	170	34.5	26,504	–	–	–	–	–	–	–
2.26),2.27)	8月	24hr	止端5mm	127.6	53	8,712	–	–	–	–	–	–	–
	12月	24hr		35	21.5	431	–	–	–	–	–	–	–
2.20),2.28)	9月	72hr	止端5mm	72	12	39,754	–	–	110	20	51,845	–	–
本書第5章第3節	9月	72hr	止端5mm	52	11.1	6,503	–	–	–	–	–	–	–
				42	7.9	8,901	–	–	–	–	–	–	–

※1：デッキプレート－閉断面リブ溶接線のデッキプレート側止端から5mm

回の応力頻度計測結果が整理されている．この結果に上端溶接構造の2橋，3回，上端カット構造の2橋，3回の計測結果を追記したものを**表2-1**に示す．応力頻度計測結果はデッキプレート側（上端カット構造ではウェブ側），あるいは垂直補剛材側の溶接止端から5mmか10mm位置に対するものが蓄積されつつある．表中のデータは古い文献から順に並べており，疲労強度評価は文献中に記載されていた結果であるが，以前はJSSC指針[2.12]の疲労強度等級のE〜G等級が仮定されていたことがわかる．一方，アスファルト舗装などの影響について精査が必要であるが，**図2-9(b)**に示した止端から10mm位置の応力で整理した疲労試験結果は，G等級を満たさないものもあり，適切な評価応力と疲労強度曲線による評価が必要である．

デッキプレートと垂直補剛材の溶接部を対象とした応力頻度計測結果は多いとはいえないが，走行位置のばらつきを含んだ実橋の疲労損傷度として，疲労強度評価の際の参考となる．測定結果については，**第5章 第3節**に示すようにFEAの併用によるアスファルト舗装の温度依存性の補完や，必要に応じた評価応力の変換のほか，過去の交通量の推移を考慮することにより，疲労強度評価の精度を上げることができる．

第3節　デッキプレートと閉断面リブの溶接部の疲労強度

閉断面リブ溶接部から発生する疲労損傷には，溶接ビード表面へ進展するビード貫通き裂と，溶接ルート部を起点としデッキプレートを貫通するデッキプレート貫通き裂の2つがある．これまでに，これらのき裂を再現した疲労試験や，デッキプレートと閉断面リブ溶接部の複雑な局部応力性状を把握することを目的とした数値解析的検討が数多く行われている．また，当該溶接継手では公

称応力を明確に定義することが難しいため，疲労強度評価のための応力（以下，評価応力）が検討されている．

本節では，デッキプレートと閉断面リブ溶接部を対象とした疲労試験結果およびFEA結果を整理するとともに，いくつかの評価応力を用いた疲労強度評価およびその算出方法について紹介する．

3.1 疲労試験による検討

ここでは，疲労試験が実施された既往の文献を紹介するとともに，疲労試験方法および各種パラメータと疲労強度との定性的な関係について整理する．

3.1.1 疲労試験方法

ビード貫通き裂およびデッキプレート貫通き裂を対象とした疲労試験は，当該溶接継手のみを模擬した試験体を用いる試験（以下，継手試験），1本または複数の閉断面リブを有する試験体を用いる試験（以下，部材試験），複数の横リブおよび主桁等を有する鋼床版パネルを用い

る試験（以下，パネル試験）に大別される．

継手試験は，試験体の交換が容易であることや，溶接部に生じる応力範囲を制御しやすいことから，効率的に試験データを蓄積できるといった利点がある．一方で，基本的にはデッキプレートまたは閉断面リブを模擬した板に曲げを作用させるものであるため，実構造との応力性状の差異が懸念される場合がある．部材試験は，閉断面リブを含む試験体に鉛直荷重を作用させることで，比較的小規模の試験体で実構造に近い応力性状を再現することができる．閉断面リブと横リブの交差部を模擬する目的で横リブが設けられることもある．パネル試験は，大規模な試験体や載荷設備が必要であるが，輪荷重の移動や床版作用も含めたより実構造に近い挙動が再現できる．

疲労試験の実施にあたっては，各試験方法の特徴を理解し，適切な試験体形状や載荷方法を選択する必要がある．また，疲労試験方法としては，ビード貫通き裂またはデッキプレート貫通き裂のいずれかの再現を目的として

表3-1 ビード貫通き裂に関する疲労試験が実施された文献一覧

文献 No.	発行年	種別	板厚構成※1	溶込み量※2 or のど厚	対象部位※3	評価応力※4
3.2)	1985	継手試験	D12U6, D12U8	5.3〜10.5mm	支間部	のど断面応力※5
3.3) 3.4)	2005 2015	継手試験	D12R6	3.6〜7.0mm	支間部	のど断面応力※5
3.5)	2009	継手試験	D12U6, D14U6 D14U8, D16U8	30, 75, 80%, Melt-through	支間部	のど断面応力※5
3.6)	2021	継手試験	D12U6	3.25〜8.27mm	支間部	ルート部の ノッチ応力
3.7)	1996	部材試験	D12U6, D16U6	記載なし	交差部 (S, N)	記載なし
3.8)	2014	部材試験 定点載荷	D36U6	平均28.3%	支間部	ルート部の 主応力
3.9)	2014	部材試験 定点載荷	D12U6, D16U6 D12U6 (両面溶接)	1.5, 4.5mm	交差部 (N)	参照応力
3.10)	1995	パネル試験 3連ジャッキ載荷	D12U6	記載なし	交差部 (S, N)	記載なし
3.11)	2006	パネル試験 定点載荷	D12U6	10〜20, 70%	支間部	ルート部の 主応力
3.12) 3.13) 3.14)	2011 2012	パネル試験 定点載荷	D12U6	0, 2, 3mm (補修溶接)	支間部 交差部 (S)	参照応力
3.15) 3.16)	2012 2015	パネル試験 輪荷重走行	D12U6	20〜40, 75%	支間部 交差部 (S)	参照応力 ルート部の 主応力
3.17)	2017	パネル試験 3連ジャッキ載荷	D12U8	2, 5mm	支間部 交差部 (S)	参照応力

※1 D：デッキプレートの板厚 (mm)，U：閉断面リブの板厚 (mm)

※2 閉断面リブ板厚方向に対する溶込み量

※3 支間部：閉断面リブ支間部，交差部：閉断面リブと横リブの交差部 (S：スカラップあり　N：スカラップなし)

※4 疲労強度評価に用いられた応力 (参照応力：溶接ビード近傍における部材表面の応力)

※5 のど厚の実測値と閉断面リブ側面の応力勾配から算出した応力

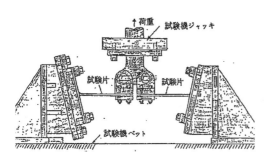

(a) 文献3.2)の試験方法

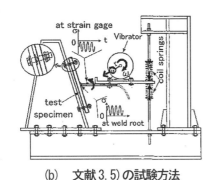

(b) 文献3.5)の試験方法

図 3-1 継手試験の例（ビード貫通き裂）

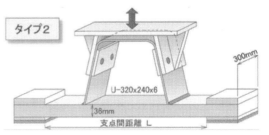

(a) 文献3.8)の試験方法

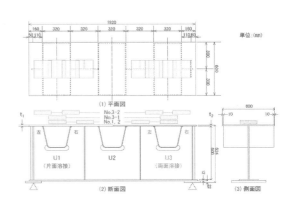

(b) 文献3.9)の試験方法

図 3-2 部材試験の例（ビード貫通き裂）

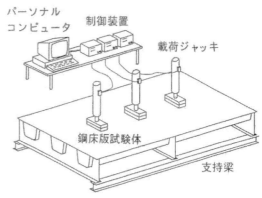

図 3-3 パネル試験の例（ビード貫通き裂）[3.10]

計画されることが多いため，ここではそれぞれについて事例を紹介することとする．

(1) ビード貫通き裂

既往の研究においてビード貫通き裂に関する疲労試験が実施された文献の一覧を**表 3-1** に示す．なお，表中の対象部位については，閉断面リブと横リブとの交差部およびその近傍を「交差部」と呼び，それ以外を「支間部」呼ぶ．

継手試験では，例えば**図 3-1** に示すようにデッキプレートを架台に固定し，閉断面リブの側面に繰返し曲げ荷重を与えることで，のど断面に曲げ応力を発生させ，ビード貫通き裂を再現している[3.1)-3.5)]．ただし，実際の鋼床版ではデッキプレートの板曲げ応力と閉断面リブの板曲げ応力および膜応力が組み合わさって発生するのに対し，この試験方法では閉断面リブ側面の板曲げ応力のみが生じるため，のど断面の応力分布が実際の鋼床版とは異なる可能性が指摘されており[3.18)]，注意が必要である．

部材試験では，**図 3-2(a)**に示すように，単体の閉断面リブとデッキプレートを溶接した試験体に対して，閉断面リブの下面側から繰返し載荷が行われている[3.8)]．事前のFEAにより，デッキプレートの板厚や固定方法を変化させると，閉断面リブの側面に生じる板曲げ応力と膜応力の比が変化することが示されている．この載荷方法ではルート部のデッキプレート側で応力が圧縮となり，ビード貫通き裂が生じる鋼床版のルート部の応力状態に近くなるとされている．実際の鋼床版の支間部では，輪荷重が移動することによってルート部の応力が正負交番する

ことを考慮し，最大荷重13.9 kN，最小荷重-86.1 kN で疲労試験が行われており，ビード貫通き裂が再現されている．また，**図 3-2(b)**に示す交差部を模擬した試験体を対象とした定点載荷の部材試験[3.9)]においても，ビード貫通き裂の再現が試みられている．

パネル試験では，定点載荷，輪荷重走行，3連ジャッキによる移動荷重模擬など様々な方法で荷重が載荷されている．橋軸直角方向の載荷位置は，ビード貫通き裂が生じやすい[3.15)]とされている溶接ビード直上載荷とした事例が多い．文献3.11)では，単一のジャッキを用いた定点疲労試験によって支間部のビード貫通き裂を，文献3.12)〜3.14)では交差部のスカラップ部におけるビード貫通き裂を再現している．**図 3-3** に示す3連ジャッキを用いる方法[3.10)]では，各ジャッキの載荷に位相差を設けることにより移動荷重を模擬しており，支間部と横リブ交差部でビ

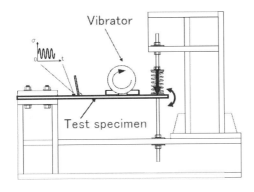

(a) 文献 3.21)の試験方法 3.21)を改変（一部修正）して転載

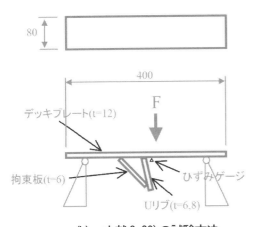

(b) 文献 3.20)の試験方法

図3-4 継手試験の例（デッキプレート貫通き裂）

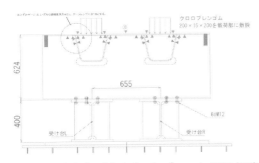

図3-5 部材試験の例（デッキプレート貫通き裂）
3.28)を改変（一部抜粋）して転載

ード貫通き裂が再現されている．輪荷重走行試験[3.15),3.16)]では，支間部と交差部の両方においてビード貫通き裂が再現されている．

このように，閉断面リブとデッキプレート溶接部に対する疲労試験は，様々な載荷方法で実施されているが，移動荷重を再現した場合，特に閉断面リブの支間部において，ルート部に生じる応力は着目断面から橋軸方向に離れた位置に載荷されているときには鋼床版の膜作用により引張応力が生じ，着目断面の直上を通過するときには局部曲げにより圧縮応力が生じる．そのため，移動荷重下ではルート部は正負交番載荷を受ける．したがって，定点載荷試験で実験を行う場合は，荷重の移動による影響を

(a) 文献 3.39)の試験方法

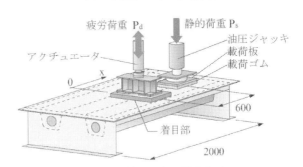

(b) 文献 3.46)の試験方法

図3-6 パネル試験の例（デッキプレート貫通き裂）

考慮した載荷方法とすることが望ましい．

(2) デッキプレート貫通き裂

既往の研究においてデッキプレート貫通き裂に関する疲労試験が実施された文献の一覧を**表3-2**に示す．

継手試験では，例えば**図3-4(a)**に示すようにデッキプレートに繰返し曲げ荷重を与えることで，デッキプレートに曲げ応力を発生させ，デッキプレート貫通き裂を再現している[3.21)]．また，**図3-4(b)**に示す方法[3.20)]では，拘束状態を実構造に近づけるために，閉断面リブを模擬した板に拘束板を設置している．ただし，実構造で支配的とされる閉断面リブ側面を支点とした負曲げ状態とは曲げ方向が異なる点に注意が必要である．

部材試験としては，**図3-5**に示すような交差部を対象とした定点載荷実験が数多く行われている．文献3.28)では，閉断面リブ2本と横リブを有する試験体を用い，それぞれの閉断面リブの内面側にシングルタイヤを模擬した載荷を行うことで，同時に4本の溶接線の疲労試験を行っている．また，試験体モデルと実大モデルのFEA結果を比較し，同疲労試験の条件は舗装を有する実橋における応力状態の一つをほぼ再現できているとしている．

パネル試験としては，**図3-6(a)**に示すような輪荷重走行試験が多く行われており，橋軸直角方向の載荷位置は，デッキプレート貫通き裂が生じやすい[3.13)]とされているダブルタイヤが閉断面リブ溶接線を跨ぐ載荷とした事例が多い．また，前述のとおり，ルート部の応力の正負交番

表3-2 デッキプレート貫通き裂に関する疲労試験が実施された文献一覧

文献No.	発行年	種別	板厚構成※1	溶込み量※2	対象部位※3	評価応力※4
3.19)	2006	継手試験	D12U8	記載なし	支間部	記載なし
3.20)	2007	継手試験	D12U6, D12U8	80%	支間部	参照応力
3.21)	2008	継手試験	D12U6, D12U8	75%	支間部	ルート部応力
3.22)	2008	継手試験	D14U8	75%	支間部	ルート部応力
3.23)	2008	継手試験	D12U6,	記載なし	支間部	参照応力
3.24)	2012	継手試験	D12U6, D16U6	75%	支間部	記載なし
3.25)	2016	継手試験	D12U6	75%	支間部	参照応力
3.6)	2021	継手試験	D12U6	3.25～8.27mm	支間部	ルート部応力
3.7)	1996	部材試験	D12U6, D16U6	記載なし	交差部 (S, N)	記載なし
3.26)	2006	部材試験	D12U8	記載なし	交差部 (S, N)	参照応力
3.27)	2008	部材試験	D12U6	記載なし	交差部 (N)	参照応力
3.28) 3.29)	2009 2010	部材試験	D12U6, D12U8, D14U6, D14U8 D16U6, D16U8, D19U6, D19U8	75%	交差部 (N)	参照応力
3.30)	2010	部材試験	D12U6	50-75%	交差部 (S)	参照応力
3.31)	2010	部材試験	D12U6, D12U8, D16U6, D16U8	75%	交差部 (N)	参照応力
3.32)	2011	部材試験	D12U6	25, 75%	交差部 (S, N)	参照応力
3.33)	2012	部材試験	D12U6	50%	支間部	参照応力
3.34)	2012	部材試験	D12U6, D16U6	75%	交差部 (S, N)	参照応力
3.35)	2012	部材試験	D12U6, D16U6	75, 100%	交差部 (N)	参照応力
3.9)	2014	部材試験	D12U6, D16U6 D12U6 (両面溶接)	4.5, 1.5mm	交差部 (N)	参照応力
3.36)	2014	部材試験	D12U6, D16U6	75%	交差部 (S, N)	参照応力
3.37)	2015	部材試験	D12U6, D16U6	75%	交差部 (S, N)	参照応力
3.38)	2019	部材試験	D12U6	75%	交差部 (S)	参照応力
3.39) 3.40)	2005	パネル試験 (輪荷重走行)	D12U8	50%	支間部, 交差部 (S)	参照応力
3.11)	2006	パネル試験 (定点載荷)	D12U6	10～20, 70%	支間部	参照応力
3.41) 3.42)	2006	パネル試験 (輪荷重走行)	D12U6, D12U8	75%	支間部	参照応力
3.43)	2006	パネル試験 (輪荷重走行)	D12U8, D14U6	75%	支間部	参照応力
3.44)	2006	パネル試験 (輪荷重走行)	D12U6	25-30%	支間部, 交差部 (S)	参照応力
3.45)	2007	パネル試験 (輪荷重走行)	D12U6	記載なし	支間部, 交差部 (S)	参照応力
3.46)	2008	パネル試験 (定点載荷)	D12U6, D12U8	0, 50%	支間部	参照応力
3.47)	2008	パネル試験 (定点載荷)	D16U8	80, 100% Melt-through	支間部	記載なし
3.48)	2008	パネル試験 (輪荷重走行)	D12U6	20%	支間部, 交差部 (S)	記載なし
3.49) 3.50)	2008	パネル試験 (輪荷重走行)	D12U6	10-20%	支間部, 交差部 (S)	参照応力
3.29) 3.51)	2010 2012	パネル試験 (輪荷重走行)	D16U6, D16U8, D19U6, D19U8	75%	支間部, 交差部 (N)	参照応力

※1 D：デッキプレートの板厚 (mm)，U：閉断面リブの板厚 (mm)

※2 閉断面リブ板厚方向に対する溶込み量

※3 支間部：閉断面リブ支間部，交差部：閉断面リブと横リブの交差部 (S：スカラップあり　N：スカラップなし)

※4 疲労強度評価に用いられた応力 (参照応力：溶接ビード近傍における部材表面の応力)

載荷を再現することが望ましいため，**図3-6(b)** に示すように，静的荷重と疲労荷重を組み合わせた定点載荷試験を実施し，デッキプレート貫通き裂の再現を試みた事例もある 3.45)．なお，現状ではパネル試験において支間部のデッキ貫通き裂を貫通まで再現した事例はない．その理由として，デッキプレートを貫通させるためには，橋軸直角方向の荷重位置の変動も必要であるためと考えられる．

3.1.2 板厚構成の影響

デッキプレートの板厚と閉断面リブの板厚の組合せが当該溶接部の疲労強度に与える影響について，疲労試験による検討が行われている．ただし，ビード貫通き裂を対象とした検討では，その影響は明確には示されていない．

文献 3.7)では，横リブ交差部を対象として定点載荷の部材試験により，デッキプレートの板厚 12mm と 16mm の場合を比較し，板厚を増すことでデッキプレート貫通き裂が抑制できることが示されている．

文献 3.43)および文献 3.29)ではデッキプレート貫通き裂を対象とし，定点載荷の部材試験とパネル試験体を用いた輪荷重走行試験を実施している．試験体は，デッキプレート厚として 12, 14, 16, 19mm，リブ厚として 6, 8 mm を設定し，それらを組み合わせている．これらの試験結果では，デッキプレート厚，リブ厚とも大きいほど疲労強度が高くなり，特にデッキプレート厚の影響が顕著であるとしている．そこで，道路橋示方書 3.52)では，閉断面リブを用いた鋼床版のデッキプレート貫通き裂への対策として，大型車の輪荷重が常時載荷される位置直下においてはデッキプレートの板厚をそれまでの 12mm から 16 mm 以上を標準とすることとされた．

3.1.3 溶込み量の影響

閉断面リブ溶接部の溶込み量が疲労強度に与える影響について，疲労試験による検討が行われている．

(1) ビード貫通き裂

ビード貫通き裂に対しては溶込み量の影響が大きいことが分かっており，道路橋示方書 3.52)でもこのき裂への対策として溶込み量を閉断面リブ厚の 75%以上確保するよう規定している．そのため，ビード貫通き裂を再現するための試験体では，溶込み量を現行基準より小さい 20%〜50%などとして，疲労試験が実施されている．

(2) デッキプレート貫通き裂

デッキプレート貫通き裂に対しては溶込み量の影響は小さいが，溶込み量が規定された 2002 年以降の新設の鋼床版を対象とする場合には，溶込み量 75%以上を目標に試験体が製作されることが多い．

文献 3.32)では，交差部断面における閉断面リブ内にシングルタイヤサイズの定点載荷を行う疲労試験により，

溶込み量 25%と 75%の試験体を比較している．一方で，文献 3.47)では，溶込み量を十分に確保しようとする際に，溶接ビードが閉断面リブの内側まで吹き出るブロースルーが不連続的に発生した場合は，デッキプレート貫通き裂に対する疲労強度が低下する可能性があり，望ましくないとしている．

文献 3.16)では，溶込み量および載荷位置を変化させた輪荷重走行のパネル試験を実施している．閉断面リブ溶接部の溶込み量をリブ板厚方向に 22%〜32%とし，溶接線直上に沿って輪荷重を走行させた場合に交差部スカラップ 2 箇所および支間部においてビード貫通き裂が再現されている．一方で，溶込み量が約 30%の場合であっても閉断面リブ内に載荷する場合や，溶込み量が約 75%で溶接線直上に載荷する場合にはビード貫通き裂が発生する前にデッキプレート貫通き裂が発生していることから，載荷位置の影響も大きいと考えられる．

3.1.4 横リブ交差部とスカラップの影響

いくつかの文献で支間部と交差部を含む載荷範囲で輪荷重走行試験が実施されているが，交差部付近でのみデッキプレート貫通き裂が発生しているものが多い 3.39), 3.44), 3.45), 3.49)-3.51)．文献 3.16)の輪荷重走行試験では，横リブ交差部にスカラップを有する鋼床版についてビード貫通き裂が再現されているが，交差部の方が支間部に比べて早期に疲労き裂が発見されている．

一方，横リブ交差部におけるスカラップの有無が疲労強度に与える影響についても検討が行われている．文献 3.7)では，スカラップを省略することでスカラップ周辺の溶接部からき裂が生じなくなるものの，デッキプレートの応力が大きくなる場合があり，全体のき裂発生寿命は大差ないとしている．また文献 3.32)では，スカラップの有無をパラメータとして定点載荷の部材試験を実施しており，デッキプレート貫通き裂に対する疲労強度はスカラップがある方が高いとしている．

3.1.5 評価応力

デッキプレートと閉断面リブとの溶接部の実験的検討における疲労強度評価においては，着目するき裂や試験方法により様々な評価応力が用いられており，FEA 結果が併用される場合もある．

ビード貫通き裂に対しては，のど断面に関連した応力が用いられることが多いのに対し，デッキプレート貫通き裂に対しては，溶接ビード近傍におけるデッキプレート下面の参照応力が用いられることが多い．これらについては，3.3 に詳細を示す．

3.2 FEAによる検討

実橋においてビード貫通き裂とデッキプレート貫通き裂が発見されて以降，これらのき裂の原因となる複雑な応力性状や各種パラメータの影響を把握するために，様々な数値解析的検討が実施されている．近年では，ソリッド要素やシェル要素を用いて溶接ルート部をモデル化し，ルート部に生じる局部的な応力を評価応力としたFEAが実施されている．具体的には，ビード貫通き裂とデッキプレート貫通き裂に対して最も厳しい載荷位置の検討や，溶込み量等の溶接詳細の影響，舗装の影響等が検討されている．ここでは，FEAを用いたルート部の局部応力を用いた検討事例について紹介する．

3.2.1 評価応力

これまでにルート部の局部的な応力を評価応力とした検討が行われているが，ルート部周辺のモデル化の方法や，要素分割，着目する応力がそれぞれの文献で異なっている．特に要素サイズについては，次第に細分化される傾向にある．以下に，いくつかの文献におけるルート部周辺のモデル化の方法および局部応力の算出方法について示す．

(1) ルート角部の要素応力

文献3.5)では，デッキプレート貫通き裂に対するデッキプレート増厚の効果を検討するため，ルート部に生じる局部的な応力に着目している．図3-7(a)に示すように，ルート部のデッキプレート側の角となる部分に，1辺が0.2 mmの要素を配置し，その要素の要素応力を評価応力としている．ルート角部は特異点となるが，着目する範囲の要素サイズを一定とし，かつ要素応力を用いることで特異性を緩和した評価応力となっている．

この手法はデッキプレート貫通き裂の評価応力としていくつかの文献で採用されている．なお，着目する要素のサイズや応力の成分については，文献によって異なっている．

(2) 仮想フィレット部の要素応力

文献3.16)では，輪荷重走行試験によりビード貫通き裂を再現したパネル試験のFEAを行い，溶接ルート部近傍の局部応力を検討している．図3-7(b)に示すように，溶込みが33%，75%の2ケースの解析モデルを作成し，横リブ交差部および支間部に対して，ダブルタイヤが閉断面リブの溶接線直上となるように載荷している．ルート角部は応力特異点とならないよう，曲率半径0.1 mmのフィレットを設け，1辺が約0.1 mmの立方体となるように要素分割を行い，ルート部に沿った要素①〜⑥の要素応力や主応力の方向からき裂の発生起点の考察を行っている．その結果，溶接線直上に載荷する場合には閉断面リブ

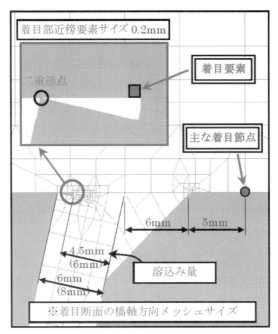

(a) ルート角部の要素応力

3.5)を改変（一部抜粋）して転載

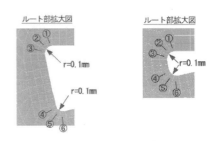

(b) 仮想フィレット部要素応力

3.16)を改変（一部抜粋）して転載

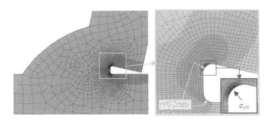

(c) 仮想フィレット部ノッチ応力[3.6]

図3-7 評価応力の算出に用いる有限要素モデル

側のルート角部④〜⑥よりもデッキプレート側のルート角部①〜③の方が最小主応力方向の応力範囲が大きいことを示しており，実験においてもデッキプレート側のルート角部から発生したき裂がビードを貫通していることが確認されている．

(3) 仮想フィレット部のノッチ応力

文献3.6)では，ビード貫通き裂およびデッキプレート貫通き裂を再現した継手試験を対象にFEAを行い，溶接ルート部の局部応力を求め，疲労試験結果の整理を行っている．図3-7(c)に示すように，ルート角部に曲率半径0.2

mmのフィレットを設け，接線方向に約0.02mm，法線方向に約0.05mmの要素分割を行った解析モデルを作成し，フィレット部の節点応力（ノッチ応力と呼ぶ）を求めている．また，実物大規模の鋼床版のFEAを行い，フィレット部のノッチ応力を求めることで，溶込み量，走行位置，舗装剛性がルート部の応力範囲に与える影響の検討を行っている．

3.2.2 板厚構成の影響

文献3.7)では，閉断面リブの板厚（6mm，8mm）とデッキプレートの板厚（12mm，14mm，16mm，24mm）を変化させたFEAを行い，デッキプレートの板厚を大きくするとルート部の応力が減少するが，閉断面リブの板厚はほとんど影響しないとしている．

文献3.51)では，ルート角部の要素応力を評価応力とし，評価応力の3乗（疲労強度曲線の傾きを表す定数$m=3$を仮定）の逆数を疲労耐久性と定義して，デッキプレート厚を12, 14, 16, 19 mmと変化させたときの，疲労耐久性の相対比を算出している．図3-8の縦軸はデッキプレート厚12 mmを基準とした場合の疲労耐久性の比であり，支間部ではデッキプレート厚を12mmから14, 16, 19 mmと増厚すると，疲労耐久性の比はそれぞれ約2.5倍，約6倍，約20倍となっている．一方，横リブ交差部ではデッキプレート厚を14, 16, 19 mmと増厚すると，それぞれ約2倍，約4倍，約8倍と疲労耐久性は向上するが，その増加度合いは支間部に比べて小さい．また，閉断面リブ厚の影響については，横リブ交差部ではほぼみられないが，支間部では6 mmに比べて8 mmの方が疲労耐久性は小さくなる傾向がみられるとしている．

3.2.3 輪荷重とスカラップの影響

文献3.53)では，一般的な諸元を有する鋼床版パネルを対象とし，詳細にモデル化したFEAにより，横リブ交差部におけるルート角部の要素応力を求め，各主成分の影響面を作成している．一例として，図3-9にデッキプレート厚12 mm，横リブにスカラップが無い場合の応力影響面を示す．影響面の特徴として，圧縮応力のピークは着目部から閉断面リブ内面側に80 mm程度離れた位置であること，橋軸方向の載荷位置によっては圧縮応力の10%程度の引張応力も生じること，直応力としては橋軸直角方向応力が支配的であることなどが示されている．

このような影響面を用いて様々な載荷パターンを模擬した結果として，タイヤの重量が同じであればダブルタイヤよりもシングルタイヤの載荷で応力が最大となること，タイヤの接地幅・長さが短いほど応力が大きくなることなども示されている．また，デッキプレート厚とスカラップの有無を変化させた場合の影響面について，デッキ

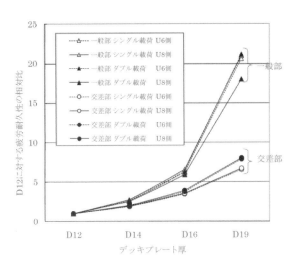

図3-8 デッキプレート厚の疲労耐久性の比較[3.51]

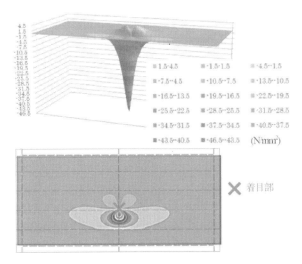

図3-9 ルート部応力の影響面
（デッキプレート厚12 mm，スカラップなし）[3.53]

プレート厚を12 mmから16 mmにすると影響面の形状はほぼ同じだが最大の最小主応力は65%程度まで減少すること，スカラップを設けることで最大の最小主応力は65%程度まで減少することが示されている．

3.2.4 レーンマーク位置の影響

文献3.54)では，デッキプレート厚12mm，スカラップなしの場合について，ルート角部の要素応力の影響面を用いて車両走行シミュレーションを行い，車両走行位置のばらつきも考慮した上で，図3-10に示すように疲労損傷度を算出している．その結果，レーンマーク位置を300 mm程度移動させることで，特定の溶接ルート部の疲労損傷度を最大50%程度まで低減できること，複数の溶接ルート部を対象としても最大75%程度まで低減できることを示している．ただし，これらの影響面を用いた検討では舗装の影響は考慮されておらず，今後の課題としている．

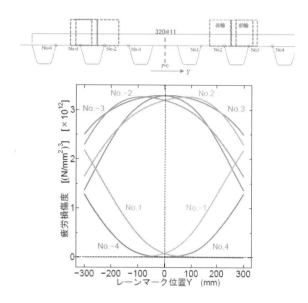

図3-10 疲労損傷度とレーンマーク位置の関係 [3.54]

3.2.5 溶込み量の影響

文献3.7)では，スカラップを省略した構造を対象に，閉断面リブとデッキプレート溶接部の溶込み量(0mm, 2mm, 3mm, 4mm, 完全溶込み) を変化させてFEAを行っており，溶込み量を大きくすることでルート部の応力が最大15%程度減少するとしている．

文献3.32)，文献3.55)では，デッキプレート厚12 mm，閉断面リブ厚6 mmで横リブ交差部に着目した定点疲労試験をFEAにより再現し，ルート部の要素応力による評価を行っている．載荷は，閉断面リブ内にシングルタイヤが載った状態を模擬している．スカラップありとなしそれぞれのモデルに対し，溶込み量を0, 25, 50, 75%と変化させ，図3-11に示すようにルート部の最小主応力を算出している．

スカラップありでは，溶込み量が大きくなるほど応力が大きくなり，スカラップなしではその逆の傾向を示している．ただし，溶込み量の影響は，スカラップの有無の影響に比べると小さいとしている．

3.2.6 舗装剛性の影響

文献3.56)では，一般的な諸元を有する鋼床版パネルを対象とし，舗装の厚さと剛性（弾性係数）をパラメータとして，輪荷重が走行した際のルート角部の要素応力に生じる応力変動を比較している．図3-12に縦リブ支間中央および縦リブ支間1/4点と横リブ交差部における応力範囲に及ぼす，舗装厚と弾性係数の影響を示す．縦軸は，基本モデルである舗装厚80 mm，舗装の弾性係数1,500 N/mm²に対する増加率となっている．なお，弾性係数が5,000 N/mm²以下はアスファルト舗装，20,000 N/mm²以上

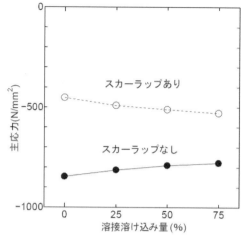

図3-11 溶込み量とルート部主応力の関係 [3.55]

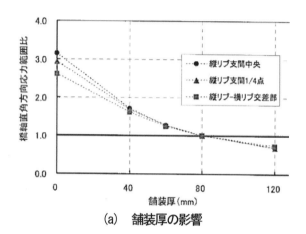

(a) 舗装厚の影響

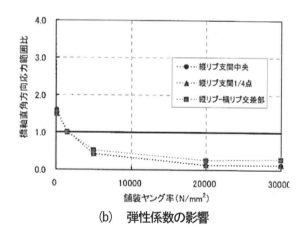

(b) 弾性係数の影響

図3-12 ルート部の要素応力と舗装剛性の影響 [3.56]

はコンクリート系舗装が想定されている．これらの結果から，両者がデッキプレート貫通き裂の疲労強度に与える影響は大きく，疲労設計では必要に応じて舗装による応力緩和効果や季節によるアスファルト舗装の剛性の違いを適切に考慮することが望まれるとしている．また，文献3.57)では同解析モデルを用いて舗装のひび割れを模擬した解析を実施しており，ルート角部の要素応力の参照応力（デッキプレートと閉断面リブのすみ肉溶接部のデッキプレート側止端部から5 mm位置の橋軸直角方向応

力)の評価が行われている．その結果，ひび割れによる健全部に対する応力範囲の増加率は舗装剛性が高いほど大きいこと，基本モデルにおいては橋軸方向の舗装ひび割れが進行すると増加率が 1.61 になること等が示されている．

3.3 疲労強度評価

3.1 で示したように，様々な試験体および載荷方法による疲労試験が行われているが，それぞれ疲労強度の評価方法が異なる．継手試験では，デッキプレートやのど断面に生じる公称応力範囲が比較的容易に計算できることから，これらの公称応力範囲を用いて疲労試験結果が整理されている．一方，部材試験やパネル試験では，公称応力を明確に定義することが難しいため，3.2 で述べた評価応力やその他の参照点の応力範囲を用いて疲労寿命との関係性が議論される．ただし，これらの応力範囲を用いて疲労試験結果を整理している論文はごく限られている．

ここでは，過去の様々な研究において示されている公称応力基準と参照点応力基準で整理された疲労試験結果を示す．また，部材試験やパネル試験の結果を 3.2 で述べた評価応力で整理した結果も示す．さらに，実橋においてこれらの評価応力を簡易に推定する手法も紹介する．

3.3.1 のど断面応力による評価

文献 3.58)では，ビード貫通き裂を対象に実施された継手試験の結果 3.1)～3.3),3.5)を図 3-13 に示すように，のど断面応力範囲と疲労寿命で整理している．同図によると，デッキプレートと閉断面リブの板厚構成によらず，JSSC-E 等級を下限に試験結果がプロットされている．なお，疲労強度が低い領域にプロットされている $t_d=16$ mm の結果は，別の用途で疲労載荷を与えた実物大鋼床版試験体の閉断面リブ溶接部から試験体を切り出したものであるため，載荷履歴の影響を受けている可能性があるとされている．この疲労強度曲線を用いて疲労照査を行うには，何らかの方法で実際の鋼床版ののど断面応力を求める必要がある．この文献では，シェル要素を用いた FEA により閉断面リブ溶接部ののど断面応力を求め，継手試験により求めた疲労強度曲線を用いてき裂の発生寿命を評価する方法が示されている．

3.3.2 デッキプレートの公称応力による評価

文献 3.21)では，板曲げ振動疲労試験機により継手試験を行い図 3-14 に示すように，デッキプレートの公称応力範囲によりデッキプレート貫通き裂の疲労寿命を整理している．同図の縦軸は溶接部近傍のひずみゲージ値から内挿して求めたルート位置の応力範囲であり，横軸は試験体が破断したときの繰返し回数である．試験体のパラ

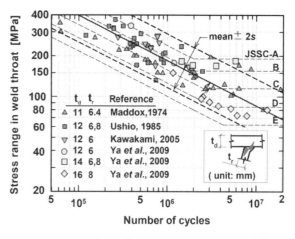

図 3-13 のど断面応力による疲労強度評価[3.58]

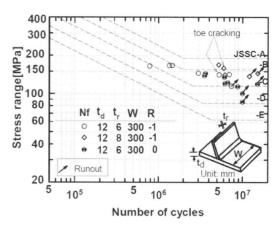

図 3-14 デッキプレートの公称応力による
疲労強度評価[3.21]

メータは，閉断面リブを想定した付加板厚と応力比であり，疲労強度は付加板厚 6 mm に比べて 8 mm の方がやや高いとしているが，全体としては JSSC-B 等級から C 等級の間にばらついている．

3.3.3 参照点ひずみによる評価

文献 3.59)では，溶接ルート部のデッキプレート下面のおける，閉断面リブの内側面先端位置から閉断面リブの中央側へ 5 mm の位置（以下，閉断面リブ内側 5 mm 位置）のひずみを参照点ひずみ（図 3-15(a)）とし，交差部を対象とした部材試験におけるデッキプレート貫通き裂の疲労強度評価を行っている．この参照点は図 3-5 に示したような部材試験の疲労試験の際のき裂のモニタリングに使用されることが多く，き裂深さの推定[3.34]にも用いられている．参照点ひずみと疲労寿命の関係を図 3-16 に示す．縦軸は参照点における橋軸直角方向のひずみ範囲，横軸はき裂がデッキプレートを貫通した際の載荷回数である．試験体のパラメータはデッキプレート厚およびリブ厚，スカラップの有無であり，これらによる結果のばらつきは小さい．ただし，デッキプレート厚 16 mm に関しては

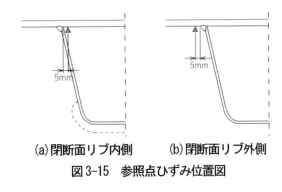

(a) 閉断面リブ内側　(b) 閉断面リブ外側

図3-15　参照点ひずみ位置図

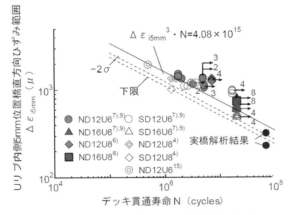

図3-16　参照点ひずみによる交差部デッキ
プレート貫通き裂の疲労強度曲線 [3.59]

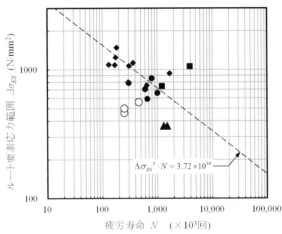

図3-17　仮想フィレット部の要素応力による
疲労強度評価　表中の文献を参考に作成

デッキプレート貫通に至ったデータが無い．図中には，実際に横リブ交差部においてデッキプレート貫通き裂が発生した実橋の疲労強度もプロットしている．具体的には，実橋を対象にFEAを実施し，アスファルト舗装剛性の温度依存性や車両走行位置のばらつきを考慮した等価参照点ひずみ範囲と，デッキプレート貫通き裂が確認されるまでの累積大型車交通量との関係をプロットしている．疲労試験結果と比較して疲労強度がやや低めだが，試算は概ね妥当であるとしている．

閉断面リブ内側 5mm 位置のひずみを実橋で計測するには，閉断面リブにハンドホールの施工などが必要となり容易ではない．このため，デッキプレート側溶接止端部から 5mm の位置（図3-15(b)）の橋軸直角方向のひずみがルート角部の要素応力や仮想フィレット部の要素応力と相関が高いことが示され，参照点として提案されている [3-18),3.59)-3.61]．この参照点では実橋における計測データがある程度蓄積されているものの，疲労強度との関係の整理は十分ではない．この現状を踏まえた実橋における疲労照査例については，次章に詳細を示す．

3.3.4　仮想フィレット部の要素応力による評価

3.2で示したように，ルート部に仮想のフィレットを設け，そこに配置した要素の応力を用いた疲労強度評価が行われているが，これまでに要素応力を用いた疲労寿命の整理は行われていない．そこで，疲労試験結果が得られており，かつルート部の要素応力が求められている文献のデータを用いて疲労寿命の整理を行った．ここでは，ビード貫通き裂を対象とした．図3-17にその結果を示す．なお，それぞれの文献で疲労寿命の定義が異なるが，ここでは各文献中で最も早期にき裂が発見された繰返し回数を疲労寿命としてプロットしている．図中の破線は傾きを表す定数を 3 として求めた平均疲労強度曲線である．同図より，溶接継手部のみを模擬した継手試験に比べ，閉断面リブの下面側から載荷する部材試験や，パネル試験体の輪荷重走行試験では疲労強度が低くなっている．この原因については不明であるが，継手試験の疲労強度曲線を用いて疲労照査を行う際には危険側に評価してしまう可能性があるため，十分な検討が必要である．

なお，実際の鋼床版においてルート部の要素応力を求めることは労力を要することから，前述のデッキプレート側の溶接止端部から 5 mm 位置のひずみなど，ルート部の要素応力と相関が高いものを参照することが考えられる．

3.3.5　仮想フィレット部のノッチ応力による評価

文献3.6)では，まず板曲げ振動疲労試験機を用いた継手試験によりビード貫通き裂およびデッキプレート貫通き裂を再現している．次に各疲労試験体の溶接形状までを詳細にモデル化したFEAによりルート角部に設けた仮想

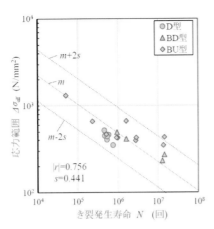

**図3-18 継手試験から得られた仮想フィレット部の
ノッチ応力とき裂発生寿命の関係** [3.7)]

フィレット部のノッチ応力を算出し，実験で得られた疲労寿命を図3-18に示すように整理している（BD型，BU型：それぞれ上側ルート部，下側ルート部を起点としたビード貫通き裂，D型：デッキプレート貫通き裂）．この文献では，1 mm 法 [3.63)] による評価との比較が行われ，フィレット部のノッチ応力で整理する方が試験結果のばらつきが小さいことが示されている．

一方，文献 3.6)では，デッキプレート厚 12 mm，閉断面リブ厚 6 mm のみの試験結果の整理に留まっている．そこで，ここでは構造パラメータの違いや継手試験体以外への適用性を確認するために，デッキプレートと閉断面リブの溶接部の疲労寿命が得られている既往の試験結果について FEA を行い，フィレット部のノッチ応力を求めて疲労寿命の整理を行った．なお，対象はビード貫通き裂とデッキプレート貫通き裂の双方である．継手試験と，交差部を対象とした部材試験については 3 次元 FEA，文献 3.8)については平面ひずみ要素を用いた 2 次元 FEA により再現解析を行った．パネル試験が行われた文献 3.16)では支間部および横リブ交差部にき裂が再現されている．このうち支間部ついては，ルート部に対する仮想フィレット部の要素応力が求められていたことから，平面ひずみ要素を用いた 2 次元 FEA によりフィレット部のノッチ応力と要素応力の比を求め，要素応力に乗ずることで仮想フィレット部のノッチ応力を求めた．一方，横リブ交差部から発生したき裂については 3 次元 FEA により仮想フィレット部のノッチ応力を求めた．

図3-19にフィレット部のノッチ応力で疲労寿命を整理した結果を示す [3.64)]．ここで，横リブ交差部の部材試験の疲労寿命については，閉断面リブ内側 5 mm 位置に貼付したひずみゲージの変動範囲が 10% 低減したときとして再整理している．疲労寿命の定義の違いなどによりばらつきはみられるが，ビード貫通き裂，デッキプレート貫通

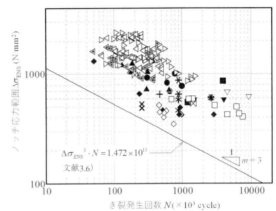

**図3-19 仮想フィレット部のノッチ応力による
疲労強度評価** 表中の文献を参考に作成

き裂の違いによらず，傾きを表す定数 $m=3$ の疲労強度曲線で概ね評価できている．このうち，文献 3.6)の疲労試験結果が最も短寿命側にプロットされているが，これはビード貫通き裂の疲労寿命を，他の事例に比べて溶接線に近い閉断面リブ側の溶接止端部から 2 mm 位置での応力範囲が 5% 低減したときとしていること，デッキプレート貫通き裂の疲労寿命をき裂と同一断面となるルート部におけるデッキプレート表面位置の応力範囲が 10% 低減したときの繰返し回数としているためと考えられる．文献

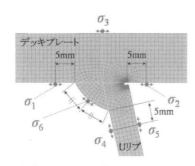

図3-20 仮想フィレット部のノッチ応力の推定に用いられた計測点 3.6)

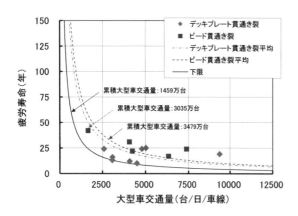

図3-21 供用年数と大型車交通量の関係
3.65)-3.67)を参考に作成

3.6)では，継手試験の結果より非超過確率97.7%の疲労強度曲線を提案しているが，この式を用いることで安全側の評価が可能といえる．また，文献3.8), 3.26), 3.28), 3.29), 3.31), 3.36)の結果は，長寿命側にプロットされる傾向がみられるが，これは平均応力が圧縮となる条件で載荷していることが一因であると考えられる．

実際の鋼床版においてルートのフィレット部のノッチ応力を簡易に推定する手法として，文献3.6)では図3-20に示す計測点 $\sigma_1, \sigma_4 \sim \sigma_6$ の応力範囲および脚長やフランク角など表面から計測可能な寸法を用いた推定式を提案している．これを応用した実橋の疲労照査例については，次章に詳細を示す．

3.3.6 大型車交通量による評価

文献3.65)および3.66)では，デッキプレート貫通き裂が確認された橋梁における，大型車交通量とデッキプレート貫通寿命の関係をまとめている．また，文献3.67)では，全国50橋の鋼床版橋梁について机上調査を行い，大型車交通量と疲労損傷の有無を整理している．これらのデータより，大型車交通量とデッキプレート貫通き裂およびビード貫通き裂の疲労寿命の関係を整理した結果を図3-21に示す．縦軸は，各橋梁におけるき裂が発見されるまでの年数，横軸は各橋梁の大型車交通量である．ここで，

疲労寿命は点検調査のタイミングの影響を含むこと，大型車交通量は供用期間にわたり一定ではないことに注意が必要である．なお，デッキプレート貫通き裂は1980～2006年の交通センサスデータを加重平均した値を，ビード貫通き裂は1999年の交通センサスデータの値を用いてそれぞれ整理している．また，プロットしたデータはいずれもデッキプレート厚12 mm の橋梁のものである．

累積大型車交通量でみると，1,459万台でデッキプレート貫通き裂が生じた橋梁が最も小さい．デッキプレート貫通き裂，ビード貫通き裂の平均は，それぞれ3,035万台，3,479万台であり，デッキプレート貫通き裂の方がやや小さい．プロットのばらつきは大きく，大型車交通量のみで正確な疲労評価を行うことは難しいが，調査対象のスクリーニングなどに活用することは可能であると考えられる．

第4章 参考文献

第1節

1.1) （社）土木学会：鋼床版の疲労，鋼構造シリーズ4，1990．

1.2) （社）土木学会：鋼床版の疲労［2010年改訂版］，鋼構造シリーズ19，2010．

1.3) 三木千壽，舘石和雄，髙木千太郎：鋼床版縦リブ横リブ交差部の応力実測とその分析，構造工学論文集，Vol.37A, pp.1163-1168, 1991．

1.4) 舘石和雄，竹之内博行，三木千壽：鋼橋部材交差部に生じる局部応力の発生メカニズムと要因分析，土木学会論文集，No.507, pp.109-119, 1995．

1.5) 三木千壽，舘石和雄，奥川淳志，藤井裕司：鋼床版縦リブ・横リブ交差部の局部応力と疲労強度，土木学会論文集，No.519, pp.127-137, 1995．

1.6) 日本道路協会：鋼道路橋疲労設計便覧，丸善，2020．

1.7) 勝俣盛，小笠原照男，町田文孝，川瀬篤志，溝江慶久：合理化鋼床版のUリブ横桁交差部の局部応力特性について，構造工学論文集，Vol.45A, pp.1241-1252, 1999．

1.8) 山本泰幹，御嶽譲，木村真二，林暢彦，栗原康行：Uリブ鋼床版の横リブ交差部の疲労耐久性向上に関する検討，鋼構造年次論文報告集，Vol.15, pp.301-308, 2007．

1.9) 杉山裕樹，田畑晶子，春日井俊博，石井博典，井口進，清川昇悟，池末和隆：鋼床版のUリブ－横リブ交差部における下側スリット部の疲労耐久性向上構造の検討，土木学会論文集A1（構造・地震工学），Vol.70, No.1, pp.18-30, 2014．

1.10) 平野敏彦，高田佳彦，松井繁之，坂野昌弘：鋼床版のUリブと横リブ交差部の疲労き裂に着目した移動輪荷重試験報告，土木学会第61回年次学術講演会概要集，I-564，pp.1127-1128，2006.

1.11) 横関耕一，横山薫，冨永知徳，三木千壽：実働交通相当荷重下で生じる局所応力に基づいた各種鋼床版の疲労耐久性評価試験，土木学会論文集，Vol.79，No.5，22-00248，2023.

1.12) 横関耕一，横山薫，冨永知徳，三木千壽：鋼床版縦横リブ交差部構造の高疲労強度化，土木学会論文集A1（構造・地震工学），Vol.73，No.1，pp.206-217，2017.

1.13) 判治剛，加藤啓都，舘石和雄，崔誠珉，平山繁幸：閉断面リブを有する鋼床版の横リブスリット部の局部応力特性，構造工学論文集，Vol.59A，pp.781-789，2013.

1.14) Hisatada Suganuma and Chitoshi Miki: Full size fatigue tests of the new orthotropic steel deck system, International Institute of Welding, XIII-2164-07, 2007.

1.15) 古土井健，千葉照男，菅沼久忠，三木千壽：高耐久性鋼床版構造の検討，土木学会第61回年次学術講演会概要集，I-567，pp.1131-1132，2006.

1.16) Hisatada Suganuma and Chitoshi Miki: Investigation of the high fatigue resisted slit form on the cross of trough rib and transverse rib on the orthotropic steel deck, International Institute of Welding, XIII-2121-06, 2006.

1.17) 宮田正史，千葉照男，菅沼久忠：鋼床版交差部スリットに発生する応力の内リブによる低減効果，土木学会第62回年次学術講演会概要集，I-4，pp.7-8，2007.

1.18) Hobbacher, A., Recommendations for fatigue design of welded joints and components, IIW document XIII-1965-03/XV-1127-03, 2003.

1.19) Beales, C. : Assessment of trough to crossbeam connections in orthotropic steel bridge decks, Transport and Road Research Laboratory (TRRL), RR276, 1990.

1.20) 横関耕一，冨永知徳，三木千壽，白旗弘実：車両走行位置分布を考慮した鋼床版縦横リブ交差部の疲労寿命検討，土木学会第71回年次学術講演会概要集，I-385，pp.769-770，2016.

1.21) 岩崎雅紀，寺尾圭史，深沢誠：開断面縦リブを使用した鋼床版横リブの疲労損傷防止検討，構造工学論文集，Vol.38A，pp.1021-1029，1992.

1.22) 堀江佳平，高田佳彦：阪神高速道路の鋼床版疲労損傷の現状と取組み，鋼構造と橋に関するシンポジウム論文報告集，Vol.10，pp.55-69，2007.

1.23) 青木康素，田畑晶子，迫田治行：阪神高速道路における鋼床版疲労損傷分析，阪神高速道路第40回技術研究発表会論文集，2008.

1.24) 仲野孝洋，中野博文，中村充：鋼床版バルブ形式の実橋応力計測にもとづく損傷分析，土木学会第66回年次学術講演会概要集，I-167，pp.333-334，2011.

1.25) 益子直人，若林登，仲野孝洋：バルブプレートを有する鋼床版の疲労き裂の傾向分析，土木学会第68回年次学術講演会概要集，I-576，pp.1151-1152，2013.

1.26) 山岡大輔，坂野昌弘，夏秋義広，野中砂男，中川圭正，中村香澄：A橋タイプの鋼床版バルブリブと横リブ交差部の疲労挙動と損傷対策，構造工学論文集，Vol.56A，pp.838-849，2010.

1.27) Masayuki Tai, Yasunori Arima and Tetsuhiro Shimozato: Fatigue strength enhancement by structural modification of transverse to longitudinal rib connections in orthotropic steel decks with open ribs, Engineering Failure Analysis, Vol.117, pp.104954, 2020.

1.28) （社）日本鋼構造協会：鋼構造物の疲労設計指針・同解説2012年改訂版，技報堂出版，2012.

1.29) Fei Yan, Weizhen Chen and Zhibin Lin: Prediction of fatigue life of welded details in cable-stayed orthotropic steel deck bridges, Engineering Structures, Vol.127, pp.344-358, 2016.

1.30) Heng Fang, Nouman Iqbal, Staen Gilles Van and Backer Hans De: Structural optimization of rib-to-crossbeam joint in orthotropic steel decks, Engineering Structures, Vol.248, pp.113208, 2021.

1.31) Koichi Yokozeki: High fatigue resistant orthotropic steel bridge decks, Tokyo City University, Doctoral Dissertation, 2017.

1.32) 原田英明，村越潤，平野秀一，木ノ本剛：橋全体系モデルを用いた鋼床版Uリブ-横方向部材交差部の局部応力性状に関する解析的検討，鋼構造論文集，Vol.23，No.89，pp.37-49，2016.

1.33) Paul A. Tsakopoulos and John W. Fisher: Full-scale fatigue tests of steel orthotropic decks for the Williamsburg Bridge, Journal of Bridge Engineering, Vol.8, No.5, pp.323-333, 2003.

1.34) 日本道路協会：道路橋示方書・同解説 I 共通編 II 鋼橋編，1980.

1.35) （社）日本道路協会：道路橋示方書・同解説 II 鋼橋・鋼部材編，2017.

1.36) 三木千壽：鋼構造，共立出版，2000.

1.37) A. F. Hobbacher: Recommendations for fatigue design of welded joints and components, Springer International

Publishing, 2016.

1.38) Qing-Hua Zhang, Chuang Cui, Yi-Zhi Bu, Yi-Ming Liu and Hua-Wen Ye: Fatigue tests and fatigue assessment approaches for rib-to-diaphragm in steel orthotropic decks, Journal of Constructional Steel Research, Vol.114, pp.110-118, 2015.

1.39) 判治剛, 加藤啓都, 舘石和雄：鋼床版縦リブと横リブスリットの溶接部の疲労強度評価法, 土木学会第69回年次学術講演会概要集, I-472, pp.943-944, 2014.

1.40) Koichi Yokozeki and Chitoshi Miki: Fatigue assessment of various types of longitudinal-to-transverse rib connection in orthotropic steel decks, Welding in the World, Vol.61, No.3, pp.539-550, 2017.

1.41) 伊藤あゆみ, 判治剛, 舘石和雄, 清水優：鋼床版縦リブと横リブスリットの溶接部の疲労強度とき裂補修法, 土木学会第70回年次学術講演会概要集, I-383, pp.765-766, 2015.

1.42) 村越潤, 梁取直樹, 石澤俊希, 江崎正浩, 溝江慶久, 嶋田修, 八木貴之, 石川誠, 田中寛泰：鋼床版橋梁の疲労耐久性向上技術に関する共同研究（その5）報告書, 独立行政法人土木研究所, 共同研究報告書第405号, 2010.

1.43) 鈴木巌, 加賀山泰一, 尾下里治, 岩崎雅紀, 堀川浩甫：鋼床版横リブの設計手法と疲労試験, 構造工学論文集, Vol.37A, pp.1169-1179, 1991.

1.44) 藤原稔, 西川和廣, 滝沢晃, 小田訓男：鋼床板横リブの疲労強度に関する実験的研究, 第17回日本道路会議, pp.784-793, 1987.

1.45) Yun Huang, Qinghua Zhang, Yi Bao and Yizhi Bu: Fatigue assessment of longitudinal rib-to-crossbeam welded joints in orthotropic steel bridge decks, Journal of Constructional Steel Research, Vol.159, pp.53-66, 2019.

1.46) 高田佳彦, 薄井王尚, 山口隆司：実橋計測に基づく幅員による走行位置のばらつきの違いとUリブ配置が鋼床版の応力性状に及ぼす影響検討, 構造工学論文集, Vol.66A, pp.549-561, 2020.

1.47) D. R. Leonard: A traffic loading and its use in the fatigue life assessment of highway bridges, Transport and Road Research Laboratory (TRRL), LR252, 1972.

1.48) 高田佳彦, 木代穣, 中島隆, 薄井王尚：BMIWを応用した実働荷重と走行位置が鋼床版の疲労損傷に与える影響検討, 構造工学論文集, Vol.55A, pp.1456-1467, 2009.

第2節

2.1) （社）土木学会：鋼床版の疲労, 鋼構造シリーズ4, 1990.

2.2) （社）土木学会：鋼床版の疲労［2010年改訂版］, 鋼構造シリーズ19, 2010.

2.3) 山田健太郎, 小薗江朋尭, 小塩達也：垂直補剛材と鋼床版デッキプレートのすみ肉溶接の曲げ疲労試験, 鋼構造論文集, 第14巻, 第55号, pp.1-8, 2007.

2.4) 森猛, 長田樹, 大住圭太：鋼床版デッキプレート・垂直スティフナ溶接部に生じる疲労き裂の再現と起点の検討, 鋼構造論文集, 第21巻, 第82号, pp.87-98, 2014.

2.5) 松本理佐, 石川敏之, 塚本成昭, 粟津裕太, 河野広隆：ICR処理による垂直補剛材直上の鋼床版デッキプレートに生じた疲労き裂の補強効果, 第28回信頼性シンポジウム講演論文集, pp.164-169, 2014.

2.6) 青木康素, 石川敏之, 松本理佐, 河野広隆, 足立幸郎, 垂直補剛材上端のデッキプレート貫通き裂への当て板接着補修, 構造工学論文集, Vol.61A, pp.408-415, 2015.

2.7) 松本理佐, 石川敏之, 塚本成昭, 粟津裕太, 河野広隆：鋼床版の垂直補剛材溶接部のき裂を対象とした各種補修法の効果の比較に関する研究, 土木学会論文集A1, Vol.72, No.1, pp.192-205, 2016.

2.8) 山本修嗣, 赤松伸祐, 髙田耕庸, 杉岡弘一, 松本直樹, 石川敏之：鋼床版の垂直補剛材溶接部の疲労き裂を対象としたICR処理範囲に関する検討, 鋼構造年次論文報告集, 第31巻, pp.136-146, 2023.

2.9) 松永涼馬, 村越潤, 亀谷倫太郎, 岸祐介, 内田大介, 井口進, 齊藤史朗：鋼床版垂直補剛材における上端カットによる疲労強度の向上効果, 土木学会第74回年次学術講演会概要集, I-214, 2019.

2.10) 内田大介, 村越潤, 松永涼馬, 齊藤史朗, 井口進：上端カットした鋼床版垂直補剛材の引張応力下における疲労強度, 土木学会第74回年次学術講演会概要集, I-215, 2019.

2.11) 三木千寿, 舘石和雄, 山本美博, 宮内政信：局部応力を基準とした疲労評価手法に関する一考察, 構造工学論文集, Vol.38A, pp.1055-1062, 1992.

2.12) （社）日本鋼構造協会：鋼構造物の疲労設計指針・同解説2012年改訂版, 技報堂出版, 2012.

2.13) 齊藤史朗, 内田大介, 小野秀一, 井上一磨, 村越潤：鋼床版垂直補剛材上端部の応力性状と疲労寿命に関する検討, 鋼構造年次論文報告集, 第29巻, pp.465-475, 2021.

2.14) 内田大介, 齊藤史朗, 井口進, 村越潤：鋼床版垂直補剛材溶接部の局部応力に関する解析的検討, 構造

工学論文集，Vol.66A，pp.562-575，2020.

2.15) 岩崎雅紀，狩生輝己，西洋司：実橋測定による鋼床版主桁ウェブ垂直補剛材上端部の疲労検討，土木学会第 43 回年次学術講演会概要集, I-139, pp.332-333, 1988.

2.16) 岩崎雅紀，名取暢，深沢誠，寺田博昌：鋼橋の疲労損傷事例と補修・補強対策，横河橋梁技報，No.18, pp.36-52，1989.

2.17) 岩崎雅紀：橋梁鋼床版の疲労耐久性の評価・向上法に関する研究，大阪大学学位論文，1997.

2.18) 海野善彦，狩生輝己，松本好生：実橋計測による鋼床版の疲労強度の検討，第 18 回日本道路会議論文集，特定課題論文集 603，pp.203-205，1989.

2.19) 大塚敬三，松本好生：鋼床版橋梁の主桁垂直補剛材上端部に発生した疲労亀裂の補修について，土木学会第 46 回年次学術講演会概要集，VI-130, pp.286-287，1991.

2.20) 首都高速道路株式会社（資料提供者）

2.21) 梶原一夫，木暮深，古閑俊之：鋼床版橋に生じた疲労亀裂の補修・補強，土木学会第 46 回年次学術講演会概要集，I-193，pp.424-425，1991.9.

2.22) 関惟忠，西岡敬治，乙黒幸年，佐藤徹：鋼床版デッキプレートと垂直補剛材の溶接部に発生した疲労損傷の補修方法，第 5 回鋼構造の補修・補強技術報告会論文集，pp.37-46，1996.

2.23) 南荘淳，吉原聡，時讓太，石井博典，坂野昌弘：鋼床版箱桁全体を対象とした応力性状の把握と疲労耐久性評価，構造工学論文集，Vol.49A，pp.773-780, 2003.

2.24) 阪神高速道路株式会社（資料提供者）

2.25) 国土交通省国土技術政策総合研究所，日本橋梁建設協会：鋼部材の耐久性向上策に関する共同研究－実態調査に基づく鋼床版の点検手法に関する検討－，国総研資料 第 471 号，2008.

2.26) 井口進，石井博典，石垣勉，前野裕文，鷲見高典，山田健太郎：舗装性状を考慮した鋼床版デッキプレートとＵリブ溶接部の疲労耐久性の評価，土木学会論文集 A，Vol.66，No.1，pp.79-91，2010.

2.27) 名古屋高速道路公社，株式会社 NIPPO，株式会社横河ブリッジ：(提供提供者)

2.28) 穴見健吾，竹渕敏郎，米山徹，長坂康史，木ノ本剛：支圧接合用高力ボルトを用いた鋼床版垂直補剛材上端の当て板補修，構造工学論文集，Vol.65A，pp.533-543，2019.

第3節

3.1) S. J. Maddox: Fatigue of welded joints loaded in bending, TRRL Supplementary Report 84 UC, 1974.

3.2) 牛尾正之，植田利夫，村田省三：トラフリブとデッキプレートとの接合部の疲労強度特性，日立造船の鉄構，橋梁－80，pp.1-12，1985.

3.3) 川上順子，伊藤進一郎，川畑篤敬，松下裕明：鋼床版デッキプレートとＵリブ溶接部の疲労試験，土木学会第 60 回年次学術講演会概要集，I-397，pp.791-792，2005.

3.4) 川上順子，高田佳彦，坂野昌弘：鋼床版デッキとＵリブ溶接部の疲労損傷に対する供用下溶接補修工法に関する検討，鋼構造論文集，第 22 巻，第 85 号，pp.85-100，2015.

3.5) ヤ サムオル，山田健太郎，石川敏之，村井啓太：デッキプレートとＵリブの溶接ビードを貫通する疲労き裂の耐久性評価，鋼構造論文集，第 16 巻，第 64 号，pp.11-20，2009.

3.6) 服部雅史，舘石和雄，判治剛，清水優：鋼床版Ｕリブ・デッキプレート溶接部のルートき裂に対する疲労評価，土木学会論文集 A1，Vol.77，No.2，pp.255-270，2021.

3.7) 寺尾圭史，鈴木克弥：鋼床版横リブと閉断面縦リブ溶接部構造詳細の検討，横河ブリッジ技報，No.25，pp.87-95，1996.

3.8) 齊藤史朗，内田大介，井口進，田畑晶子，小野秀一：小型疲労試験体を用いた鋼床版ビード貫通き裂の再現，土木学会第 69 回年次学術講演会概要集，I-462，pp.923-924，2014.

3.9) 坂野昌弘，西田尚人，田畑晶子，杉山裕樹，奥村学，夏秋義広：内面溶接によるＵリブ鋼床版の疲労耐久性向上効果，鋼構造論文集，第 21 巻，第 81 号，pp.65-77，2014.

3.10) 三木千壽，舘石和雄，奥川淳志，藤井裕司：鋼床版縦リブ・横リブ交差部の局部応力と疲労強度，土木学会論文集，No.519/I-30，pp.127-137，1995.

3.11) 森猛，鴫原志保，中村宏：溶接溶け込み深さを考慮した鋼床版デッキプレート・トラフリブ溶接部の疲労試験，土木学会論文集 A，Vol.62，No.3，pp.570-581，2006.

3.12) 朝根健司，山岡大輔，坂野昌弘，閑上直浩，杉山裕樹，迫田治行，丹波寛夫：鋼床版Ｕリブとデッキ溶接部のビード貫通き裂の再現実験，土木学会第 66 回年次学術講演会概要集，I-162，pp.323-324，2011.

3.13) 西田尚人，坂野昌弘，田畑晶子，杉山裕樹，迫田治

行, 丹波寛夫：鋼床版Uリブとデッキ溶接部のビード貫通き裂の再現実験, 第7回道路橋床版シンポジウム論文報告集, pp.67-72, 2012.

3.14) 坂野昌弘, 西田尚人, 田畑晶子, 杉山裕樹, 丹波寛夫：鋼床版Uリブとデッキ間のビード貫通き裂補修溶接部の疲労耐久性評価, 鋼構造年次論文報告集(報告), 第20巻, pp.565-570, 2012.

3.15) 大西弘志, 太田小夜子：荷重走行位置を変化させた鋼床版の輪荷重走行試験, 第7回道路橋床版シンポジウム論文報告集, pp.175-180, 2012.

3.16) 平山繁幸, 内田大介, 小笠原照夫, 井口進, 大西弘志：鋼床版デッキ・Uリブ溶接部に生じるビード進展き裂の発生および進展経路に関する考察, 鋼構造論文集, 第22巻, 第85号, pp.71-84, 2015.

3.17) 溝上善昭, 森山彰, 小林義弘, 坂野昌弘：Uリブ鋼床版ビード貫通亀裂に対する下面補修工法の提案, 土木学会論文集A1, Vol.73, No.2, pp.456-472, 2017.

3.18) 井口進, 内田大介, 齊藤史朗, 杉山裕樹, 田畑晶子：鋼床版デッキ・Uリブ溶接部に生じるビード進展き裂の疲労寿命評価法に関する検討, 鋼構造論文集, 第26巻, 第104号, pp.1-16, 2019.

3.19) 倉田幸宏, 中西保正, 猪瀬幸太郎, 齊藤史朗：鋼床版Uリブ接合部ルート疲労き裂を模擬する小型供試体の検討, 土木学会第61回年次学術講演会概要集, I-595, pp.1187-1188, 2006.

3.20) 齊藤史朗, 猪瀬幸太郎, 神林順子, 倉田幸宏, 中西保正, ：小型供試体を用いた鋼床版Uリブ溶接部の疲労強度評価, 土木学会第62回年次学術講演会概要集, I-013, pp.25-26, 2007.

3.21) 山田健太郎, Ya Samol：Uリブすみ肉溶接のルートき裂を対象とした板曲げ疲労試験, 構造工学論文集, Vol.54A, pp.675-684, 2008.

3.22) 村井啓太, Ya Samol, 山田健太郎, 石川敏之：鋼床版デッキプレートとUリブのすみ肉溶接の疲労強度とその評価法, 土木学会第63回年次学術講演会概要集, I-070, pp.139-140, 2008.

3.23) 安藤隆一, 一宮充, 春日井俊博, 清川昇悟, 有持和茂, 誉田登：鋼床版の疲労損傷評価方法と鋼材による疲労寿命の改善 第2報 耐疲労鋼適用による疲労寿命の改善について, 土木学会第63回年次学術講演会概要集, I-208, pp.415-416, 2008.

3.24) 杉山裕樹, 田畑晶子, 閑上直浩：Uリブ内面すみ肉溶接した鋼床版構造の提案, 阪神高速道路第44回技術研究発表会, 2012.

3.25) 三木千壽, 横山薫, 古田大介, 穴見健吾, 大庭潤輝：レーザ・アークハイブリッド溶接を用いた鋼床版Uリブ溶接部疲労き裂の補修, 鋼構造論文集, 第23巻, 第91号, pp.65-72, 2016.

3.26) 栗原康行, 川畑篤敬：鋼床版デッキ貫通き裂発生メカニズムの実験的検討, 土木学会第61回年次学術講演会概要集, I-545, pp.1087-1088, 2006.

3.27) 安藤隆一, 一宮充, 春日井俊博, 清川昇悟, 有持和茂, 誉田登：鋼床版の疲労損傷評価方法と鋼材による疲労寿命改善 第1報 鋼床版デッキ貫通き裂の発生・進展の評価に関する一考察, 土木学会第63回年次学術講演会概要集, I-207, pp.413-414, 2008.

3.28) 国土交通省 国土技術政策総合研究所：国土技術政策総合研究所資料 共同研究報告書(鋼床版の板厚構成と疲労耐久性の関係に関する研究 - トラフリブとデッキプレートの板厚とデッキプレート貫通型疲労き裂の関係 -), No.558, 2009.

3.29) 国土交通省 国土技術政策総合研究所, (独) 土木研究所, (社) 日本橋梁建設協会：損傷状況を考慮した鋼床版の構造形式見直しに関する研究, No.608, 2010.

3.30) 大西弘志, 吉浪泰祐：多層載荷板を用いた鋼床版Uリブ溶接部の疲労試験, 鋼構造年次論文報告集, 第18巻, pp.107-112, 2010.

3.31) 井口進, 内田大介, 川畑篤敬, 原田英明, 森猛：デッキプレート貫通型疲労き裂の発生・進展性状に対する板厚の影響, 鋼構造年次論文報告集, 第18巻, pp.113-120, 2010.

3.32) 森猛, 原田英明：鋼床版デッキプレート・横リブ・トラフリブ交差部の疲労試験と応力解析, 土木学会論文集A1, Vol.67, No.1, pp.95-107, 2011.

3.33) 井口進, 貝沼重信, 内田大介, 城大樹：製作時のプレス矯正が鋼床版のデッキプレートとUリブ溶接部の応力性状に及ぼす影響, 鋼構造論文集, 第19巻, 第73号, pp.1-8, 2012.

3.34) 原田英明, 森猛, 内田大介, 川﨑靖子：鋼床版デッキプレート・トラフリブ・横リブ交差部のデッキプレート貫通き裂の発生・進展性状に対するデッキプレート厚とスカラップの影響, 鋼構造論文集, 第19巻, 第73号, pp.65-74, 2012.

3.35) 楠元崇志, 坂野昌弘, 田畑晶子, 杉山裕樹, 前田隆雄：デッキとUリブ間の縦溶接の溶け込み量がUリブ鋼床版の疲労挙動に及ぼす影響, 土木学会第67回年次学術講演会, I-297, pp.593-594, 2012.

3.36) 森猛, 内田大介, 川畑篤敬, 山本一貴：鋼床版デッキプレート・トラフリブ・横リブ交差部のデッキプレートを進展する疲労き裂の進展性状に対する荷重

範囲の影響, 鋼構造論文集, 第 21 巻, 第 82 号, pp.29-38, 2014.

3.37) 森猛, 山本一貴, 内田大介, 林暢彦 : デッキプレート進展き裂を対象とした鋼床版疲労耐久性に対する残留応力除去焼鈍の効果, 鋼構造論文集, 第 22 巻, 第 85 号, pp.101-109, 2015.

3.38) 村越潤, 森猛, 幅三四郎, 小野秀一, 佐藤歩, 高橋実 : デッキ進展き裂を有する鋼床版に対する SFRC 舗装のき裂進展抑制効果, 土木学会論文集 A1, Vol.75, No.2, pp.194-205, 2019.

3.39) 稲葉尚文, 下里哲弘, 小野秀一, 神木剛, 冨田芳男 : 鋼床版の移動輪荷重疲労試験, 土木学会第 60 回年次学術講演会概要集, I-399, pp.795-796, 2005.

3.40) Shuichi Ono, Tetsuhiro Shimozato, Naofumi Inaba and Chitoshi Miki: Wheel running fatigue test for orthotropic steel bridge decks, IIW documentation, XIII-2070-05, 2005.

3.41) 村越潤, 有馬敬育 : 鋼床版における最近の疲労損傷事例と対策に関する検討 - デッキき裂を対象として -, 第 5 回道路橋床版シンポジウム講演論文集, pp.13-24, 2006.

3.42) 村越潤, 有馬敬育 : 輪荷重走行試験による鋼床版デッキプレート進展亀裂の再現, 土木学会第 61 回年次学術講演会, I-543, pp.1083-1084, 2006.

3.43) 川畑篤敬, 井口進, 廣中修, 鈴木統, 齊藤史朗 : 鋼床版のデッキプレートと縦リブ溶接部を対象とした移動輪荷重試験, 第 5 回道路橋床版シンポジウム講演論文集, pp.247-252, 2006.

3.44) 高田佳彦, 平野敏彦, 坂野昌弘, 松井繁之 : 阪神高速道路における鋼床版の疲労損傷と要因の分析, 第 5 回道路橋床版シンポジウム講演論文集, pp.253-258, 2006.

3.45) 服部雅史, 大西弘志, 高田佳彦, 青木康素, 松井繁之 : ゴムラテックスモルタルにより合成構造化した U リブ鋼床版の輪荷重走行試験, 平成 19 年度土木学会関西支部年次学術講演会, I-39, 2007.

3.46) 貝沼重信, 尾上聡史, 三浦健一, 井口進, 川畑篤敬, 内田大介 : 鋼床版のデッキプレートと U リブの溶接ルート部の疲労き裂に対する試験システムの構築, 土木学会論文集 A, Vol.64, No.2, pp.297-302, 2008.

3.47) H. B. Sim, C. M. Uang and C. Sikorsky: Fabrication procedure effects on fatigue resistance of welded joints in steel orthotropic decks, Proceedings of Orthotropic Bridge Conference, Sacramento, USA, pp.225-239, 2008.

3.48) 大西弘志, 吉波泰祐, 服部雅史, 鎌田敏郎, 石尾真理, 玉越隆史 : 輪荷重走行試験における鋼床版デッキプレート上面に発生する主応力の動的挙動, 第 6 回道路橋床版シンポジウム講演論文集, pp.45-50, 2008.

3.49) 松井繁之, 青木康素, 大西弘志, 田畑晶子, 服部雅史 : U リブ内面モルタル充填による既設鋼床版の疲労耐久性向上検討 (輪荷重走行試験), 土木学会第 63 回年次学術講演会, I-217, pp.433-434, 2008.

3.50) 田畑晶子, 堀江佳平, 青木康素 : U リブ内面モルタル充填による既設鋼床版の疲労耐久性向上検討, 阪神高速道路第 41 回技術研究発表会, 2008.

3.51) 村越潤, 梁取直樹, 石澤俊希, 遠山直樹, 小菅匠 : 鋼床版デッキプレート進展き裂に対するデッキプレート増厚の効果に関する検討, 鋼構造論文集, 第 19 巻, 第 75 号, pp.55-65, 2012.

3.52) (社) 日本道路協会 : 道路橋示方書・同解説 II 鋼橋編, 2012.

3.53) 森猛, 金子想, 林暢彦, 内田大介, 小笠原照夫 : 鋼床版デッキ進展き裂の起点を対象とした応力影響面とその利用, 土木学会論文集 A1, Vol.73, No.1, pp.21-31, 2017.

3.54) 森猛, 金子想, 林暢彦, 小笠原照夫, 内田大介 : 鋼床版デッキ進展き裂を対象とした疲労損傷度に対するレーンマーク位置の影響, 土木学会論文集 A1, Vol.74, No.1, pp.83-88, 2018.

3.55) 永崎央輔, 皆藤悠太, 森猛 : 鋼床版横リブ交差部のデッキプレート・トラフリブ溶接部の疲労試験と応力解析, 土木学会第 62 回年次学術講演会概要集, I-10, pp.19-20, 2007.

3.56) (社) 土木学会鋼構造委員会道路橋床版の合理化検討小委員会 : 鋼床版分科会報告 鋼床版に関する調査研究報告書, 2008.

3.57) 井口進, 内田大介, 川畑篤敬, 玉越隆史 : アスファルト舗装の損傷が鋼床版の局部応力性状に与える影響, 鋼構造論文集, 第 15 巻, 第 59 号, pp.75-86, 2008.

3.58) Ya Samol, Kentaro Yamada and Toshiyuki Ishikawa: Fatigue durability of trough rib to deck plate welded detail of some orthotropic steel decks, Journal of Structural Engineering, JSCE, Vol.56A, pp.77-90, 2010.

3.59) 林暢彦, 内田大介, 齊藤史朗, 井口進, 森猛 : 鋼床版縦リブ-横リブ交差部の疲労寿命予測に関する一考察, 鋼構造年次論文報告集, 第 24 巻, pp.641-647, 2016.

3.60) 井口進, 内田大介, 平山繁幸, 川畑篤敬 : 鋼床版のデッキと U リブ溶接部の疲労寿命評価法に関する検

計，土木学会論文集 A1，Vol.67，No.3，pp.464-476，2011.

3.61) 森猛，金子想，林暢彦，小笠原照夫，内田大介：交差部デッキ進展き裂を対象とした鋼床版疲労耐久性評価のためのひずみ参照点の検討，土木学会論文集 A1，Vol.74，No.1，pp.13-21，2018.

3.62) 清水優，内田貴之，舘石和雄，判治剛，服部雅史：デッキプレートとUリブの溶接継手の疲労強度と実物大鋼床版との相関，鋼構造年次論文報告集，第30巻，pp.297-305，2022.

3.63) Zhi-Gang Xiao and Kentaro Yamada: Fatigue strength evaluation of root-failed welded joints based on one-millimeter stress, Journal of Structural Engineering, JSCE, Vol.50A, pp.719-726, 2004.

3.64) 清水優，判治剛，内田大介，服部雅史，吉田黎：鋼床版Uリブ・デッキプレート溶接継手におけるルートの局部応力による疲労強度評価，鋼構造論文集，第31巻，第121号，pp.72-87，2024.

3.65) 川畑篤敬，平山繁幸，内田大介，井口進，宮下敏：デッキ貫通き裂の疲労寿命に対するデッキプレート増厚の効果，土木学会第65回年次学術講演会概要集，I-86，pp.171-172，2010.

3.66) 宮下敏，平山繁幸，内田大介，井口進，川畑篤敬：デッキ進展き裂に対するデッキ増厚の効果に関する検討，土木学会第7回道路橋床版シンポジウム論文報告集，pp.79-86，2012.

3.67) 国土交通省 国土技術政策総合研究所，（社）日本橋梁建設協会：国土技術政策総合研究所資料 共同研究報告書（鋼部材の耐久性向上策に関する共同研究‐実態調査に基づく鋼床版の点検手法に関する検討‐），No.471，pp.5-1-5-49，2008.

第5章 局部応力に基づく疲労照査

第1節 照査法の概要

第4章において，各溶接部に対してそれぞれ検討されている評価応力を用いた疲労強度データを示したが，実橋の鋼床版に対する疲労照査においては，この評価応力をどのように求めるかが重要である．以下にその概要および留意点を述べる．

1.1 評価応力の分類

局部応力として用いる評価応力は，き裂発生位置の応力と参照応力の2つに大別できると考えられる．ここで，き裂発生位置の応力は，溶接ビード形状による局部的な応力集中を含む局部応力と定義する．一方，参照応力は，溶接部近傍の応力やそれらを用いて算出したHSSなどの局部応力と定義する．

なお，一部の溶接部に対してはより簡便な照査を行うために，例えば，評価応力による疲労損傷度と大型車交通量との関係を示す[1.1)]など，評価応力が間接的に用いられる例もある．

1.2 評価応力の取得方法

参照応力は，ひずみゲージを用いた実橋計測や，比較的簡易なFEAにより求めることができる．実橋計測では，数日間の常時計測を行う応力頻度計測と，軸重および走行位置を設定した荷重車が通過した際の応力波形を計測する荷重車計測がある．き裂発生位置の応力は，詳細にモデル化したFEAにより算出される．

FEAを用いて評価応力を算出する場合は，後述する様々な因子の影響が適切に考慮できるようにモデル化の範囲や境界条件を設定する必要がある．また，特にき裂発生位置の応力については，評価位置の要素分割の影響を強く受けるため，評価応力と評価に用いる疲労強度曲線との関係性については注意が必要である．

1.3 評価応力に影響を与える因子

評価応力に影響を与える因子には以下のものが考えられ，これらを適切に考慮する必要がある．

・輪荷重（タイヤ接地面積，配置，重量）
・車両走行位置（レーンマーク位置とばらつき）
・鋼床版構造（横リブ間隔，主桁間隔等）
・板厚構成
・舗装剛性
・構造詳細（スカラップ，スリット，リブ形状等）
・溶接詳細（脚長，溶込み量）

このうち鋼床版構造, 板厚構成, 構造詳細, 溶接詳細については, 実橋計測を行う場合には, これらが考慮された評価応力が計測される. FEA を行う場合でも, ソリッド要素などで細部までモデル化することでこれらを考慮した値が算出できる.

　輪荷重については, 応力頻度計測では様々な条件が含まれる一方で, 各条件を分離して考察することは困難である. また, 荷重車計測やFEA では, 種々の車両を対象とすると煩雑となるため疲労損傷に対して支配的な大型車両モデルを代表として設定することが考えられる. なお, 鋼床版の溶接継手部の応力性状は, 橋軸方向の載荷位置によっても複雑に変化することから, FEA では車両の走行を模擬して応力の変動範囲を算出することが望ましい.

　車両走行位置については, 応力頻度計測を行う場合には, これが考慮された評価応力が計測される. 荷重車計測やFEA を行う場合は, 標準走行位置に対するばらつきを考慮した走行ケースをいくつか設定し, 正規分布と線形被害則に基づき大型車 1 台あたりの評価応力範囲を算出することが考えられる.

　舗装剛性については, **第 3 章 3.4** に示すように, アスファルト舗装は粘弾性体であり, その剛性は舗装本体の物性の他, 載荷速度, 温度などの影響を受けるが, 特に影響の大きい温度を考慮して, 弾性体として評価される場合が多い. このため, 実橋計測の場合には, 気温の異なる複数の季節に測定を行うことが望ましい. FEA の場合は, 設定した弾性係数の影響を含む評価応力が算出されるため, 各季節を想定した弾性係数を設定し, それぞれの解析を行うことが望ましい. 複数回の実橋計測が難しい場合は, FEA を併用し, 計測値を補正することも考えられる. これにより, 1 年間の平均的な評価応力範囲を算出することができる. また, 舗装剛性の低い夏季において求めた評価応力のみを用いることで, 安全側の疲労評価を行うことも考えられる. なお, **第 4 章 3.2.6** に示すように, 舗装にひび割れなどの損傷が生じている場合には, 舗装による応力低減効果が低下するため留意が必要である.

1.4 対象とした各溶接部の特徴

　前述した影響因子について, 対象とした各溶接部に対する影響度合いを**表 1-1** に示す. 縦リブと横リブの溶接部については, デッキプレートを含む他の溶接部に比べて, 車両走行位置や舗装剛性の影響は比較的小さい. 一方, スカラップの有無やスリット形状といった構造詳細の影響が大きい. デッキプレートと垂直補剛材の溶接部およびデッキプレートと閉断面リブの溶接部については, デ

表 1-1　各影響因子の度合い

溶接部／要素	縦リブと横リブ	デッキプレートと垂直補剛材	デッキプレートと閉断面リブ
輪荷重	◎	◎	◎
車両走行位置	○	◎	◎
鋼床版構造	△	△	△
構成板厚	○	◎	◎
舗装剛性	○	◎	◎
構造詳細	◎	◎	○
溶接詳細	○	○	◎

注　◎:影響が大きい, ○:影響がある, △:影響が小さい

ッキプレートの局部的な変形が支配的であることから, 車両走行位置やデッキプレートの板厚, 舗装剛性の影響が特に大きい. また, デッキプレートと閉断面リブの溶接部ではルートき裂が発生することから溶接詳細の影響も大きい. その他, いずれも輪荷重載荷位置近傍の局部的な変形が支配的であることから, 主桁系の応力の影響は小さく, また横リブ間隔や主桁間隔等の影響も比較的小さい. ただし, これらはあくまで定性的な傾向であり, 実際の疲労照査にあたっては, すべての要素の影響を適切に反映することが望ましい.

1.5 照査フロー例

　以上を踏まえ, 局部応力に基づく疲労照査フローの例を**図 1-1** に示す.

　まず, 疲労照査に用いる評価応力の種類を決定し, その評価応力が得られる方法により評価応力データを取得する. ここで示した方法では, 鋼床版構造, 板厚構成, 構造詳細の影響は取得データに含まれるものと考える. 次に, 得られたデータの内容に応じて, 車両走行位置と舗装剛性の影響を考慮し, 評価応力を補正することで, 等価評価応力範囲を算出する. なお, 等価応力とは, 変動振幅応力と同じ繰返し数で等価な疲労損傷度を与える一定振幅の応力範囲と定義される. ここで, 例えばデッキプレートと閉断面リブの溶接部に対しては参照応力とき裂発生位置の応力との関係が例示されており [1.2)-1.4)], これに影響するパラメータを別途考慮することで, 参照応力範囲をき裂発生位置の応力に変換することも考えられる. 最後に, 等価評価応力範囲とその繰返し回数, 疲労強度データから累積疲労損傷比を計算することで, 疲労照査を行う. なお, 等価参照応力範囲には溶接詳細の影響が含まれていないことから, 必要に応じて別途考慮する. 繰返し数について, 既設橋梁の場合には「全国道路・街路交通情勢調査」(旧:道路交通センサス) やトラフィックカウンタのデータで交通量の推移を補足することも有効である.

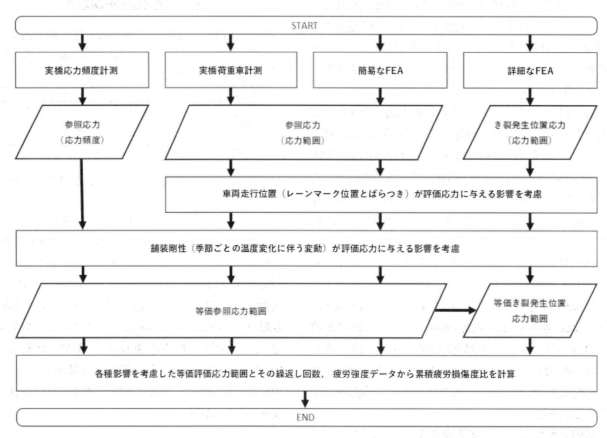

図1-1 局部応力に基づく疲労照査フロー例

第2節 縦リブと横リブの溶接部

文献2.1), 2.2)では,モンテカルロシミュレーションを実施し,局部応力に基づいて縦リブと横リブとの溶接部の疲労寿命を評価した結果が示されている.以下にその内容を紹介する.

2.1 縦リブと横リブ交差部構造

この例では,図2-1に示すように,縦リブ断面および横リブスリットの有無をパラメータに各種構造の耐疲労性能を比較している.縦リブ形式は,国内の標準的な構造であるU形の閉断面リブと,バルブリブの置換えである平リブ,U形のリブに発生するリブ断面のねじれを抑制することを狙ったV形の閉断面リブの3種類としている.バルブリブではなく平リブが用いられているのは,縦リブと横リブとの交差部において応力低減効果が期待できる全周溶接構造とする際の施工性を考慮したためである.

2.2 着目溶接止端部の選定

着目溶接部は,FEAと疲労試験による事前検討から,図2-2に示すように,各交差部構造での疲労耐久性上の弱点と考えられる箇所を選定している.ここでは,第4章1.2.3に紹介した関連研究のように,荷重(ダブルタイヤ)

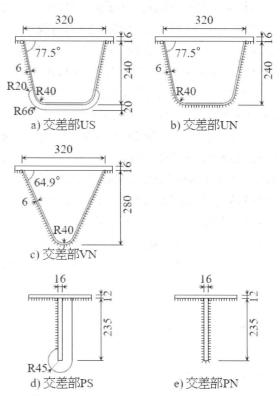

図2-1 検討対象の縦リブと横リブ交差部構造
(単位:mm) 2.2)を参考に編集作成

位置を移動させながら各溶接止端部の局部応力を算出し,それが最大および最小となる荷重位置を特定した上で,

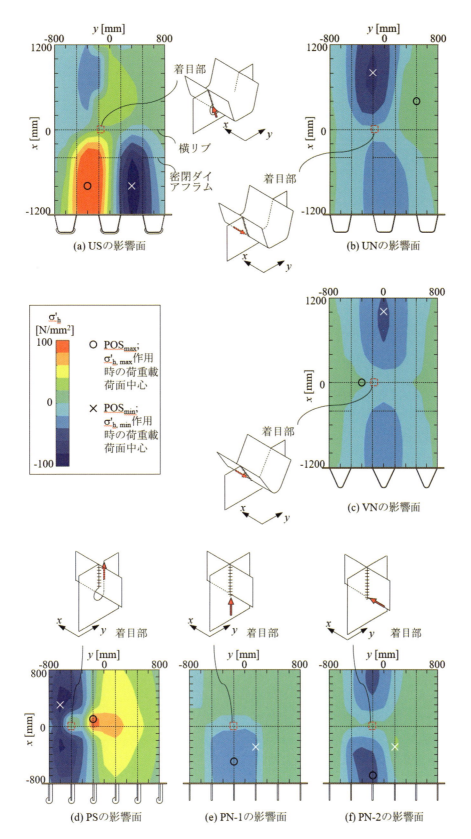

図2-2 数値解析的に作成された構造ホットスポット応力(HSS)影響面[2.2)を参考に編集作成]

両応力状態の差分である局部応力範囲が最大となる箇所を着目溶接止端部としている.ただし,平リブとスリットを省略した横リブとの全周溶接交差部(図2-2 (e) および図2-2 (f))においては実験の結果から着目溶接止端部を追加している.本交差部のFEAの結果では,平リブ下端のまわし溶接部の平リブ端面側止端部において局部応力範囲が相対的に大きくなったが,実験では同溶接部の横リブ側止端部から疲労き裂が生じたため[2,3)],その両者を着目溶接止端部としている(図中のPN-1とPN-2).

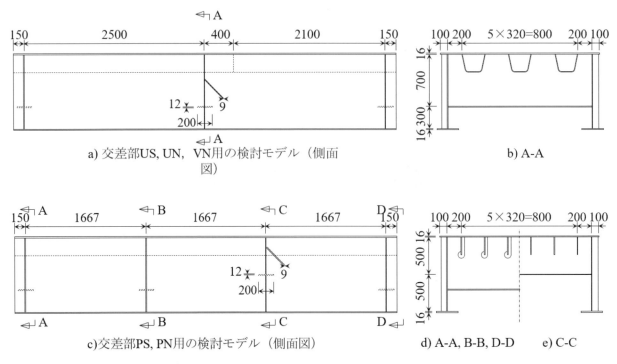

図2-3 応力影響面の作成に用いた部分鋼床版モデル[2.2]を参考に編集作成

2.3 応力影響面の作成方法

図2-2の着目溶接止端部の局部応力の影響面を作成するにあたっては，図2-3に示す部分鋼床版モデルを用いてFEAが実施されている．FEAでは輪荷重を橋軸方向と橋軸直角方向に移動させながら着目溶接止端部の局部応力を算出している．ここで，局部応力にはホットスポット応力（HSS）を用い，さらに板厚および応力に占める曲げ成分による疲労強度の変動を発生応力側の補正で考慮している．移動ピッチおよび範囲は，対象横リブから橋軸方向に前後それぞれ 6×200＝1,200 mm の区間，対象縦リブ軸芯から橋軸直角方向に左右それぞれ 5×160＝800 mm の区間とし，開断面縦リブの場合には前後を 8×100＝800 mm としている．

ここで紹介した FEA モデル，荷重の移動範囲，HSS の算出および補正過程の詳細については，同様の手法を用いた研究[2.4]が紹介された**第4章 1.2.3**を参照されたい．

2.4 シミュレーションケース

表2-1に示すように，交通荷重モデルと橋軸直角方向の走行位置の分布幅を変化させながら種々の荷重ケースの計算が行われている．交通荷重モデルはT荷重（軸重200kN）[2.5]，T荷重から総重量は変えずに2軸に分解した軸間隔1,400 mm のタンデム荷重，および図2-4に示す3種類の車両がランダムに現われるモデルとしている．3種類の車両モデル[2.6]を設定し，各車両の重量は東京地区の重交通路線での計測値を対数正規分布で近似した分布モ

表2-1 交通荷重ケース[2.2]を参考に編集作成

ケース名	交通荷重モデル	横断方向車両走行位置分布の標準偏差 [mm]
S1	T荷重	0
S2	T荷重	165
S3	T荷重	330
T1	タンデム軸	165
A	3種トラック混合	165

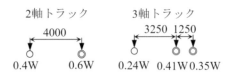

Unit : mm
W : 車両重量
○ : シングルタイヤ
◎ : ダブルタイヤ

図2-4 車両モデル[2.2]を参考に編集作成

デル[2.7]としている．

橋軸直角方向の車両走行位置の分布は実橋での計測結果[2.8]に基づいて標準偏差165 mm の正規分布を基準モデルとし，さらに車両走行位置分布が車線幅によって異な

ると指摘されている[2.8),2.9)]ことから標準偏差を2倍の330 mmとしたケース，および車両走行位置が固定される標準偏差0mmのケースも実施している．

2.5 累積疲労損傷比の計算

図2-5に示すフローに従い，交通荷重モデルで設定された分布に応じてランダムに発生させた荷重が通過した際の累積疲労損傷比Dが計算されている．

計算手順は，まず，車両走行位置分布の最頻値位置が$y=-720$mmとなるような走行位置分布を仮定する．ここで，y軸は鋼床版モデルの橋軸直角方向の中心を0としている．続いて，1台目の車両をランダムに発生させ，その通過により生じるHSSの時刻履歴を作成する．この際，車両モデルが複数の車軸を有する場合には各軸によるHSSを重ね合わせる．このランダム車両の生成を2万台分繰り返してHSS時刻履歴を作成し，それから文献2.10)に示されるアルゴリズムを用いてレインフロー法により応力範囲の頻度分布を求め，JSSC-E等級[2.11)]とその変動振幅に対する打切り限界を用いたマイナー則により累積疲労損傷比Dを計算する．最後に，得られたDと通過台数から，後述のように疲労寿命100年を得るために許容される交通量（以下，許容交通量）を算出する．

以上の過程を，車両走行位置分布を80mmずつずらしながら，その最頻値位置が$y=720$mmとなるまで繰り返し，許容交通量が最も少なくなる走行位置分布が探索されている．

許容交通量は，1日あたりのレーンあたり大型車交通量（$N_{v,a}$）もしくはT荷重相当に換算した1日あたりのレーンあたり換算軸数（$N_{eq,a}$）として求めている．

$$N_{v,a} = \frac{N_v/D}{365 \cdot 100} \quad (2.1)$$

$$N_{eq,a} = \frac{N_{eq}/D}{365 \cdot 100} \quad (2.2)$$

ここで，N_vは通過車両台数，つまりN_vは2×10^4であり，$N_{eq,a}$は疲労強度曲線の傾きを表すための定数mを3と仮定して次式で換算した軸数としている．

$$N_{eq} = \sum_i \left(\frac{W_i}{W_0}\right)^3 \quad (2.3)$$

ここで，W_iは通過車両の各軸の荷重，W_0はT荷重の軸重である．

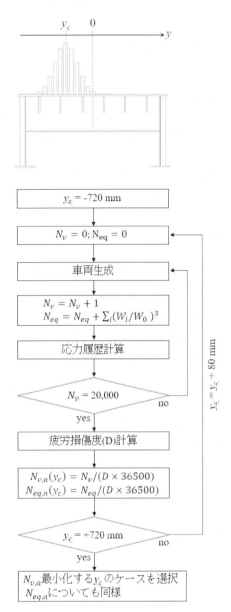

図2-5 累積疲労損傷比の計算手順[2.2)]を参考に編集作成

2.6 疲労寿命評価結果
2.6.1 車両走行位置分布の影響

交通荷重モデルをT荷重とした場合，車両走行位置分布の標準偏差を0mm, 165mm, 330mmとしたシミュレーションの結果では，標準偏差が大きいほど許容交通量（$N_{v,a}$）が大きくなることが示されている．この結果から，分布の標準偏差165mmは車線幅が3,250mmとやや狭い路線で計測された結果[2.8)]ではあるが，これを用いた評価結果は安全側になるとして，以降の評価では165mmが用いられている．

第4章 図1-8に示したように，車両走行位置の分布幅によって，$N_{v,a}$が最小となる分布配置も異なることが示されている．分布の標準偏差が165mmの場合は，1台の通

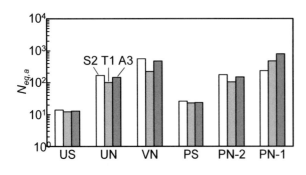

図 2-6 交差部構造ごとの交通荷重モデルによる換算許容軸数[2.2)を参考に編集作成

過時に生じる応力範囲が最大となる位置と走行位置分布のピークとが重なっているが，330mm の場合には，それらがずれている．これは，対象箇所の影響面における引張ピークと圧縮ピークの位置が橋軸直角方向にずれており，車両走行位置の頻度分布のピークが影響面の最大と最小のピークの中間になる場合に最大応力範囲が生じやすくなるためであると考察されている．このことから，縦リブと横リブ交差部の疲労寿命には一つの車両と後続する車両との複合作用が影響する場合があるとしている．

2.6.2 車両モデルの影響

図 2-6 に交差部構造ごとに換算許容軸数を比較した結果を示す．T 荷重，タンデム荷重，3 車種混合モデルの順位は，交差部の構造ごとに異なっていることがわかる．この結果より，必ずしも T 荷重が実際の交通荷重に近いモデルと比較して安全側の評価をもたらすわけではないと指摘した上で，どの交通荷重モデルが疲労に対して厳しくなるかは影響面の形状によって異なると結論付けられている．

第3節　主桁ウェブと垂直補剛材の溶接部

前述のように，デッキプレートと垂直補剛材の溶接部には多くの疲労損傷が報告されており，その対策の一つとして，垂直補剛材の上端の溶接を省略し，補剛材とデッキプレートの間にギャップを設けた構造が採用されつつある．垂直補剛材上端の溶接を省略した場合，疲労損傷の報告はないものの，主桁ウェブと垂直補剛材のまわし溶接部に応力集中が生じることとなる[3.1)]．ここでは，その溶接部に着目し，第3章2.2にて示した広島高速道路での応力頻度計測結果と第3章4.1に示したFEAを用いて試行的に疲労照査を行った結果を報告する．

3.1　応力頻度計測の結果

広島高速道路において実施した72時間の応力頻度計測のひずみゲージ位置は第2章 図2-6に示したとおりであ

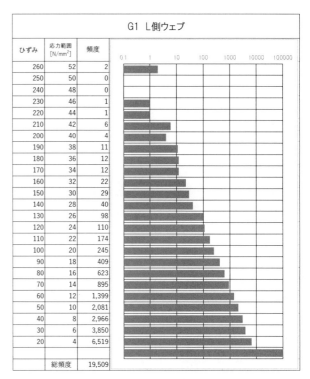

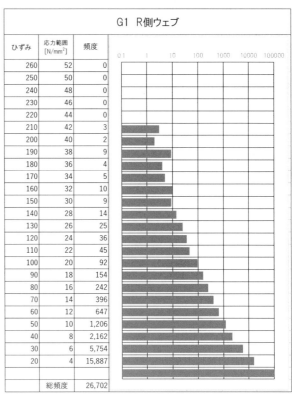

図 3-1　72 時間応力頻度計測結果

り，左右の主桁ウェブ（左：L 側，右：R 側）において垂直補剛材の溶接止端部から 5 mm 位置にひずみゲージを貼り付けた（図中の ALVSW, ARVSW）．応力頻度計測結果を図 3-1 に示す．発生応力は，L 側ウェブでは最大で 52 N/mm²，R 側ウェブでは最大で 42 N/mm² 程度であり，過大な応力は発生していなかった．

3.2 疲労強度評価

疲労強度評価に用いる既往の小型試験体による疲労試験結果を図3-2に示す．この疲労試験結果は，第4章 図2-9(b) に示した結果のうち，圧縮応力下の CI 試験体の応力範囲を 1.3 で除し，平均応力の影響を考慮したものである[3.2]．

応力頻度計測の計測値はウェブ側止端部から 5 mm 位置の応力であるが，図 3-2 に示す疲労強度曲線はウェブ側止端部から 10 mm 位置での応力で整理されている．そのため，止端部から 5 mm と 10 mm の各位置における応力の関係を広島高速道路の実橋を対象としたFEAにより計算し，次の方法で疲労強度評価を行った．

3.2.1 止端部から 5 mm と 10 mm 位置の発生応力の比

垂直補剛材上端の溶接部には，輪荷重が箱内を通過すると圧縮応力，箱外を通過すると引張応力が生じることがわかっている．ここでは，実際のレーンマーク位置を考慮し，L 側ウェブは圧縮が最大，R 側ウェブは引張が最大となるケースを FEA の対象とした．舗装剛性は季節を考慮した 3 種類（500, 1500, 5000 N/mm^2）とし，橋軸方向に動的載荷試験に用いた荷重車の走行を模擬して得られた応力波形から，ウェブ側止端部 10 mm 位置に対する 5 mm 位置の発生応力の比率を計算した．この比率に対して舗装剛性が及ぼす影響は小さいことを確認し，以降の計算には L 側で 1.26，R 側で 1.24 の一定の比率を用いた．

3.2.2 1 日あたりの疲労損傷度

まず，3 日間の疲労損傷度（応力範囲の 3 乗×その繰返し回数）を 3 で除すことにより止端部 5 mm 位置の 1 日あたりの疲労損傷度を算出した．次に，止端部 5 mm 位置の 1 日あたりの疲労損傷度を，止端部 10 mm 位置に対する 5 mm 位置の発生応力の比率の 3 乗で除すことにより，止端部 10 mm 位置の 1 日あたりの疲労損傷度を算出した．

3.2.3 供用期間 12 年間の疲労損傷度

1 日あたりの疲労損傷度×365 日×12 年間が供用期間12 年間の累積疲労損傷度であるが，この際，12 年間の交通量と気温の変化（図3-3）を考慮する必要がある．

ここでは，トラフィックカウンタで計測された 1 ヶ月ごとの大型車交通量の推移と，最寄りの広島地方気象台における気象データ（月平均気温）を用いることとした．交通量は，応力頻度計測を実施した 3 日間におけるトラフィックカウンタで計測された大型車交通量から 1 ヶ月あたりの大型車交通量を算出し（以下，計測時大型車交通量と呼ぶ），供用開始から現在までの実際の月ごとの大型車交通量を計測時大型車交通量で割ることにより，交通量補正係数とした．なお，交通量補正係数には，頻度計測を実施した 3 日間の走行車両の走行位置のばらつきや車

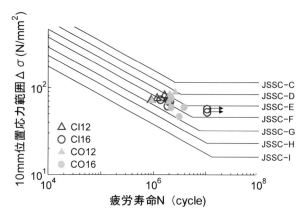

図3-2 小型試験体の疲労試験結果

3.2)を改変（一部修正）して転載

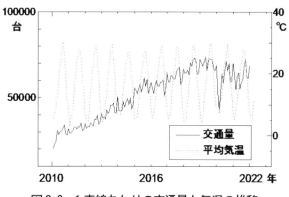

図3-3 1 車線あたりの交通量と気温の推移

種構成が全供用期間において一定という仮定が含まれている．気温の変化の影響については，1 ヶ月の平均気温を冬季の 10 ℃未満，春秋季の 10 ℃以上 25 ℃以下，夏季の 25 ℃超過の 3 つにグルーピングし，それぞれに対応する舗装剛性を 500, 1500, 5000 N/mm^2 として FEA を実施した．FEA では，動的載荷試験に用いた荷重車の走行を模擬して得られたウェブ止端部 10 mm 位置の疲労損傷度を計算した．ここで，応力頻度計測が行われた 72 時間の広島地方気象台の 1 時間ごとの気温をみると範囲は 22.4℃～30.4℃で平均値は 26.0℃であり，前節で算出した疲労損傷度は春秋季と夏季の境界に近い時期の値である．ここでは計測結果を春秋季のものとみなし，10 ℃以上 25 ℃以下の場合の疲労損傷度を 1 とした疲労損傷度の比率を季節の影響を考慮する補正係数とした．

月ごとに，累積疲労損傷度＝日数×交通量補正係数×季節の影響を補正する係数×1 日の疲労損傷度，を計算し，12 年間分を合計した後，同じ繰返し数で等価な疲労損傷度を与える一定振幅の応力範囲（等価応力範囲）を計算した．その等価応力範囲と繰返し数の関係を既往の小型疲労試験体の疲労強度曲線上にプロットした結果を図3-4に示す．図より，実橋計測から得られた結果は疲労試

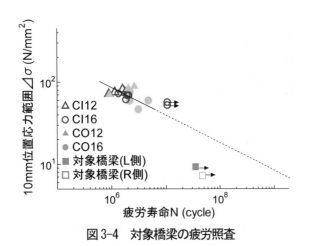

図 3-4 対象橋梁の疲労照査

験による強度曲線の下方に位置している.

以上より，広島高速道路の垂直補剛材上端部は疲労破壊に対して余裕があると考えられ，疲労損傷が生じていない現状と整合している.

第 4 節 デッキプレートと閉断面リブの溶接部

実橋でビード貫通き裂およびデッキプレート貫通き裂の発生が確認されて以降，発生応力の実態把握を目的として実橋応力計測が行われている[4.1)-4.9)]．当該溶接部に着目した計測結果が示されている文献を表4-1にまとめる．対象橋梁のデッキプレートの板厚はいずれも 12 mm であり，支間部を対象としたものが多い．また，応力計測位置（疲労評価点）は，疲労試験と同じく，閉断面リブの外側で溶接止端部から 5 mm 位置としたものが多い.

一方，当該溶接部の発生応力には舗装剛性の影響が大きいとされ，これを考慮するための解析的な検討もいくつか行われている．ここでは，実橋応力頻度計測の結果に対してFEAによる補正などを行い，累積疲労損傷度を算出した事例を紹介する.

4.1 参照応力による疲労損傷度評価

ここでは，参照応力に対する季節の影響を検討した事例を紹介するとともに，閉断面リブ支間部においてビード貫通き裂およびデッキプレート貫通き裂が発生した橋梁に対する疲労損傷度の試算を行った．参照応力としては，デッキプレートと閉断面リブのすみ肉溶接部のデッキプレート側止端部から 5 mm 位置の橋軸直角方向応力を用いた.

4.1.1 デッキプレート貫通き裂

デッキプレート貫通き裂が発生したいくつかの橋梁について，文献 4.4), 4.8)で示されている参照応力の応力頻度測定結果を表 4-2 にまとめた．応力頻度計測は平日の 72 時間に対して実施されており，得られたデータはレインフロー法により整理され，参照応力の等価応力範囲（以下，等価参照応力範囲）と総頻度が求められている．なお，表中の M2 橋，KU 橋，CY 橋ではデッキプレート貫通き裂

表 4-1 デッキプレートと閉断面リブの溶接部に関する実橋計測が実施された文献一覧

文献No.	発行年	種別[※1]	板厚構成[※2]	対象部位[※3]	応力計測位置[※4]
4.1)	2004	荷重車, 頻度計測	D12U6	交差部（S）	外側5mm
4.2)	2005	荷重車	D12U8	支間部	記載なし
4.3)	2007	荷重車, 頻度計測	D12U6	支間部	記載なし
4.4)	2008	荷重車, 頻度計測	D12U6, D12U8	支間部	外側5mm
4.5)	2009	荷重車, 頻度計測	D12U6	支間部	外側5mm
4.6)	2010	荷重車	D12U8	支間部	外側5mm
4.7)	2011	荷重車	D12U8	支間部	外側5mm
4.8)	2018	頻度計測	D12U8	支間部	外側5mm
4.9)	2022	頻度計測	D12U6	支間部, 交差部（S）	外側5mm 他2点

※1 荷重車：荷重車載荷試験　頻度計測：応力頻度計測
※2 D：デッキプレートの板厚 (mm), U：閉断面リブの板厚 (mm)
※3 支間部：閉断面リブ支間部，交差部：閉断面リブと横リブの交差部 (S：スカラップあり　N：スカラップなし)
※4 外側5mm：デッキプレートと縦リブ溶接部のデッキプレート側止端部から外側に 5 mm の位置

表 4-2 応力頻度測定結果（デッキプレート貫通き裂）[4.4), 4.8)]を参考に編集作成

	応力頻度計測時期	季節区分	72時間等価参照応力範囲 [N/mm²]	72時間繰返し数	等価参照応力範囲[N/mm²]		
					春秋季	夏季	冬季
M2橋	8月	夏季	34.6	39,756	20.7	34.6	8.7
H7橋	10月	春秋季	7.4	9,997	7.4	12.4	3.1
KU橋	12月	冬季	9.3	57,367	22.2	37.2	9.3
CY橋	12月	冬季	7.5	21,701	17.9	30.0	7.5

表 4-3 季節の影響を補正する係数
（デッキプレート貫通き裂） 4.8)を改変（一部修正）して転載

計測時期	春秋季	夏季	冬季
参照ひずみ範囲(μ)	98	164	41
比率（春秋季基準）	1.000	1.673	0.418
比率（夏季基準）	0.598	1.000	0.250
比率（冬季基準）	2.390	4.000	1.000

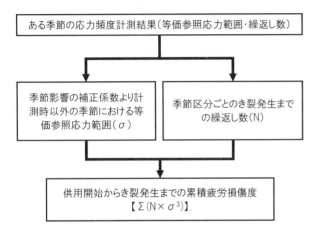

図 4-1 累積疲労損傷度算出フロー（参照応力）

が確認されており，H7橋は，調査時点においてき裂が確認されていない橋梁である．

参照応力は，舗装剛性の影響を受けることから，疲労損傷度の算出にあたっては，季節による舗装剛性の変化の影響を考慮する必要がある．文献4.10)では，デッキプレート貫通き裂が確認されたM2橋の実橋モデルを用いて走行位置と舗装剛性をパラメータとしたFEAが行われており，大型車1台が通過した際の季節ごとの参照ひずみ範囲を求めている．文献4.8)では，これらを各季節の代表値とし，**表 4-3**に示すように季節による参照ひずみ範囲の大きさの違いを補正する係数としている．なお，FEAにおける舗装の弾性係数は，夏季，春秋季，冬季に対してそれぞれ 500 N/mm², 1,500 N/mm², 5,000 N/mm² と設定している．これらを用いて，各季節区分の等価参照応力範囲を算出した．

次に，年間の疲労損傷度を算出するために，1年間のうちの季節区分を設定する．文献4.11)では，架橋地点に最も近い気象台の月平均気温をベースに，10 °C未満を冬季，10～25 °Cを春秋季，25 °Cを超える場合を夏季と区分している．これを参考に，各橋の架橋地点に最も近い気象台データを用いて，供用開始からき裂確認までの月ごとの季節区分を設定した．累積疲労損傷度の算出フローを**図 4-1**に，各橋梁のき裂発生までの累積疲労損傷度を算出した結果を**表 4-4**にそれぞれ示す．

これらの結果より，デッキプレート貫通き裂が発生した橋梁の累積疲労損傷は同程度であったことがわかる．このように，ある季節の参照ひずみ位置における応力頻度計測結果および，季節の影響を補正する係数により，き裂発生までの累積疲労損傷度を算出することができる．また，過去に同様のき裂が発生した橋梁の累積損傷度と比較することで，疲労損傷度のおおよその程度の把握が可能となる．今後，このようなデータを蓄積していくことで参照応力範囲を用いた疲労照査が可能となると考えられる．

図 4-2は累積疲労損傷度と累積大型車交通量の関係を示したものである．ここでの1日あたりの大型車交通量は，平成22年度の道路交通センサスから1車線あたりの大型車交通量として求めたものであり，累積大型車交通量とは，その1日あたりの大型車交通量を用いて，供用開始からき裂確認までの1車線あたりの累積交通量として求めたものである．ここで，大型車交通量は経年変動すること，また，道路交通センサスの値から1車線あたりの交通量を求める際には車線ごとの偏りを考慮していないことに留意する必要があるが，累積大型車交通量とき裂発生には相関がある可能性がみられる．

4.1.2 ビード貫通き裂

ビード貫通き裂が発生した橋梁の参照応力データを**表**

表 4-4 き裂発生までの累積疲労損傷度（デッキプレート貫通き裂） 4.4), 4.8)を参考に編集作成

| | き裂発生までの経過年数[年] | 季節ごとの繰返し数 ||| 累積疲労損傷度 | 大型車交通量（台/日・車線） | 累計大型車交通量（万台/車線） |
		春秋季	夏季	冬季			
M2橋	25	6.94×10^7	1.13×10^7	4.15×10^7	1.1×10^{12}	5,397	4,925
H7橋	13	8.22×10^6	0.00	7.61×10^6	3.6×10^9	2,398	1,138
KU橋	26	1.03×10^8	2.27×10^7	5.59×10^7	2.3×10^{12}	4,276	4,058
CY橋	27	4.10×10^7	6.16×10^6	2.42×10^7	4.1×10^{11}	5,397	5,319

注）調査時点では，H7橋はき裂発生していなかったことから，ここでの年数は，供用後から調査実施までの年数を示している．

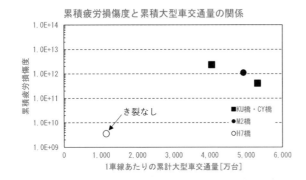

図 4-2　累積疲労損傷度と累積大型車交通量（デッキプレート貫通き裂）

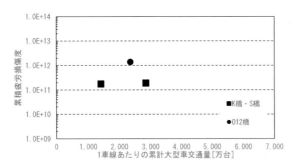

図 4-3　累積疲労損傷度と累積大型車交通量（ビード貫通き裂）

4-5 にまとめる．ここで，O12 橋については実橋における冬季の応力頻度計測結果[4.4)]であり，K 橋および S 橋については実橋モデルを用いた FEA から算出した値[4.11)]である．

O12 橋での応力頻度計測は，平日の 72 時間に対して実施されており，得られたデータはレインフロー法により整理され，等価参照応力範囲と総頻度が求められている．これらの値に対しては，デッキプレート貫通き裂の場合と同様に季節による舗装剛性変化の影響を考慮する必要がある．このような場合には，当該橋梁を対象に FEA を実施し，計測値を補正することが考えられるが，ここでは，便宜上，K 橋を対象に実施した FEA 結果から求められた閉断面リブ支間中央断面の等価参照ひずみ範囲を用いて，補正係数（**表 4-6**）により補正することとした．

一方，K 橋および S 橋を対象に実施した FEA では，走行位置と舗装剛性をパラメータとした大型トラックの走行シミュレーションを行い，大型トラック 1 台あたりの季節ごとの等価参照ひずみ範囲が算出されている．年間疲労損傷度算出のための季節区分は，デッキプレート貫通き裂の場合と同様に文献 4.11)を参考にして，春秋季，夏季，冬季の 3 つを設定した．

以上より，各橋梁のき裂発生までの累積疲労損傷度を算出した結果を**表 4-7** に，累積疲労損傷度と累積大型車交通量の関係を**図 4-3** に示す．ここでの繰返し数は，供用開始からき裂発見までの期間に計測された累積大型車交通量であり，O12 橋の 1 日あたりの大型車交通量は，平成 22 年度の道路交通センサスから 1 車線あたりの大型車交通量を求めたものである．K 橋，S 橋の累積大型車交通量は文献[4.11)]に示されている値を用いた．

これらの結果より，ビード貫通き裂が発生した橋梁の累積疲労損傷度は概ね同程度であったことがわかる．このことから，デッキプレート貫通き裂の場合と同様，応力頻度計測結果および季節の影響を補正する係数を用いて

表 4-6　季節の影響を補正する係数（ビード貫通き裂） [4.11)]を参考に編集作成

計測時期	春秋季	夏季	冬季
参照ひずみ範囲(μ)	81	132	36
比率（春秋季基準）	1.000	1.630	0.444
比率（夏季基準）	0.614	1.000	0.273
比率（冬季基準）	2.250	3.667	1.000

表 4-5　応力頻度測定結果（ビード貫通き裂） [4.4), 4.11)]を参考に編集作成

	応力頻度計測時期	季節区分	72時間等価参照応力範囲 [N/mm^2]	72時間繰返し数	等価参照応力範囲 [N/mm^2] 春秋季	夏季	冬季
O12橋	3月	冬季	15.4	10,239	34.7	56.5	15.4
K橋	-	-	-	-	16.7	27.2	7.4
S橋	-	-	-	-	12.8	21.2	7.2

表 4-7　き裂発生までの累積疲労損傷度（ビード貫通き裂） [4.4), 4.11)]を参考に編集作成

	き裂発生までの経過年数[年]	季節ごとの繰返し数 春秋季	夏季	冬季	累積疲労損傷度	大型車交通量（台/日・車線）	累計大型車交通量（万台/車線）
O12橋	21	1.32×10^7	4.47×10^6	8.52×10^6	1.4×10^{12}	3,072	2,355
K橋	14.5	1.40×10^7	6.17×10^6	8.17×10^6	1.9×10^{11}	-	2,847
S橋	6.3	7.06×10^7	2.85×10^6	4.16×10^6	1.8×10^{11}	-	1,405

累積疲労損傷度を算出することで，相対的な疲労損傷度の確認が可能となることがわかる．ただし，後述のとおり，閉断面リブ溶接部のデッキプレート側溶接止端部から5mm位置の参照応力とルート部の局部応力の関係には舗装剛性などが影響するとされている．そのため，参照応力の疲労損傷度の算出値が同じでも局部応力の疲労損傷度が異なる可能性があり，さらなるデータの蓄積とともに，ばらつきの要因を検証することが必要である．

4.2 ルート部応力による疲労損傷度評価

前述した文献4.10),4.11)では，FEAにより参照応力とルート部応力の関係を定式化し，参照応力をルート部応力に変換して疲労損傷度を算出している．ここではその概要を紹介する．

文献4.10)では，デッキプレート貫通き裂を対象として，ルート部応力（角部の要素応力）を間接的に評価するための参照位置について検討している．一般的な構造諸元を有する鋼床版2パネル分をモデル化し，溶接溶込み量，舗装厚，舗装の弾性係数をパラメータとして，図4-4に示すように，輪荷重通過時のルート部応力範囲と参照ひずみ範囲の関係を求めている．さらに，前述のM2橋（図中A橋）をモデル化し，デッキプレート厚を実際の12mmから16mmに変更した場合も含めて同様の検討を実施している．結果として，両者の関係には舗装剛性が支配的であるとし，図に示すように舗装剛性ごとに参照ひずみ範囲とルート部応力範囲の比率αを求めている．

文献4.11)では，前述のビード貫通き裂が確認されたK橋およびS橋を対象としたFEAにより，図4-5に示すように季節ごとの参照ひずみ範囲とルート部応力（仮想フィレット部の要素応力）範囲の比率αを求めている．比率αの値については，閉断面リブ支間部，横リブ交差部

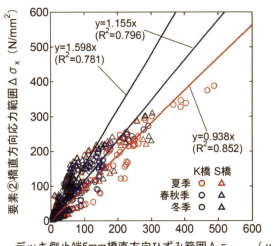

(a) 閉断面リブ支間部

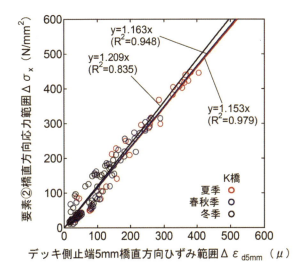

(b) 横リブ交差部（スカラップ有）

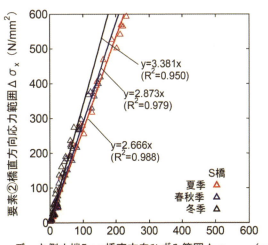

(c) 横リブ交差部（スカラップ無）

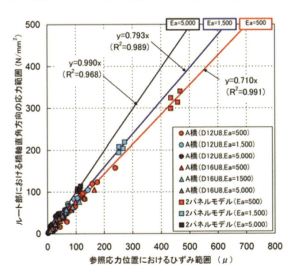

図4-4 参照応力範囲とルート部応力範囲の関係 4.10)

図4-5 参照応力範囲とルート部応力範囲の関係 4.11)

（スカラップ有無）について，それぞれ示している．

このように，参照応力とルート部応力の関係には舗装剛性が影響し，舗装剛性が大きいほど参照応力範囲に対するルート部応力範囲が大きくなる．ただし，横リブ交差部ではスカラップの有無によらず，舗装剛性の影響は比較的小さい．また，文献4.10)と文献4.11)の支間部で比較すると直線の傾きが異なっているが，これはルート部の要素分割方法の違いが大きく影響していると思われる．ただし，閉断面リブ形状などの構造詳細の影響も含まれている可能性があり，これらが異なる橋梁に適用する場合には注意が必要である．さらに，K橋とS橋では溶接サイズが異なっており，文献4.11)ではこれら影響についてもさらなる検討が必要であるとしている．

累積疲労損傷度を用いた疲労評価にあたり，M2橋，K橋，S橋の各橋梁で得られた季節ごとの等価参照ひずみ範囲に対し，各橋梁に対する比率αを乗じることで，ルート部の応力範囲が算出されている．また，各橋梁のき裂発生までの繰返し回数と合わせ，ルート部応力の累積疲労損傷度も算出されている．この累積疲労損傷度の算出フローを図4-6に示すとともに，各橋梁の算出結果を表4-8，表4-9に示す．表中には，安全側の評価として1年中舗装剛性の小さい夏季の状態を仮定した算出結果も併記している．なお，等価参照ひずみ範囲，およびき裂発生までの繰返し回数の算出方法は4.1で述べたとおりである．いずれの橋梁および断面についても，夏季のみとした場合は季節を考慮した場合に比べ累積疲労損傷度が2倍以上となっており，安全側の評価ができると考えられる．ただし，文献4.10)では，舗装の損傷により発生応力が増加するため 4.12)，累積疲労損傷度の値自体はさらに大きくなっていた可能性があるとしている．

4.3　仮想フィレット部のノッチ部応力による疲労評価
4.3.1　NEXCO中日本での事例 [4.9), 4.13)]

ここでは，第4章4.3.5で示した仮想フィレット部のノッチ応力（以下，ノッチ応力）によるビード貫通き裂とデッキプレート貫通き裂を対象とした疲労強度評価法 [4.14)]の実橋へ展開した事例を紹介する．この事例では，まず非破壊検査によりデッキプレート貫通き裂とビード貫通き裂の状況を詳細に把握している鋼床版のうち，き裂発生傾向の異なる2工区を抽出し，アスファルト舗装の

表4-8　デッキプレート貫通き裂発生までの累積疲労損傷度（M2橋） [4.10)]を改変（一部修正）して転載

ケース		25年間の繰返し回数 (N)	等価参照ひずみ範囲 (μ)	ルート部の応力範囲 $\Delta\sigma$ (N/mm²)	$N \times \Delta\sigma^3$	
1	夏季	1.21×10^8	168	119	2.04×10^{14}	
2	夏季	3.02×10^7	168	119	5.09×10^{13}	8.17×10^{13}
	春秋季	5.04×10^7	101	80	2.63×10^{13}	
	冬季	4.03×10^7	48	48	4.51×10^{12}	

表4-9　ビード貫通き裂発生までの累積疲労損傷度

(a)　K橋 [4.11)]を改変（一部修正）して転載

ケース		き裂発生までの繰返し回数 N	等価参照ひずみ範囲 (μ)	ルート部の応力範囲 $\Delta\sigma$ (N/mm²)	累積疲労損傷度 $N \times \Delta\sigma^3$	
A断面	夏季のみ	2.83×10^7	132	124	5.40×10^{13}	
	夏季	6.17×10^6	132	124	1.18×10^{13}	2.47×10^{13}
	春秋季	1.40×10^7	81	93	1.14×10^{13}	
	冬季	8.17×10^6	36	57	1.54×10^{12}	
B断面	夏季のみ	2.83×10^7	133	125	5.47×10^{13}	
	夏季	6.17×10^6	133	125	1.19×10^{13}	2.49×10^{13}
	春秋季	1.40×10^7	81	94	1.15×10^{13}	
	冬季	8.17×10^6	35	56	1.46×10^{12}	
C断面	夏季のみ	2.83×10^7	119	137	7.35×10^{13}	
	夏季	6.17×10^6	119	137	1.60×10^{13}	2.93×10^{13}
	春秋季	1.40×10^7	81	95	1.18×10^{13}	
	冬季	8.17×10^6	46	56	1.44×10^{12}	

(b)　S橋 [4.11)]を改変（一部修正）して転載

ケース		き裂発生までの繰返し回数 N	等価参照ひずみ範囲 (μ)	ルート部の応力範囲 $\Delta\sigma$ (N/mm²)	累積疲労損傷度 $N \times \Delta\sigma^3$	
A断面	夏季のみ	1.41×10^7	103	96	1.26×10^{13}	
	夏季	2.85×10^6	103	96	2.54×10^{12}	5.83×10^{12}
	春秋季	7.06×10^7	62	71	2.54×10^{12}	
	冬季	4.16×10^6	35	56	7.49×10^{11}	
B断面	夏季のみ	1.41×10^7	102	96	1.23×10^{13}	
	夏季	2.85×10^6	102	96	2.49×10^{12}	5.24×10^{12}
	春秋季	7.06×10^7	60	69	2.30×10^{12}	
	冬季	4.16×10^6	30	48	4.51×10^{11}	
C断面	夏季のみ	1.41×10^7	77	205	1.20×10^{14}	
	夏季	2.85×10^6	77	205	2.43×10^{13}	4.55×10^{13}
	春秋季	7.06×10^7	48	139	1.90×10^{13}	
	冬季	4.16×10^6	24	81	2.21×10^{12}	

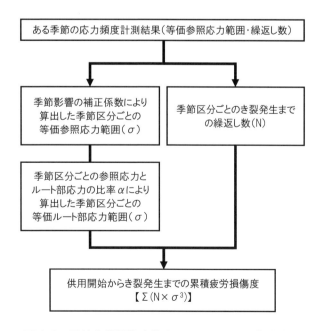

図4-6　累積疲労損傷度算出フロー（ルート部応力）

剛性に影響を与える気温の異なる時期に応力計測が実施されている．次に，その計測結果と気温や交通量などの定常的に得られるデータから累積疲労損傷比を求める方法を考案し，それを用いてき裂発生有無やき裂進展方向の評価の妥当性について，実き裂の状況と比較し検証されている．最後に，重点的に点検，調査する箇所を抽出するフローが提案されている．

(1) 参照応力による疲労評価法

文献 4.13)では，評価応力とするノッチ応力とき裂発生寿命の関係が**図 4-7** に示すように整理されている．図中のD型とは，デッキプレート貫通き裂を意味しており，**図 4-8** 中の $\sigma_{eva,d}$ を評価応力としている．また，BD型とBU型はそれぞれ上側ルート部と下側ルート部を起点とするビード貫通き裂を意味しており，**図 4-8** 中の $\sigma_{eva,d}$ と $\sigma_{eva,u}$ を評価応力としている．これらのノッチ応力を求めるためには解析が必要となるため，**図 4-8** 中に示される，実際に計測可能な参照応力 σ_1, σ_2, σ_3, a_d, a_u から評価応力を推定する方法が検討されている．その結果，以下の推定式により**図 4-9** に示す精度で推定可能であることが示されている．

閉断面リブ支間中央断面：

$$\sigma_{est,d} = 4.52\sigma_1 - 2.20\left(\frac{t_2}{t_1}\right)^2 \cdot \sigma_2 + 0.68\sigma_3 \quad (4.1a)$$

$$\sigma_{est,u} = 1.11\sigma_1 - 5.04\left(\frac{t_2}{t_1}\right)^2 \cdot \sigma_2 + 0.48\sigma_3 \quad (4.1b)$$

横リブ断面（交差部）：

$$\sigma_{est,d} = 7.03\sigma_1 - 1.39\left(\frac{t_2}{t_1}\right)^2 \cdot \sigma_2 - 2.62\sigma_3 \quad (4.2a)$$

$$\sigma_{est,u} = 4.47\sigma_1 - 1.84\left(\frac{t_2}{t_1}\right)^2 \cdot \sigma_2 + 1.52\sigma_3 \quad (4.2b)$$

ここで，$\sigma_{est,d}$, $\sigma_{est,u}$ は推定された評価応力であり，t_1, t_2 の求め方は**図 4-8** を参照されたい．

(2) 実橋計測

実橋計測の対象は，1990年の道路橋示方書[4.15]に基づき設計された都市間高速道路の鋼床版であり，き裂発生傾向の異なる隣接する2工区（A, B工区）である．これらの工区では，フェーズドアレイ超音波探傷法[4.16]による調査が行われており，A工区ではデッキプレートに進展しているき裂が貫通前の内在き裂の状態で5箇所，ビード貫通き裂やそのき裂が貫通前の内在き裂の状態で13箇所が確認され，B工区ではビードに進展しているき裂が貫通前の内在き裂の状態で2箇所が確認されているが，隣接しているA工区に比べき裂数が明らかに少ない．これらのき裂が確認された輪荷重直下の溶接線4本（U4-L，

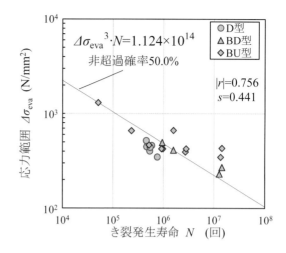

図 4-7 評価応力とき裂発生寿命の関係[4.13]

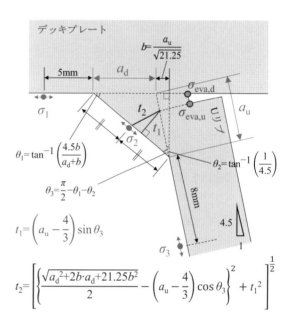

図 4-8 参照応力や溶接脚長の定義[4.13]

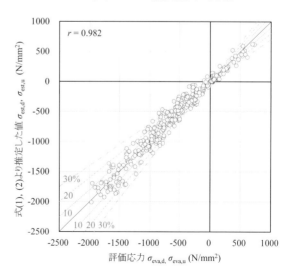

図 4-9 評価応力の推定精度の検証[4.13]

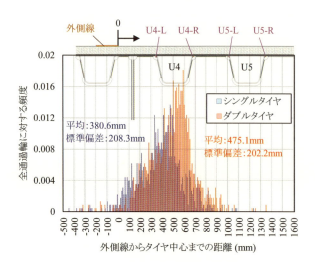

図4-10 大型車の走行位置の分布[4.13]

U4-R, U5-L, U5-R) を対象に,各工区でき裂の確認されていない横リブ交差部と閉断面リブ支間中央断面において,**図4-8**に示した参照応力 σ_1, σ_2, σ_3 が計測されている.応力計測はアスファルト舗装剛性の温度依存性の影響を考慮し,冬季,春季,夏季の平日各24時間ずつ合計3日間行われた.対象溶接線と走行位置の分布との関係を**図4-10**に示す.また,計測断面において,溶接脚長の計測がされている.この結果については,**4.3.2**に示す.

(3) 累積疲労損傷比を求める方法

計測波形から波数を計数し,1時間あたりの等価応力範囲 $\Delta\sigma_{eq}$ を算出して,気温 T との関係を整理することにより,次式の関係が得られている.

$$\Delta\sigma_{eq} = \Delta\sigma_{eq,T0} \cdot e^{C_0 \cdot T} \tag{4.3}$$

ここで,$\Delta\sigma_{eq,T0}$ は気温 $T=0$ ℃のときの等価応力範囲,C_0 は計測箇所ごと1時間あたりの計測データから最小二乗法により決定される定数である.

また,繰返し回数 N と大型車交通量 Q は比例関係にあったことから,式(4.3)より次式が得られている.

$$\Delta\sigma_{eq}^3 \cdot N = C_1 \cdot \Delta\sigma_{eq,T0}^3 \cdot Q \cdot e^{C_2 \cdot T} \tag{4.4}$$

ここで,C_1, C_2 は計測箇所ごと1時間あたりの計測データから最小二乗法により決定される定数である.

式(4.4)と**図4-7**に示す関係より,任意期間の気温と大型車交通量を累積することで次式より累積疲労損傷比 D が求められている.

$$D = \frac{C_1 \cdot \Delta\sigma_{eq,T0}^3 \cdot Q \cdot e^{C_2 \cdot T}}{1.124 \times 10^{14}} \tag{4.5}$$

(4) 実橋でのき裂状況と累積疲労損傷比での評価結果との比較

文献4.9)に累積疲労損傷比 D によるき裂有無の推定結果と実橋のき裂状況の比較が示されている.ここでは,対象橋梁の供用開始からはじめてき裂調査がされた日までの累積疲労損傷比を式(4.5)より求め,累積疲労損傷比が $D \geq 1$ でき裂あり,それ以外でき裂なしと推定している.比較の結果,溶接線,工区,部位が異なる全17箇所のき裂のうち,14箇所のき裂において判定が整合していた.横リブ交差部において累積疲労損傷比が大きい箇所に「空振り」,つまりき裂が確認されていない箇所でき裂あり ($D \geq 1$) と判定した場合が存在するが,フェーズドアレイ超音波探傷法では横リブ断面においては内在き裂を発見することができないことを踏まえると,横リブ交差部に対するフェーズドアレイ超音波探傷法の精度向上により「空振り」の確率も下がる可能性がある.調査箇所のスクリーニングを考えると「見逃し」,つまりき裂が確認された箇所でき裂なし ($D<1$) と判定した場合は必ず避けたいところであるが,3箇所のき裂で見逃しが発生した.ただし,見逃されたき裂はデッキプレート貫通き裂と比較して重要度の低いビード貫通き裂であった上に,き裂寸法も他のビード貫通き裂より小さい傾向であった.見逃しをなくすため,しきい値となる累積疲労損傷比を検討することも考えられるが,しきい値変更に伴い空振りの発生確率が上がることや,重要度の高いデッキプレート貫通き裂の見逃しがなかったこと,および見逃されたビード貫通き裂も比較的優先度が低い状態であったことを考慮すると,しきい値は変更せずに $D=1$ でき裂有無を判定することが望ましいとされている.

次に,文献4.14)のき裂進展方向の推定方法を応用して,デッキプレート貫通き裂とビード貫通き裂の判別が可能かを試みられている.結果として,全17箇所のき裂のうち,11箇所のき裂においてき裂進展方向を正しく判別した.デッキプレート貫通き裂が確認された溶接線については,当該き裂であると正しく判別した.走行車両の安全な通行を確保するため重点的に点検,調査する箇所を抽出するといった目的に対して,重要度の高いデッキプレート貫通き裂は正しく判別したことから,この判別方法は概ね妥当であると結論付けられている.一方で,デッキプレート貫通き裂のデータが少ないことからデータ蓄積によりその評価精度を適宜確認していく必要があるとも記されている.また,ビード貫通き裂を誤判定している箇所もみられ,この点も今後の課題であるとされている.

(5) 重点調査箇所のスクリーニング手法の提案

以上の検討を踏まえ，図4-11に示すデッキプレートと閉断面リブ溶接部のルートき裂に対するスクリーニングフローが提案されている．製作年次や製作工場ごとの調査対象断面を支間部，横リブ交差部のそれぞれ任意に最低1断面抽出し，参照応力 $\sigma_1, \sigma_2, \sigma_3$ および溶接脚長 a_d, a_u の計測結果と，定常的に得られる気温 T や大型車交通量 Q の評価したい期間に対応したデータから，重点的な点検，調査を実施すべき箇所や，その優先度をスクリーニングするものである．

4.3.2 広島高速道路での事例

次に，4.3.1の疲労評価方法を他の鋼床版に適用した事例を紹介する．

対象とした鋼床版は，第3章2.2で述べた広島高速2号線の鋼床版である．計測データとしては，平日3日間（72時間）の応力頻度計測結果を用いた．計測対象は，第3章 第2節の図2-6に示す輪荷重直下にあたるU1-R，U2-Lの溶接線とし，横リブ断面（交差部）と閉断面リブスパン中央断面の2断面とした．ただし，前述の鋼床版とは異なり，横リブ交差部には上側スカラップがないことから，橋軸方向に横リブの溶接止端部より10 mm離れた断面の，閉断面リブ溶接部のデッキプレート側溶接止端部から5 mm位置にひずみゲージを貼付し計測した．

計測断面での溶接脚長を図4-12に示す．4.3.1の事例の溶接脚長を比較として示しているが，この橋梁の脚長は比較的大きいことがわかる．なお，図4-8を参考に溶接溶込み量が0%と仮定した場合の溶接のど厚に相当する t_1 を計算すると，本検討の t_1 は4.3.1の事例の1.25～1.35倍であった．

応力頻度計測結果より計算した等価応力範囲を表4-10

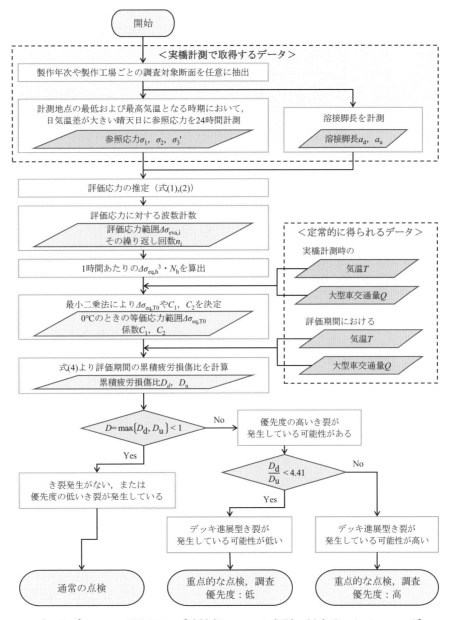

図4-11 デッキプレート・閉断面リブ溶接部のルートき裂に対するスクリーニングフロー[4.9)]

に示す．なお，4.3.1の事例では，図4-11に示したフローに基づき，参照応力の計測値を式(4.1), (4,2)より評価応力として変換した後に，波数を計数して等価応力範囲を求めているが，この事例では参照応力の等価応力範囲とした後に，式(4.1), (4,2)より評価応力の等価応力範囲に変換する，簡易な方法で行っているため，4.3.1の事例と同条件での比較ではない点に留意されたい．

4.3.1の事例において夏季の24時間計測での等価応力範囲は，最も厳しい溶接線に対してデッキプレート側のルート部で 261.9 N/mm^2，Uリブ側のルート部で 250.5 N/mm^2 であった．本検討の結果はその 1/6 以下の値となっている．図4-12に示すように，溶接脚長が比較的大きかったことや，交通環境として荷重や載荷回数が小さかったことが要因として考えられる．また，計測時点の交通環境であれば，対象橋梁のデッキプレート・閉断面リブ溶接部に疲労損傷が生じにくい状況であるといえる．

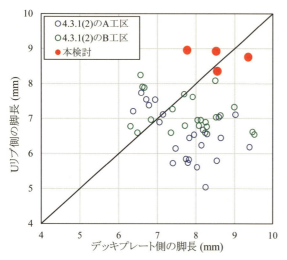

図4-12　計測断面での溶接脚長

表4-10　等価応力範囲

溶接線	ルート	横リブ断面 (N/mm^2)	Uリブスパン中央断面 (N/mm^2)
U1-R	デッキプレート側	35.1	41.4
	Uリブ側	34.8	15.2
U2-L	デッキプレート側	25.9	32.8
	Uリブ側	30.2	17.1

第5章　参考文献

第1節

1.1) 小笠原照夫，内田大介，奥村学，齊藤史朗，林暢彦：大型車交通量を用いた鋼床版の最小デッキプレート厚設定に関する検討，土木学会第75回年次学術講演会概要集，I-59, 2020.

1.2) 井口進，内田大介，平山繁幸，川畑篤敬：鋼床版のデッキとUリブ溶接部の疲労寿命評価法に関する検討，土木学会論文集A1, Vol.67, No.3, pp.464-476, 2011.

1.3) 井口進，内田大介，齊藤史朗，杉山裕樹，田畑晶子：鋼床版デッキ・Uリブ溶接部に生じるビード進展き裂の疲労寿命評価法に関する検討，鋼構造論文集，第26巻，第104号，pp.1-16, 2019.

1.4) 服部雅史，舘石和雄，判治剛，清水優：実橋計測に基づいた鋼床版Uリブ・デッキプレート溶接部のルートき裂に対する疲労評価，土木学会論文集A1, Vol.78, No.2, pp.287-300, 2022.

第2節

2.1) 横関耕一，冨永知徳，三木千壽，白旗弘実：車両走行位置分布を考慮した鋼床版縦横リブ交差部の疲労寿命検討，土木学会第71回年次学術講演会概要集，I-385, pp.769-770, 2016.

2.2) Koichi Yokozeki: High fatigue resistant orthotropic steel bridge decks, Tokyo City University, Doctoral Dissertation, 2017.

2.3) Koichi Yokozeki, Tomonori Tominaga and Chitoshi Miki: Experimental fatigue assessment of connections between plate-type longitudinal ribs and non-slit transverse ribs in orthotropic steel decks, Welding in the World, Vol.65, No.4, pp.623-633, 2021.

2.4) 横関耕一，横山薫，冨永知徳，三木千壽：鋼床版縦横リブ交差部構造の高疲労強度化，土木学会論文集A1（構造・地震工学），Vol.73, No.1, pp.206-217, 2017.

2.5) （社）日本道路協会：道路橋示方書・同解説　II鋼橋・鋼部材編，2017.

2.6) 三木千壽，後藤祐司，村越潤，舘石和雄：シミュレーションによる道路橋の疲労設計活荷重の研究，構造工学論文集，Vol.32A, pp.597-608, 1986.

2.7) 玉越隆史，中洲啓太，石尾真理：道路橋の設計自動車荷重に関する試験調査報告書－全国活荷重実態調査－，国土技術政策総合研究所資料第295号，2006.

2.8) 高田佳彦，木代穣，中島隆，薄井王尚：BMIWを応用した実働荷重と走行位置が鋼床版の疲労損傷に与える影響検討，構造工学論文集 A, Vol.55A, pp.1456-1467, 2009.

2.9) D. R. Leonard: A traffic loading and its use in the fatigue life assessment of highway bridges, Transport and Road Research Laboratory (TRRL), LR252, 1972.

2.10) 遠藤達雄，安在弘幸：簡明にされたレインフローアルゴリズム「p/V 差法」について，材料，Vol.30, No.328, pp.89-93，1981.

2.11) （社）日本鋼構造協会：鋼構造物の疲労設計指針・同解説 2012 年改訂版，技報堂出版，2012.

第3節

3.1) 内田大介，齊藤史朗，井口進，村越潤：鋼床版垂直補剛材溶接部の局部応力に関する解析的検討，構造工学論文集，Vol.66A，pp.562-575，2020.

3.2) 内田大介，村越潤，松永涼馬，齊藤史朗，井口進：上端カットした鋼床版垂直補剛材の引張応力下における疲労強度，土木学会第74回年次学術講演会概要集，I-215，2019.

第4節

4.1) 森山彰，薄井稔弘：鋼床版の疲労に関する調査・検討，本四技報，No.103，pp.2-7，2004.

4.2) 三木千壽，菅沼久忠，冨澤雅幸，町田文孝：鋼床版箱桁橋のデッキプレート近傍に発生した疲労損傷の原因，土木学会論文集，No.780，I-70，pp.57-69，2005.

4.3) 高橋政秀，瀬川利明，中島隆：鋼床版の応力計測に基づく自動車荷重の影響検討，阪神高速道路，第 40 回技術研究発表会，2007.

4.4) 国土交通省国土技術政策総合研究所，（社）日本橋梁建設協会：国土技術政策総合研究所資料 共同研究報告書（鋼部材の耐久性向上策に関する共同研究 - 実態調査に基づく鋼床版の点検手法に関する検討‐），No.471，pp.5-1-5-49，2008.

4.5) 高田佳彦，木代穣，中島隆，薄井王尚：BWIM を応用した実働荷重と走行位置が鋼床版の疲労損傷に与える影響検討，構造工学論文集，Vol.55A，pp.1456-1467，2009.

4.6) 井口進，石井博典，石垣勉，前野裕文，鷲見高典，山田健太郎：舗装性状を考慮した鋼床版デッキプレートと U リブ溶接部の疲労耐久性の評価，土木学会論文集 A，Vol.66，No.1，pp.79-91，2010.

4.7) 渡邉英，内藤雅喜，山田健之：矢作川大橋におけるデッキプレート進展き裂に対する検討，鋼構造年次論文報告集，第 19 巻，pp.337-344，2011.

4.8) 平山繁幸，村野益巳，村越潤，窪田光作，高橋晃浩，入江健夫：既設鋼床版橋梁におけるデッキ貫通型き裂の進展に関する検討，構造工学論文集，Vol.64A，pp.560-572，2018.

4.9) 服部雅史，舘石和雄，判治剛，清水優：実橋計測に基づいた鋼床版 U リブ・デッキプレート溶接部のルートき裂に対する疲労評価，土木学会論文集 A1（構造・地震工学），Vol.78，No.2，pp.287-300，2022.

4.10) 井口進，内田大介，平山繁幸，川畑篤敬：鋼床版のデッキと U リブ溶接部の疲労寿命評価法に関する検討，土木学会論文集 A1，Vol.67，No.3，pp.464-476，2011.

4.11) 井口進，内田大介，齊藤史朗，杉山裕樹，田畑晶子：鋼床版デッキ・U リブ溶接部に生じるビード進展き裂の疲労寿命評価法に関する検討，鋼構造論文集，第 26 巻，第 104 号，pp.1-16，2019.

4.12) 井口進，内田大介，川畑篤敬，玉越隆史：アスファルト舗装舗装の損傷が鋼床版の局部応力性状に与える影響，鋼構造論文集，第 15 巻 59 号，pp.75-86，2008.

4.13) 服部雅史：鋼床版 U リブ・デッキプレート溶接部のルートき裂に対する維持管理に関する研究，名古屋大学博士論文，2022.

4.14) 服部雅史，舘石和雄，判治剛，清水優：鋼床版 U リブ・デッキプレート溶接部のルートき裂に対する疲労評価，土木学会論文集 A1（構造・地震工学），Vol.77，No.2，pp.255-270，2021.

4.15) （社）日本道路協会：道路橋示方書・同解説　II 鋼橋編，1990.

4.16) 服部雅史，牧田通，舘石和雄，判治剛，清水優，八木尚人：鋼床版 U リブ・デッキプレート溶接部の内在き裂に対するフェーズドアレイ超音波探傷の測定精度，土木学会論文集 A1（構造・地震工学），Vol.74，No.3，pp.516-530，2018.

第6章　まとめ

　本編では，鋼床版において比較的多くの疲労損傷が報告されている溶接部として，閉断面リブの突合せ溶接部，縦リブと横リブの溶接部（スリット部），デッキプレートと垂直補剛材の溶接部，デッキプレートと閉断面リブの溶接部を対象とし，過去の研究成果を収集することにより，それらに対する疲労強度評価法を整理した．以下に各継手部に対して得られた知見をまとめる．

［閉断面リブの突合せ溶接部］

　閉断面リブの突合せ溶接部の疲労強度はルートギャップの大きさに依存し，ルートギャップが小さくなると疲労強度のばらつきが大きくなり，極端に疲労強度が低い結果もみられる．一方，ルートギャップが 4 mm 以上であれば十分な疲労強度を有しており，JSSC-F 等級（2×10^6 回疲労強度：65 N/mm^2）として考えることで十分に安全側の疲労照査が可能であるといえる．これは，裏当て金付き片面溶接による横突合せ継手の疲労強度等級と同等である．なお，EN 1993 Eurocode 3: Design of Steel Structure, Part 1-9: Fatigue では Category 71，AASHTO LRFD Bridge Design Specifications 9th edition では Category D（いずれも 2×10^6 回疲労強度：71 N/mm^2）と規定されている．

［縦リブと横リブの溶接部（スリット部）］

　当該溶接部の疲労寿命評価としては，一般的な考え方と同様に，対象の疲労強度，対象に発生する応力範囲とその繰返し回数に基づき実施する方法が提案されている．評価応力には局部応力のうち，特にホットスポット応力（HSS）の適用がみられる．それに対する疲労強度曲線としては，文献調査の結果，JSSC 指針で示されているように，当該溶接部に対しても JSSC-E 等級が適用できることを示した．なお，当該溶接部の疲労評価には荷重位置の選定が重要である．モデル荷重が最も疲労に厳しい位置に作用した状態を想定して疲労損傷発生の可能性を検討する方法とともに，実際の荷重走行位置のばらつきを確率的に処理して疲労寿命を評価する手法が提案されており，それらが参考になる．

［デッキプレートと垂直補剛材の溶接部］

　垂直補剛材上端を対象とした疲労強度評価に関する既往研究は少なく，当該溶接部に対する汎用的な評価法を明示するには至っていない．一方で，き裂発生メカニズムや疲労耐久性向上に関する検討における疲労試験結果は蓄積されている．ここでは疲労耐久性向上法のうち，垂直補剛材上端の溶接を省略した構造が採用され，応力頻度計測を行った実橋を対象とし，既往の疲労試験結果から得られた応力範囲と疲労寿命の関係を基に，疲労照査を実施した．その結果，疲労の面では余裕のある結果となり，実橋で疲労損傷が発生していない状況と整合した．上端溶接構造に対しても舗装剛性等の影響も検討する必要があるが，既往の疲労試験結果を整理し，実橋へ展開・検討していくことで疲労寿命の評価手法構築が可能であると考えられる．

［デッキプレートと閉断面リブの溶接部］

　ビード貫通き裂，デッキプレート貫通き裂ともに，疲労試験結果として疲労強度はある程度整理されているものの，これを用いた実橋の疲労強度を評価する手法が確立されるまでには至っていない．ここで示した事例からもわかるとおり，当該溶接部の疲労評価にあたっては，実験では考慮することが困難なアスファルト舗装の剛性や載荷位置のばらつきの影響をいかに評価するかが重要である．今後，さらなるデータの蓄積により，**第 5 章**で紹介した疲労照査法の妥当性を確認するとともに，より簡便で合理的な疲労照査法を検討していくことが必要である．

第3編　取替鋼床版

第3編　　　取替鋼床版

第1章　　　はじめに	……	137
第2章　　取替鋼床版の概要	……	138
第1節　　取替鋼床版の特徴	……	138
第2節　　取替鋼床版の国内実績	……	138
第3章　　取替鋼床版の計画・設計・施工	……	143
第1節　　計画	……	143
1.1　　鋼床版の選定理由	……	143
1.2　　床版の分割施工	……	143
1.3　　工程・工期の短縮	……	144
1.4　　路面高の調整	……	144
第2節　　設計	……	145
2.1　　既設桁と取替鋼床版の接合	……	145
2.2　　縦リブの種類	……	147
2.3　　縦リブ配置の方向	……	148
2.4　　デッキプレートの板厚	……	148
2.5　　取替鋼床版の現場継手	……	149
2.6　　横リブのウェブ高	……	150
2.7　　増設縦桁	……	150
第3節　　施工	……	150
3.1　　路面線形の再現	……	150
3.2　　床版取替え順序	……	151
第4章　　取替鋼床版の事例	……	152
第1節　　国内の事例	……	152
1.1　　上川橋（No.1）	……	152
1.2　　紅楓橋（No.2）	……	153
1.3　　唄の沢橋（No.7）	……	153
1.4　　海尻橋（No.8）	……	155
1.5　　南浦和陸橋（No.9）	……	155
1.6　　西新井陸橋（No.13）	……	156
1.7　　厩橋（No.14）	……	156
1.8　　駒留陸橋（No.15）	……	157
1.9　　白鬚橋（No.16）	……	158
1.10　勝鬨橋（No.19）	……	158

1.11	有明埠頭橋（No.21）	……	159
1.12	琴浦橋（No.27）	……	160
1.13	扇町陸橋（No.30）	……	160
1.14	道志橋（No.31）	……	160
1.15	東名田中橋（No.32）	……	161
1.16	大井跨線橋（No.33）	……	162
1.17	新横浜陸橋（No.34）	……	163
1.18	山田橋（No.35）	……	164
1.19	手取川橋（No.44）	……	165
1.20	美川大橋（No.45）	……	166
1.21	蝉丸橋（No.47）	……	167
1.22	淀川大橋（No.50）	……	167
1.23	新観音橋（No.55）	……	168
1.24	若戸大橋（No.60）	……	169
第2節	海外の事例	……	170
2.1	米国の事例	……	170
2.2	カナダの事例	……	172
2.3	ドイツの事例	……	173
2.4	イギリスの事例	……	174

第5章	まとめ	……	177

付表	文献照査等に基づく取替鋼床版適用事例一覧	……	179

第1章 はじめに

　道路橋の鉄筋コンクリート床版（以下，RC床版）は，過去より主に疲労現象と考えられる損傷への対応や自動車の大型化への対応の観点から，道路橋の技術基準において，設計法の見直しが繰り返し行われ[1.1]，耐久性の向上が図られている．一方，旧基準で設計・施工されたRC床版では，構造，材料や交通条件，架橋地点の環境条件等により，疲労のほか，凍結防止剤散布による塩害，アルカリシリカ反応，凍害によるひび割れ等が複合的に作用することにより耐荷力および耐久性が低下し，適切に維持管理することが厳しい状況となった事例も報告されている[1.2),1.3]．このような状況において，高速道路会社ではRC床版の取替え工事を含む中期的な更新・修繕が実施されている．また，国や地方公共団体が管理する一般国道，都道府県道，市町村道においても，供用年数の増加とともに，RC床版の更新需要が高まるものと考えられる．

　既設橋において，劣化損傷などによりRC床版の更新が必要と判断された場合，更新後の床版に求められる性能としては，軽量（死荷重低減による既設構造物への負荷軽減），交通規制の軽減（交通供用下での取替え），施工性（急速施工，分割施工への対応のしやすさ），耐荷力・耐久性の向上，維持管理性等が挙げられる．これまでRC床版では，劣化損傷への対策として，劣化損傷程度に応じて，鋼板接着補強，炭素繊維シート接着補強，縦桁増設あるいは床版の増厚，床版更新等の対策工法がとられてきている．特に，近年問題となっている床版内部での水平ひび割れや，コンクリートの土砂化等の劣化損傷が進行した段階では，抜本的な対策として床版の全面的な取替えを計画的に検討せざるを得なくなる場合も少なくない．また，古い年代の橋では，RC床版だけでなく橋全体の長寿命化を図るため，上部構造の耐荷力の向上や下部構造の耐荷力・耐震性の向上も同時に要求される事例も多くみられる．

　床版取替えに使用される床版形式には種々の構造形式があるが，その中の一つである鋼床版は，劣化損傷したRC床版の取替え用床版としての実績があり，軽量で現場工期が短い等の特徴を有している．とりわけ既設構造物に直接的な影響を及ぼす床版死荷重を低減できるという点で，取替え用の鋼床版の採用機会は継続的に見込まれるものと考えられる．一方で，取替え用の鋼床版に関しては，施工実績に加え，事例を踏まえた特徴や採用する際の留意点などを詳細に整理した資料は見当たらない．

　そこで本編では，今後計画される床版取替え工事において鋼床版の採用を検討する際の参考となるように，文献調査と現地調査により収集した国内事例を基に，構造諸元などを整理するとともに，計画・設計・施工の観点から，その特徴や留意点を述べる．また，特に技術的な観点から詳細に報告されている主な事例について，海外の代表的な事例も含めて，その概要を紹介する．なお，本編では既設RC床版の更新時に用いられる鋼床版を取替鋼床版と呼ぶこととする．

第1章　参考文献

1.1)　国土技術政策総合研究所：道路橋床版の疲労耐久性評価に関する研究, 国総研資料, 第472号, pp.5-6, 2008.

1.2)　（公社）土木学会：鋼道路橋RC床版更新の設計・施工技術, 鋼構造シリーズ33, pp.8-11, 2020.

1.3)　村越潤, 田中良樹：道路橋RC床版の劣化形態の多様化と防水対策, 土木施工, Vol.55, No.6, pp.34-37, 2014.

第2章　取替鋼床版の概要

第1節　取替鋼床版の特徴

　床版取替え時に検討される主な床版形式には，①RC床版，②プレストレストコンクリート床版（以下，PC床版），③鋼コンクリート合成床版，④鋼床版，⑤I形鋼格子床版，等の種類がある．なお，①～③のコンクリート系床版には，場所打ち施工の場合と工場製作主体（プレキャスト床版）の場合がある[1.1]．

　取替鋼床版については，コンクリート系床版と比較した場合に，床版自体の製作・施工性において経済性では不利な面が指摘されているが，主たる特徴としては，軽量であるため，既設構造物に直接的な影響を及ぼす床版死荷重を低減できる点にある．古い年代の既設橋では，上・下部構造，支承の設計において，現行基準と比較して小さい設計活荷重や地震荷重が適用されている．このため，例えば，上部構造では，現行基準を満足するコンクリート系床版を採用する場合，床版厚の増加などにより死荷重が増大し，橋本体の補強が大がかりになるなどの負担が生じる場合がある[1.2]．**写真1-1(a)**では主桁全長に亘って下フランジ側の応力超過をおさえるための補強が施されている．**同写真(b)**ではPC床版へ取替え後の応力軽減のために外ケーブル工法が適用されており，その定着用のブラケットの設置や周辺の主桁の補強が施されている[1.4]．このような場合に，軽量の鋼床版を採用することによって，床版を支持する鋼桁の耐荷力や下部構造の耐荷力および耐震性の確保に貢献できるとともに，総合的なコスト縮減が期待される．

　施工性に関しては，鋼床版部材をあらかじめ工場で製作し現場で組み立てるプレファブ形式のため，現場工期の短縮とそれに伴う交通規制の軽減や施工品質の確保が期待できる．取替鋼床版の現場継手位置（パネル分割）は，車両走行位置（レーンマーク）や，既設桁の現場継手位置等を考慮して，橋軸方向と橋軸直角方向の両方向とも任意に設定できる．幅員方向に分割施工することで，車両通行帯や歩道を常時確保することもできる．また，曲率の大きな曲線橋や幅員変化の大きい橋，複雑な線形を有する橋にも対応できる．さらに，コンクリート系床版と比較して施工に使用する重機が小さくなるため，現場の作業性や安全性の向上が期待できる．

　なお，適用上の留意点として，新設橋梁の鋼床版と同様に，凍結防止剤を散布するような寒冷地では路面凍結への配慮，舗装面からの水の浸入による腐食や，構造詳細における疲労等の耐久性の観点からの構造設計上の配慮が

(a)　主桁の補強

(b)　床版取替えにおける外ケーブル工法による補強

写真1-1　PC床版への取替えにおける鋼桁補強等の例[1.3]

挙げられる．

第2節　取替鋼床版の国内実績

　RC床版の更新時における取替鋼床版の採用事例を取りまとめた資料としては，（一社）日本橋梁建設協会が実施した2018年調査結果[2.1),2.2)]がある．本節では，これらの調査結果を基に，改めて収集して計65橋となった国内の取替え事例（**表1-1**，**図1-1**）と当時の道路橋を取り巻く技術的背景を踏まえ，国内の取替え事例の変遷を整理する．なお，**表1-1**で紹介する事例の一部は，**第4章**に詳述している．各事例の詳細な情報がなく，**表1-1**に含めていない事例も存在するが，国内の取替え事例の大半を網羅できていると考えている．**表1-2**に示す各項目について整理した結果を本編の最後に付表としてまとめている．

　道路橋のRC床版については，1960年代半ば頃から自動車荷重に起因する疲労現象や施工品質等の耐久性低下に影響を与える要因により劣化損傷が進行する事例がみられるようになった．端建蔵橋（桁橋，1921年建設）では，1963年に地盤沈下に伴う堤防の嵩上げに対応して橋

表1-1　国内における取替鋼床版の調査事例（65橋）一覧

No.	橋梁名	所在地	路線	形式	竣工年	補修年	本編4章掲載
1	上川橋	北海道清水町人舞	国道274号	単純合成I桁橋8連	1964	2009	○
2	紅楓橋	北海道夕張市紅葉山	国道274号	単純非合成I桁橋4連	1957	1988	○
3	朱太川橋	北海道寿都郡黒松内町豊幌	国道5号	2径間連続合成I桁橋	1962	1996頃	
4	むつ大橋	青森県むつ市金曲	国道279号	単純I桁橋3連	1962	1996	
5	赤石橋	宮城県仙台市太白区茂庭合ノ沢南	市道	単純トラス橋	1934	1989	
6	上越橋	群馬県利根郡みなかみ町永井	国道17号	上路式アーチ橋	1958	1984	
7	唄の沢橋	栃木県日光市五十里	国道121号	上路式スパンドレルアーチ橋	1956	1991	○
8	海尻橋	栃木県日光市五十里	国道121号	下路式ランガートラス橋	1955	1986	
9	南浦和陸橋	埼玉県さいたま市南区南浦和	市道F195号	単純合成I桁橋	1962	1996	
10	白川橋	埼玉県秩父市荒川白久	県道210号	上路式アーチ橋	1963	1992	
11	八幡橋	埼玉県秩父市荒川贄川	国道140号	上路式ランガートラス橋	1952	1993頃	
12	赤平橋	埼玉県秩父郡小鹿野町長留	国道299号	3径間連続I桁橋	1954	1982頃	
13	西新井陸橋	東京都足立区西新井	都道318号	3径間ゲルバー箱桁橋	1967	2018	○
14	厩橋	東京都台東区蔵前	都道453号	下路式鋼タイドアーチ橋	1929	1985	
15	駒留陸橋	東京都世田谷区上馬～三軒茶屋	都道318号	単純合成桁橋3連＋3径間ゲルバーI桁	1966	2010	
16	白鬚橋	東京都荒川区南千住	都道306号	バランスドブレースリブタイドアーチ橋	1931	2014	
17	千石橋	東京都江東区新木場	区道505・543号間	3径間連続桁橋、3径間ゲルバーI桁橋	1973	1998,1999	
18	夢の島大橋	東京都江東区新砂	都道306号	3径間ゲルバーI桁橋	1968	1979	
19	勝鬨橋	東京都中央区築地	都道304号	鋼タイドアーチ＋跳開橋	1940	1979	○
20	葛西橋	東京都江戸川区西葛西	都道10号	補剛ゲルバー桁	1963	1997	
21	有明埠頭橋	東京都江東区有明	東京港臨港道路南北線	単純I桁橋3連	1973	2001	○
22	八千代橋	東京都港区芝浦	都道316号	単純桁橋	1963	2009	
23	板橋中央陸橋	東京都板橋区東山町	都道318号	3径間連続箱桁橋	1964	1989	
24	奥多摩橋	東京都青梅市二俣尾	都道200号	上路式ブレースドリブアーチ橋	1939	1989	
25	昭和橋	東京都西多摩郡奥多摩町氷川	都道184号	上路式アーチ橋	1959	1992	
26	南氷川橋	東京都西多摩郡奥多摩町氷川	国道411号	π型ラーメン橋	1969	1997	
27	琴浦橋	東京都西多摩郡奥多摩町境	国道411号	上路式ローゼ橋	1973	1999	○
28	境橋	東京都西多摩郡奥多摩町境	国道411号	方杖ラーメン橋	1938	1974	
29	麦山橋	東京都西多摩郡奥多摩町川野	国道411号	中路式ブレースドリブアーチ橋	1957	1993	
30	扇町陸橋	神奈川県川崎市浅野町	県道101号	単純合成I桁橋	1965頃	1985頃	○
31	道志橋	神奈川県相模原市緑区寸沢嵐	国道412号	上路式ランガー橋	1963	1969	○
32	東名田中橋	神奈川県足柄上郡山北町山北	東名高速	単純合成I桁橋	1969	1991	○
33	大井跨線橋	神奈川県足柄上郡大井町金子地先	国道255号	単純合成I桁橋	1967	1985	○
34	新横浜陸橋	神奈川県横浜市港北区新横浜	市道環状2号	3径間連続I桁橋	1968	1989	○
35	山田橋	千葉県印西市瀬戸	県道65号	下路式ランガー橋	1966	1990	
36	甚兵衛大橋	千葉県成田市北須賀（印旛沼）	国道464号	単純I桁橋6連	1967	1993	
37	小見川大橋	千葉県香取市小見川（利根川）	県道44号	下路式ランガー橋6連	1973	1998	
38	松丘橋	千葉県君津市大戸見旧名殿	県道24号	3径間連続桁橋	1959	1992	
39	裾花大橋	長野県長野市小鍋（裾花ダム湖）	国道406号	上路式2ヒンジアーチ橋	1966	1998	
40	半の沢橋	長野県中川村葛島	県道59号	上路式ランガー桁橋	1964	1987	
41	岩井橋	愛知県名古屋市中区大須	市道大須通	上路式ソリッドリブアーチ橋	1923	1999	
42	中川橋	愛知県名古屋市港区西倉町	市道227号	下路式ブレースドリブアーチ橋	1930	1987	
43	大渡橋	富山県南砺市渡原	国道156号	単径間2ヒンジ補剛トラス吊橋	1958	1991頃	
44	手取川橋	石川県能美市粟生	県道157号	下路式ワーレントラス橋8連	1932	2002	○
45	美川大橋	石川県白山市美川南町	県道25号	連続非合成I桁橋	1972	2013	○
46	金名橋	石川県白山市中島町	手取川自転車道	下路式ワーレントラス橋	1951	2004	
47	蝉丸橋	滋賀県大津市逢坂	名神高速	上路式ブレースドアーチ橋	1963	1991	○
48	源八橋	大阪府大阪市北区天満橋	市道桜宮方面南北42号線	連続ゲルバーI桁橋	1936	2009	
49	堂島大橋	大阪府大阪市福島区福島3丁目	大阪市道堂島十三線	下路式2ヒンジソリッドリブアーチ橋	1927	2020	
50	淀川大橋	大阪府大阪市福島区	国道2号	上路式ワーレントラス橋6連・単純I桁橋24連	1926	2020	○
51	端建蔵橋	大阪府大阪市北区中之島～西区川口	府道29号	単純I桁橋5連	1921	1963	
52	3号神戸線第24工区（復旧）	兵庫県神戸市須磨区大池町（JR上）	阪神高速	3径間連続非合成箱桁橋	1976	1997	
53	楢大橋	岡山県津山市野村	国道53号	3径間連続非合成I桁橋	1966	2009	
54	太田川橋	広島県広島市安佐北区八木	国道54号	5径間ハンガー式ゲルバートラス橋	1957	1999	
55	新観音橋	広島県広島市中区舟入本町	国道2号	3径間連続I桁橋	1963	1983	○
56	新住吉橋	広島県広島市中区住吉町	国道2号	3径間連続I桁橋	1965	1984	
57	田儀跨線橋	島根県出雲市多伎町口田儀	国道9号	単純非合成I桁橋	1962	1988	
58	大谷橋	愛媛県大洲市肱川町大谷	旧国道197号	下路式ワーレントラス橋	1957	1998頃	
59	四万十川橋	高知県四万十市中村大橋通	県道346号	下路式ワーレントラス橋8連他	1926	1977	
60	若戸大橋	福岡県北九州市戸畑区～若松区	国道199号	3径間2ヒンジ補剛トラス吊橋	1962	1990	○
61	大膳橋	福岡県北九州市折尾	国道3号	単純I桁橋2連	1957	1996	
62	西園橋	福岡県八女市矢部村矢部	国道442号	下路式ワーレントラス橋他	1959	1996	
63	竹の下跨線橋	大分県佐伯市直川大字上直見	国道10号	単純非合成I桁橋	1964	1994	
64	松島橋（天草5号橋）	熊本県上天草市松島町合津	国道266号	上路式パイプアーチ橋	1966	2000頃	
65	鹿狩戸橋	宮崎県西臼杵郡高千穂町三田井	県道237号	上路式アーチ橋	1931	1991	

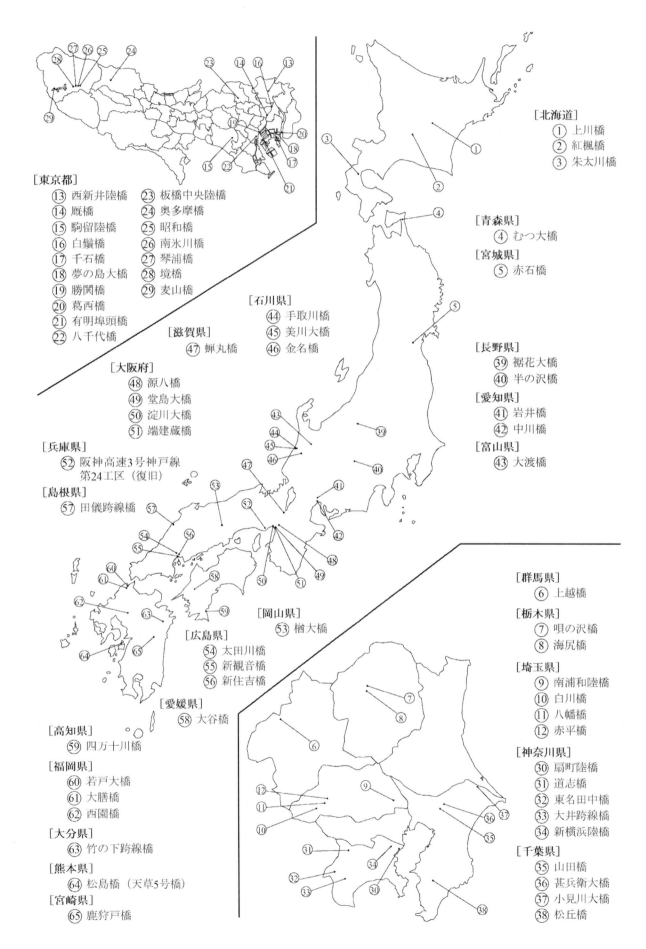

図1-1 国内における取替鋼床版の調査事例（65橋）の位置

の嵩上げ工事が行われ，橋体を軽くするため RC 床版から鋼床版に取り替えられている[2.3),2.4)]．道志橋（上路式ランガー桁橋，1964 年建設）[2.5)]では，RC 床版の損傷により，1969 年に鋼床版に取り替えられている．また，勝鬨橋（タイドアーチ・跳開橋，1940 年建設）[2.6)]では中央径間の跳開部に T-グリッド床版（I 形鋼格子床版の類似構造）が使用されていたが，重交通に伴う損傷により 1979 年に鋼床版に取り替えられている．同橋では将来の再跳開（1970 年 11 月を最後に跳開していない）の可能性も考慮し，床版重量，主桁・床組としての耐荷力，分割施工，急速施工への対応可能性等を考慮して鋼床版が選定されている．

交通量増加に伴い，橋梁の等級の格上げや車線拡幅，床版をはじめとする橋各部の劣化損傷への対応等，橋全体の大規模工事において死荷重軽減の観点から鋼床版が採用される事例もみられている．1990 年に更新された若戸大橋（吊橋，1962 年建設）[2.7),2.8)]では，死荷重の軽減，走行性，工費，工期，施工法等の総合的な判断より鋼床版を選定したとしている．なお，1970 年代以降，閉断面リブを用いた鋼床版の建設実績の増加とともに，取替鋼床版においても，事例は少ないものの閉断面リブを採用した鋼床版（例えば，紅楓橋，1957 年建設，1987 年更新）[2.9)]もみられるようになった．

1990 年代に入ると，車両の大型化に対する社会的要請に対応して，1994 年改定の道路橋示方書[2.10)]では，大型車の交通の状況に応じて B・A 活荷重が新たに規定された[2.11)]．これ以降の床版更新では，B 活荷重（一部，TL-14 から A 活荷重）への対応が図られている（例えば，手取川橋，1932 年建設，2002 年更新）[2.12)]．また，1995 年に発生した兵庫県南部地震を受けて，1996 年改定の道路橋示方書[2.13)]では，設計地震動に内陸直下型地震による地震動が新たに追加されるとともに，耐震性向上のための設計法の見直しが行われた[2.11)]．このような技術基準の改定に対応して，旧基準で設計された既設橋では目標とする性能を確保できるよう適切な補強などの対応が検討されている．技術基準で求める性能の確保のために，床版の耐荷力・耐久性向上や，死荷重軽減というニーズは，既設橋にとっては従前にも増して重要となってきているものと考えられる．なお，1990 年代以降，東京都の橋での採用事例が多いが，耐震性の観点から上部構造の軽量化を図った事例や，B 活荷重への対応による事例がみられる．

2000 年代以降，膨大な既設橋の高齢化に伴う劣化損傷の顕在化とともに，維持管理の課題が指摘されるようになり，国内外の崩落事故などを契機に，老朽化対策の本格実施に向けて大きく舵が切られることとなった．高速道

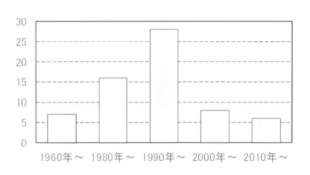

表1-2 文献等調査における調査項目

橋梁の基本諸元	床版の取替え要因
・竣工年次 ・取替年次 ・所在地 ・路線 ・橋梁形式 ・橋長 ・床版形式（取替前） ・設計活荷重（取替前・後）	（損傷/活荷重対応/幅員拡幅/耐震性確保等）
	鋼床版の採用理由
	（荷重軽減/合成桁化/工期短縮/常時車線確保/桁補強等）
	施工条件
	・施工幅員 ・作業時間帯 ・規制形態
鋼床版の構造詳細	
・既設桁との接合方法 ・デッキプレート厚 ・縦リブ諸元 ・横リブ諸元	

図 1-2 調査事例における鋼床版取替えの年代別内訳

路会社では 2012 年に大規模更新のあり方に関する検討委員会を設置し，大規模更新・修繕の事業計画を 2013〜2014 年に公表している[2.14),2.15)]．東・中・西日本高速道路(株)では事業の中核をなす床版取替え工事が推進されている．中国自動車道吹田 JCT〜中国池田 IC 間の橋梁更新工事では，取替鋼床版ではないものの，架設工法や設計条件を勘案し，鋼上部構造が鋼床版橋に取り替えられており，疲労耐久性の向上を目指した高耐久性の鋼床版が採用されている[2.16),2.17)]．

図 1-2 に調査事例の年代別の内訳を示す．取替鋼床版に関しては，旧基準で設計・施工された RC 床版の劣化損傷の進行，交通需要の増加や設計活荷重の増加への対応など様々な要請により更新が必要となるなか，死荷重軽減や交通への影響軽減，耐荷力・耐久性向上の観点から総合的な判断のもと採用されてきたものと考えられる．すなわち，1)コンクリート系床版の死荷重軽減，2)主桁との一体化による床版のみならず主桁の耐荷力向上，3)急速施工や分割施工に対する優位性，4)高い耐久性への期待等の鋼床版としての構造的特徴が採用の背景にあると考えられる．なお，構造形式としては，過去から現在に至るまで開断面タイプの鋼床版が主流となっている．

第2章　参考文献

第1節

1.1) 宮山浩太郎，林暢彦，井口進，山内誉史：床版更新工事における取替え鋼床版の適用事例，橋梁と基礎，Vol.55，No.1，pp.25-31，2021.

1.2) （公社）土木学会：連続合成桁橋における床版取替え技術の現状と展開，複合構造レポート17，pp.65-82，2021.

1.3) 中日本高速道路株式会社（資料提供者）：床版取替え時の桁補強写真

1.4) 長谷俊彦，田尻丈晴，高橋政雄，石橋雅一，池上浩太朗：外ケーブルを用いた主桁補強を伴う床版取替え工事，橋梁と基礎，Vol.51，No.5，pp.51-56，2017.

第2節

2.1) （一社）日本橋梁建設協会：床版取替え施工の手引き，2018.

2.2) （一社）日本橋梁建設協会：日本と米国における取り替え鋼床版事例の調査報告，平成26年度 橋梁技術発表会資料，
<https://www.jasbc.or.jp/images/imageparts/title/release/ronbun/2014/H26_001.pdf>，2023.3.31 閲覧.

2.3) 近藤和夫，井上洋里，宮崎信明：船津橋並びに端建蔵橋の工事報告，道路，Vol.271，pp.746-755，1963.

2.4) 大阪市ホームページ：
<https://www.city.osaka.lg.jp/kensetsu/page/0000023862.html>，2023.3.31 閲覧.

2.5) 小林一雄，穎原謙三，友廣元寿：上路式ランガー桁拡幅補強工事報告，横河ブリッジ技報，No.24，pp.156-166，1995.

2.6) 方波見毅，河合文久，和田拓雄：勝鬨橋の補修・補強，橋梁と基礎，Vol.17，No.8，pp.40-55，1983.

2.7) 金子鉄男：若戸大橋の拡幅工事，横河橋梁技報，No.20，p.125-139，1992.

2.8) （公社）土木学会：鋼橋の大規模修繕・更新—解説と事例—，鋼構造シリーズ26，pp.223-231，2016.

2.9) 切石堯，川村浩二，高橋渡，加藤正実：紅楓橋における鋼床版張替え工法，橋梁と基礎，Vol.23，No.6，pp.11-17，1989.

2.10) （社）日本道路協会：道路橋示方書・同解説，1994.

2.11) （公社）日本道路協会：道路橋技術基準温故知新～道路関係技術基準の誕生から現在までの記録～，2015.

2.12) 喜多義則，梶川康男，若林保美，岩田節雄：B活荷重に対応した70年経年トラス橋（手取川橋）の補強，橋梁と基礎，Vol.38，No.2，pp.31-37，2004.

2.13) （社）日本道路協会：道路橋示方書・同解説，1996.

2.14) （公社）土木学会：鋼道路橋RC床版更新の設計・施工技術，鋼構造シリーズ33，p.4，2020.

2.15) 広瀬剛：床版取替え工事概論，橋梁と基礎，Vol.51，No.5，pp.22-25，2017.

2.16) 熊野開志，田中伸尚，吉田賢二，工藤祐琢，林稔二，濵博和：高耐久な鋼床版として設計・施工された実橋の静的載荷試験，土木学会第77回年次学術講演会概要集，CS3-05，2022.

2.17) 横関耕一，横山薫，石井博典，江崎正浩，渡邉俊輔，三木千壽：取替え用高性能鋼床版パネルの開発，橋梁と基礎，Vol.51，No.5，pp.35-40，2017.

第3章　取替鋼床版の計画・設計・施工

　文献調査などにより収集した65事例の取替鋼床版については，取替え年次や橋梁形式等が様々であるが，それぞれの橋梁に応じて取替鋼床版の利点が活かされており，特筆すべき点を有している．本章では，文献調査と現地調査による結果を踏まえ，取替鋼床版を適用する上で，計画・設計・施工の各段階における主な検討事項と留意点について事例を交えながら説明する．なお，本章で紹介する橋梁名に続く括弧内番号は，**第2章 表1-1**の左端番号に対応している．また，それらの施工事例の詳細については**第4章**を参照されたい．

第1節　計画

　床版取替え工事の計画段階では，既設橋の損傷状況，床組の構造詳細・交通状況・迂回路の有無等を調査し，橋梁上・下部構造の状態と架橋地点の諸条件を把握する必要がある．そして調査から得られた情報を基に，工期・品質等の要求事項を満足させるための施工計画を立案することとなる．

1.1　鋼床版の選定理由

　RC床版を鋼床版に取り替えた要因と鋼床版を選定した理由について整理した結果を**図1-1**に示す．なお，複数の要因・理由が挙げられた事例については，それぞれ1件として集計している．床版の取替え要因では，RC床版の損傷が最も多く，次いで現行基準の設計活荷重への対応であった．RC床版の損傷については，車両荷重・交通量の増加や鉄筋量不足等が損傷原因として挙げられていた．鋼床版の採用理由では，死荷重低減と現場施工時の車線確保が同数で最多となり，現場工期の短縮が続いている．これらは鋼床版の特徴と合致している．

　死荷重低減に関して，まず，床版取替え工事の対象となる橋梁の多くは，上部構造・支承・下部構造などの設計時に現行基準より小さな活荷重や地震力が用いられている．その状態の橋梁に対し，現行基準に準拠し増厚されたコンクリート系床版を採用すると死荷重が増大し，上部構造や下部構造などの補強が大がかりになる場合がある．取替鋼床版は，コンクリート系床版と比較して軽量であるため，死荷重を低減できる特徴を有する．また，取替鋼床版を採用することで既設構造物の補強量を軽減させて工事のコスト縮減を図るとともに，橋梁全体の耐荷性能の向上を図ることが可能となる．

　手取川橋（No.44）[1.1]ではRC床版や支承の取替えと，

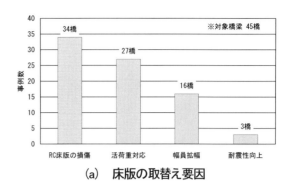

(a)　床版の取替え要因

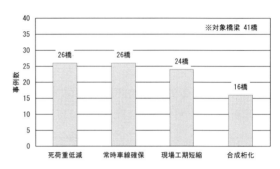

(b)　鋼床版の採用理由

図1-1　床版の取替え要因と鋼床版の採用理由

腐食した鋼部材の補修を目的とした改良工事が行われ，既設トラス主構の応力度低減に加えて床組全体と橋体の剛性向上が課題となった．このため，現場施工の前後に荷重車を用いた静的載荷試験や動的走行試験，ならびに有限要素解析（Finite Element Analysis．以下，FEA）を実施し，補修や床版取替えの改良効果を検証している．また，床版取替え後の重量計測により，橋体重量を24%軽減できたことが示されており，床版重量軽減化が既設部材の応力度低減へ大きく貢献していることがわかる．

　淀川大橋（No.50）[1,2]ではRC床版（12,000t）から鋼床版（4,700t）に取り替えることにより上部構造の全死荷重を約35%軽減し，橋脚や基礎の補強をすることなく下部構造の耐震性能を確保している．

1.2　床版の分割施工

　床版取替え時の現場施工としては，交通状況に応じて車線を確保しながら幅員を分割して床版を取り替える場合と，全幅員を一括して取り替える場合がある．一般には，渋滞などによる周辺交通への影響を軽減する観点から幅員を分割して施工する案が採用される場合が多い．なお，これらの判断にあたっては，上下線分離の有無，車線数，施工時間帯および施工期間の長短を勘案し検討する必要があり，特に，全幅員一括施工を選択する場合には，迂回路の有無が重要な判断要因の一つとなる．

取替鋼床版を用いた床版取替え時の現場施工条件別の施工事例数の内訳を図 1-2 に示す．これまでの事例においても，幅員を分割して床版を取り替えることで車線を常時確保し，昼間に現場施工が行われた割合が高い．取替鋼床版は，幅員方向への分割施工が可能であることや，取替鋼床版の現場継手を任意の位置に設定できることなどの特徴を有しており，現場施工時の施工幅員を選定する際の自由度の高さがうかがえる．

新横浜陸橋（No.34）[1.3]では全 6 車線のうち 4 車線の交通を常時確保することに加え，急速施工が求められた．このため，施工計画時に 4 種類の床版取替え工法について比較検討がなされ，歩道の迂回路を確保した上で，両側の歩道部を利用して門型クレーン（吊荷重 5t，支間 24m）を設置する工法を選定し，2 車線ずつ床版取替えを行っている（写真 1-1）．なお，取替え順序としては，1 期工事で上り線外側 2 車線，2 期工事で下り線外側 2 車線，3 期工事で残りの中央分離帯部の 2 車線を取り替えている．

1.3 工程・工期の短縮

床版取替え工事では，通行車両や歩行者といった利用者への負担や周辺道路への影響を軽減するために，現場施工期間の短縮について検討する必要がある．取替鋼床版では，部材をあらかじめ工場で製作して現場で組立てるプレファブ形式であることを活かし，現場工程を短縮するとともに，全体工期を最適化することができる．

淀川大橋（No.50）[1.2]では，上部構造の劣化した部材の更新と下部構造の耐震性能の確保を目的とした大規模更新工事が行われた．施工期間が 7 か月間の非出水期に限定されていたため，コンクリート系床版に比べて現場施工期間を短縮できる鋼床版が採用されている．

上川橋（No.1）[1.5),1.6)]では活荷重合成桁であったため，当初，現場施工期間において約 5 ヶ月間ベントを設置する必要があった．そこで，幅員分割施工におけるステップごとの構造系（抵抗断面）および荷重の変化を考慮した検討を行い，ベントの使用を減らせる床版取替え順序が採用された．その結果，ベント設置期間を約 1 ヶ月まで大幅に短縮し，コスト縮減と工程遅延リスクを軽減した．なお，幅員分割施工時には既設主桁の外桁のみと鋼床版を連結し合成桁化した上で車両を通行させている．

1.4 路面高の調整

既設橋を設計した際の適用基準の年代にもよるが，床版取替え工事においてコンクリート系床版を現行基準に基づいて設計すると，同種の床版であっても床版厚が数十 mm 厚くなる場合もある．このため，単にコンクリー

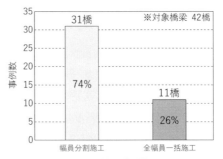

(a) 施工幅員

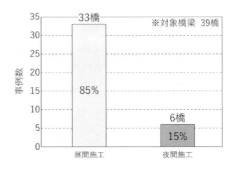

(b) 現場作業の時間帯

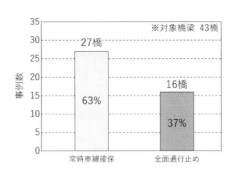

(c) 交通規制の形態

図 1-2 現場施工条件

写真 1-1 門型クレーンを用いた分割施工例
（新横浜陸橋）[1.4]

ト系床版に取り替えただけでは，新旧の床版厚の差分だけ接続する道路の路面高とすり付ける必要があり，床版取替え工事の影響が周辺道路にまで広がることとなる．一方，取替鋼床版を採用した場合には，既設桁との接合部への工夫により新旧床版の路面高を一致させることができる．

美川大橋（No.45）[1,7]では路面高への対処方法として，鋼床版の横リブウェブにスリットを設けて主桁下方に取替鋼床版の横リブを直接設置する方法が比較検討されている（図1-3(a)）．最終的には，橋梁前後のすり付けが可能となったため，鋼床版の製作が複雑にならず現場での施工性に優れる接合方法（図1-3(b)）が選定されたが，一般的には路面高を維持することが求められるため，取替鋼床版の構造高を抑えられる前者のような構造的な工夫を検討して施工する場合も多い．この他の構造的な工夫としては，新横浜陸橋（No.34）[1,3]のように，鋼床版の横リブを既設桁近傍で部分的に切り欠くことにより，路面高が高くならないようにした事例もみられる（図1-4）．

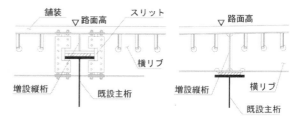

(a) 既設主桁下方への設置　(b) 既設主桁への上載

図1-3　既設桁と鋼床版の接合方法検討例
（美川大橋）[1,7] を改変（加筆修正）して転載

第2節　設計

2.1　既設桁と取替鋼床版の接合

2.1.1　接合方法の種類

既設の主桁や横桁等と取替鋼床版の接合方法には，鋼床版を橋梁全長に亘って接合する方法（以下，連続接合）と，既設桁と鋼床版の横リブなどが交差する箇所のみを部分的に接合する方法（以下，断続接合）の2種類がある（図2-1）．調査した65橋について，連続接合と断続接合の分類と継手形式（高力ボルト，現場溶接）を整理したものを図2-2に示す．接合方法としては，高力ボルト継手が54橋，現場溶接継手が5橋である．高力ボルト継手に比べて現場溶接継手の事例が少ないのは，施工時間が長くなること，分割施工においては交通振動による影響など現場溶接の品質確保の難しさが原因と推測される．

高力ボルト継手が採用された54橋では，断続接合が連続接合よりやや多い程度であり，大きな差はみられない．一方で，連続接合は既設桁の上フランジ全長に亘り取替鋼床版を取り付けるための接合面の確保やボルトの孔あけ等の作業が必要であり，コストや工期に与える影響について十分に検討する必要がある．

調査した65橋を対象に，既設桁との接合方法を橋梁形式別に分類したものを図2-3に示す．取替鋼床版の事例としては，I桁橋（28橋）とランガー桁・アーチ橋（24橋）が多い．接合方法は，I桁橋では連続接合が多いのに対し，ランガー桁・アーチ橋およびトラス橋では断続接合が多い．これは，後述するようにI桁橋では合成桁化する場合に既設主桁と連続的に接合する場合があるのに対し，ランガー桁・アーチ橋等では当初の床版と補剛桁の接合が非合成構造であり，床版取替え後も非合成構造とする場合は，既設床組と鋼床版との交点部分のみの接合となるためである．

次に，既設桁との接合方法を合成構造・非合成構造で分

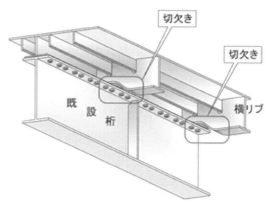

図1-4　横リブの切欠き例（新横浜陸橋など）

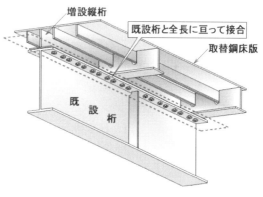

(a)　連続接合

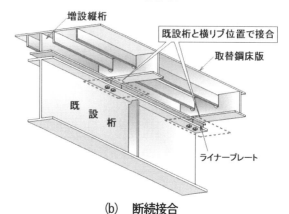

(b)　断続接合

図2-1　既設桁との接合方法の分類

類したものを**図 2-4** に示す．床版取替え前の形式が合成桁橋であった6橋のうち4橋が連続接合を採用している．また，床版取替え後に非合成桁を合成桁化した橋梁15橋のうち9橋が連続接合を採用しており，合成桁化する場合は，連続接合の採用が多くなる傾向にある．例えば，美川大橋（No.45）[1,7]は，高力ボルトによる連続接合を採用し合成桁化した橋梁であり，取替鋼床版の設計にあたっては，既設主桁との合成効果を考慮した応力照査を行っている（**第4章1.20**）．

合成桁化を図った橋梁で，高力ボルトによる断続接合が採用された5橋については，工事完了後に荷重車載荷試験等を実施して鋼床版と既設桁との合成効果を確認している．例えば，単純I桁橋4連の紅楓橋（No.2）[2,1]では急速施工が求められたため，既設主桁への孔あけや高力ボルトの締付け作業を減らすことが可能な断続接合が採用されたが，FEAと実橋載荷試験により，既設桁と主桁が一体となった合成構造としての挙動を確認している（**第4章1.2**）．同様な検討が，昭和橋（No.25）[2,2]や麦山橋（No.29）[2,3]においても実施されている．

2.1.2 接合方法選定上の留意点

(1) 連続接合

前述のとおり，高力ボルトによる連続接合を採用する場合は，既設桁の上フランジ全長に亘り旧床版撤去後の清掃とボルト孔あけが必要であり，コストや工期に与える影響が大きい．

高力ボルトによる接合の設計は，道路橋示方書Ⅱ 9.9.2[2,4]に示される摩擦接合用高力ボルトの設計における曲げによるせん断力を受ける板を水平方向に連結する継手に準じて設計される場合や，コンクリート系床版のずれ止めの設計を参考として設計される場合がある．しかし，これらは必ずしも実際の挙動に対応した設計ではないと考えられ，その違いを把握するためにFEAなどによる評価の要否を検討する必要がある．また，既設桁の現場継手部における配慮も必要である．すなわち，当該部位では上フランジが高力ボルト継手で接合されているため，これを兼用して鋼床版を連結するか，**写真 2-1** に示すように，鋼床版に取り付く縦桁側に切欠きを設けて現場継手部を回避する構造の採用などが考えられる．なお，現場継手部における処置として，**図 2-5** のように切欠き部分の縦桁ウェブを既設桁の上フランジ連結板と現場溶接した事例も確認されたが，溶接による熱影響により高力ボルトの軸力抜けなどを誘発する可能性もあり，避けるべき対処方法であると考える．

ボルトの孔あけについては，一般的には既設桁に設けた孔位置をテンプレートに転写して工場に持ち帰り，取

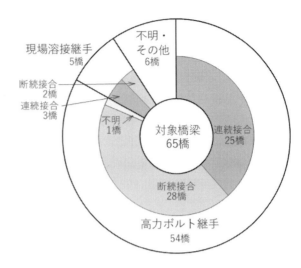

図2-2 既設桁との接合方法

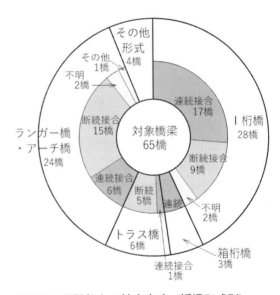

図2-3 既設桁との接合方法（橋梁形式別）

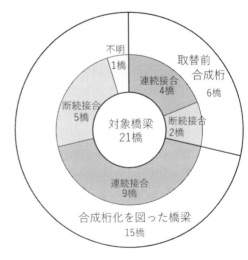

図2-4 既設桁との接合方法（合成桁）

替鋼床版に反映するが，白鬚橋（No.16）[2,5]や新横浜陸橋（No.34）[1,3]のように，テンプレートを用いない工夫を考え，現地で精度のよい孔あけ方法を適用した事例もある（第4章1.9，1.17）．

現場溶接により設置した増設縦桁（T形鋼）を介した連続接合を採用した扇町陸橋（No.30）[2,6]の事例（図2-6）もあるが，溶接品質の確保や溶接収縮によるそりへの影響等にも留意が必要となる．

(2) 断続接合

断続接合を採用する場合の利点として，既設桁への孔あけや高力ボルト締付け作業を減らせることがある．さらに，接合部にライナープレートを用いることで，既設桁の現場継手部やスラブアンカーなどのずれ止め切断後の残存部との干渉を回避できること，既設桁の板厚差や横断勾配，製作誤差の調整を現場施工時に実施できることが挙げられる．一方で，ライナープレートを用いる場合，既設桁と鋼床版の間に生じる狭隘な空間は維持管理が困難な部位となるため，要求性能を満足する防食方法を採用するか樹脂などを充填する等，現場での施工条件を考慮した上で慎重に決定する必要がある．また，ライナープレートにより調整が必要となる高さが50mmを超えるような場合もあり，現地調査した事例のうち数橋では，**写真2-2**に示すように接合部に複数枚のライナープレートを重ねて用いた箇所も確認されている．このような構造に対しては，高力ボルト継手として適切に荷重伝達がなされているか，ライナープレートの肌隙に起因した腐食が生じないか等，十分な検討が必要である．

既設桁との合成作用を考慮した接合部の設計に関しては，より合理的な接合設計法の確立の観点から，高力ボルト継手による断続接合に関連する研究が進められており，接合部に用いる高力ボルトの必要本数について検討がなされている[2,7),2,8)]．

2.2 縦リブの種類

取替鋼床版に適用する縦リブの種類は，一般的には，既設橋の条件に合った縦リブ形状に絞り込んだ上で，経済性や製作性などを比較検討し選定している．調査した65橋を対象に，縦リブの種類を分類したものを**図2-7**に示す．同一橋梁で複数の縦リブを用いる場合もあるが，ここでは代表的なものを挙げている．対象橋梁のうち，15橋が閉断面リブ（全てUリブ）を，46橋がバルブリブや平リブ等の開断面リブを使用している．対象橋梁のほとんどが直橋のため，閉断面リブの適用範囲内（平面曲率半径R=300m以上）である．それにもかかわらず，開断面リブの採用事例が多いのは，一般に取替鋼床版の構造高さを

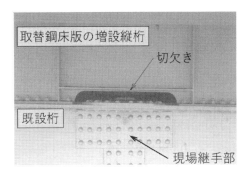

写真2-1 既設桁の現場継手の回避例（連続接合）

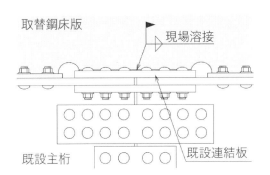

図2-5 既設連結板と現場溶接した例

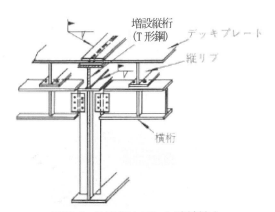

図2-6 T形鋼を用いた連続接合の例 [2,6)]を改変（加筆修正）して転載

写真2-2 複数枚のライナープレートを用いた事例

抑える必要性から，横リブの高さを小さくするために，高さの小さい開断面リブを採用する傾向にあるものと推測

される.

蝉丸橋（No.47）[2,9]では，平リブ，バルブリブ，ならびにUリブを選定した場合の，経済性・製作性・輸送および架設時の安定性・現場の施工性について比較検討している．その結果，経済性（鋼重）がUリブと大差なく，曲線桁の線形に沿って配置がしやすいことに加えて，高力ボルトの締付けなど現場の施工性が良好である等の理由からバルブリブが採用された．

開断面リブについては，一般的なバルブリブや平リブの他に，T形リブを用いた事例が8橋ある（**写真2-3**）．T形リブは，バルブリブや平リブなどの開断面リブと比較して断面を大きくできることから，縦リブ支間を拡大することが可能であり，例えば東名田中橋（No.32）[2.10),2.11]では縦リブ支間を4,000mm，むつ大橋（No.4）では最大3,500mmとしている．

2.3 縦リブ配置の方向

取替鋼床版の縦リブは，通常の鋼床版と同様に橋軸方向に配置されるのが一般的であるが，調査した65橋のうち，新観音橋（No.55）[2.12),2.13]や竹の下跨線橋（No.63）[2.14]のように，閉断面リブを橋軸直角方向に配置した事例もある（**図2-8(b)**）．

橋軸直角方向に配置する利点としては，橋軸方向の配置と比較して床版片持ち部の張出しを長くできること，全幅員を1パネルで取り替えられる現場条件であれば縦リブの現場継手を無くすことができること，主桁間隔が小さければ横リブを省略できること等が挙げられる．ただし，橋軸直角方向に配置する場合は，鋼床版の構造詳細の設計に対する輪荷重の載荷条件が現行基準とは異なるため，溶接部の疲労耐久性や舗装のひび割れへの影響について検証が必要と考えられる．

2.4 デッキプレートの板厚

調査した65橋を対象に，取替鋼床版のデッキプレートの板厚を分類したものを**図2-9**に示す．ほぼ半数が板厚12mmであり，それ以外は1橋を除いて14mm以上であった．

道路橋示方書[2.15]では2012年の改定により，車道部の鋼床版デッキプレートの最小板厚は12mmとし，閉断面リブを用いる場合には，大型車の輪荷重が常時載荷される位置直下はこれまでの12mmから16mm以上にすることが標準となった．取替鋼床版を道路橋示方書[2.4]の構造詳細に基づく場合，これらデッキプレートの最小板厚に関する規定に準拠することとなる．

田儀跨線橋（No.57）[2.16]では，閉断面リブ鋼床版が採用

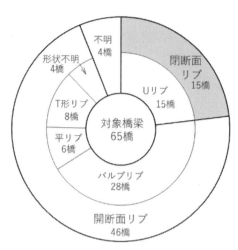

図2-7 縦リブの種類

写真2-3 T形リブを用いた例（むつ大橋）

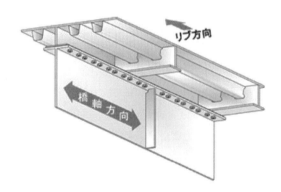

(a) 橋軸方向への配置

(b) 橋軸直角方向への配置

図2-8 縦リブの配置方向

されているが，デッキプレートの板厚を 11mm としている．同橋は冬季の路面凍結防止策として厚さ 100mm のコンクリート層を設け，鋼床版上に取り付けたスタッドジベルにより合成床版化されており，特殊な事例といえる．一方で，デッキプレートの板厚が 18mm と 19mm の事例については，前者は大断面の閉断面リブを適用した合理化鋼床版を採用したものであり[1,2]，後者は既設桁との取合いにより決まった縦リブ間隔から決定されていると考えられる[2.17),2.18)]．

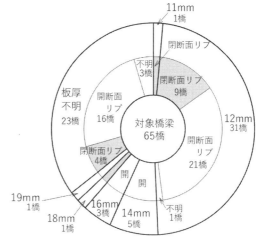

図 2-9　デッキプレートの板厚

2.5　取替鋼床版の現場継手
2.5.1　鋼床版パネルの連結

取替鋼床版のデッキプレートの現場継手には，施工条件により高力ボルト継手または現場溶接継手が選択される．一般的には現場の施工性や施工期間の短縮の観点から高力ボルトが採用される．一方で，現場継手部における舗装厚さの確保のため現場溶接継手（突合せ溶接継手）を採用する場合もある．

現地調査では複数の橋梁において橋面上でアスファルト舗装のひび割れが確認された．このひび割れは，取替鋼床版のパネル継手部（橋軸直角方向）に沿って発生していた（**写真 2-4**）．これらの橋梁の取替鋼床版パネルどうしの連結は，いずれも高力ボルトを用いた引張接合によりエンドプレートで接合され，デッキプレート面には高力ボルトを配置していない構造であった．舗装のひび割れは，引張接合部分のエンドプレートが輪荷重の載荷により開口することで発生したものと推測された（**図 2-10**）．このように鋼床版パネルどうしの連結は，橋面舗装の弱点部となりうるため適切な配慮が必要であると考えられる．例えば，前述の鋼床版パネルの場合，継手部のボルト配置・本数の見直しやデッキプレート上側に当て板を設置して接合するなどといった構造的な工夫もある．なお，鋼床版パネルどうしの連結に止水を兼ねたカバープレート（片面当て板溶接継手，**図 2-11**）が適用された事例もあるが，疲労耐久性の観点から使用しない方がよい継手である．

2.5.2　新・旧床版の境界部

RC 床版を部分的に鋼床版へ取り替えた橋梁で，RC 床版と鋼床版の新旧床版境界部から漏水した事例が確認された（**写真 2-5**）．これは，境界部直上に生じた舗装ひび割れから雨水が浸入したものと推測された（**図 2-12**）．このような漏水に対しては，境界部における床版どうしの一体性の確保が重要である．例えば，床版境界部に間詰め部を設けた上で，取替鋼床版側にエンドプレートを設けてスタッドを設置し，間詰めコンクリートを介して既設

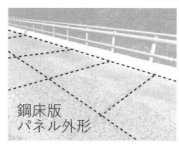

写真 2-4　パネル外形位置の舗装のひび割れ事例

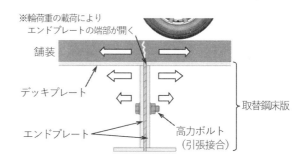

図 2-10　舗装ひび割れの発生メカニズム

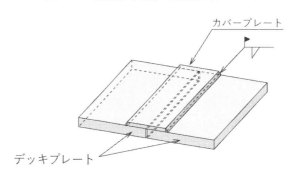

図 2-11　片面当て板溶接継手の例

床版と確実に一体化が図られる構造とすることが考えられる．また，新旧床版の境界部からの漏水防止に配慮した防水システム（シームレスな防水層・舗装，排水設備の設置）も有効と考えられる．

2.6 横リブのウェブ高

取替鋼床版の横リブのウェブ高は，通常の鋼床版と同様に縦リブ貫通部の開口による剛性の低下に配慮すれば，一般に600〜700mm程度となる．ただし，本章1.4で述べたように，計画路面高と既設桁の高さによってはウェブ高が部分的に制限されることもあるため，既設桁との取合い構造に工夫がなされている．図1-4に示した横リブを切り欠いた事例[13]では，横リブウェブの増厚によるせん断耐力の確保，リブの追加によるフランジ曲げ部の補強，当て板による縦リブスリット部の補強などの構造が採用されている（写真2-6）．ただし，これらの構造については，欠損による耐荷性能や疲労耐久性への影響などを十分に検証した上で適用の可否を判断する必要がある．

2.7 増設縦桁

既設桁と接合するために取替鋼床版へ縦桁を増設することが一般的である．この縦桁の大半は，逆T形の部材であり（例えば，図2-6），ウェブ高を調整することによって，路面高の調整や既設桁との接合作業の施工空間の確保が行われている．また，高力ボルトによる断続接合の場合には路面高の調整にライナープレートを用いることもある（写真2-2）．増設縦桁と既設主桁とを現場溶接で連続接合した扇町陸橋（No.30）[2.6]では，増設縦桁が既設主桁の補強部材として機能することも期待している．

第3節 施工

取替鋼床版の施工においては，既設桁の支間長，桁間隔，そり，現場継手位置など設計・施工に必要な情報を種々の方法で調査・計測し，既設桁の設計図書との整合確認などを行うことが重要である．その結果を十分に反映して，既設桁との取合い精度の向上を図るなど，最適な床版撤去・設置計画の立案に反映していく必要がある．特に，取替えステップに応じたそりなどを明確に予測することは容易ではない．よって，前提となる施工条件にはあらかじめ幅を持たせるなど，取替え後の構造物の性能が確実に確保できる方法を検討しておく必要がある．

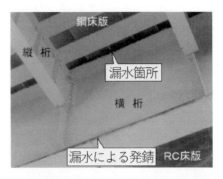

写真2-5 既設床版と鋼床版接合部からの漏水事例

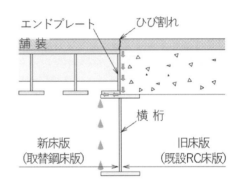

図2-12 新・旧床版の境界部からの漏水

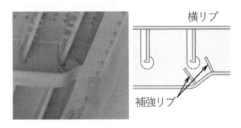

(a) フランジ曲げ部の補強リブ

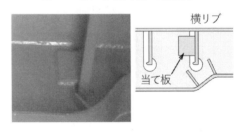

(b) 交差部スリット部の当て板

写真2-6 横リブ切欠き部の補強構造例
（新横浜陸橋）

3.1 路面線形の再現

取替え床版と既設床版の死荷重差は，床版取替え前後における橋梁全体のそりを変化させる要因となる．そりは路面高や縦横断勾配に影響を及ぼすため，床版取替え前の路面線形を再現するためには現場での高さ方向の調整が必要となる．床版撤去時に生じるそりの戻り量を確認することは，路面線形を正確に再現するための重要な情報となる．そりの戻り量は，既設床版を撤去する前後での既設主桁の高さ方向位置の計測で把握でき，これを取

替床版の製作や施工に反映することにより，出来形精度の向上が図れる．なお，事前にFEAを実施する事例も多いが，実測値と必ずしも一致しないことから，施工時にはライナープレートなどで調整できるよう準備しておく必要がある．

有明埠頭橋（No.21）[2.17),2.18)]では，床版取替え前の路面線形を再現するために，既設RC床版の撤去前後での高さ方向位置を計測している．その結果を用いて，設計値によるそり量と実測によるそりの戻り量を比較して調整量を求め，既設主桁と鋼床版の接合部に調整量に合わせたライナープレートを設置することで，路面高，縦横断勾配を再現している．

3.2 床版取替え順序

床版の取替え順序によっては施工途中段階において橋梁全体のたわみや各部材の荷重分担が変化し，局部的に大きな応力が生じる可能性がある．このため，たわみ性状が複雑となるトラス橋やアーチ橋等では，実際の取替え順序を反映した施工ステップごとの応力照査などの事前検討が重要になる．

蝉丸橋（No.47）[2.9)]ではRC床版から鋼床版に取り替えることで床版死荷重が大きく減少するため，死荷重の違いにより生じるアーチリブの橋軸方向の水平変位を抑える必要があった．そこで，床版を橋梁の両端側から中央に向かって交互に取り替えることで対処している（**図3-1**）．

第3章 参考文献

第1節

1.1) 喜多義則，梶川康男，若林保美，岩田節雄：B活荷重に対応した70年経年トラス橋（手取川橋）の補強，橋梁と基礎，Vol.38, No.2, pp.31-37, 2004.

1.2) 牟田口拓泉，伊藤安男，畠中俊季，仲村篤，髙橋啓輔：大正時代に構築された淀川大橋の大規模更新，橋梁と基礎，Vol.54, pp.7-12, 2020.

1.3) 谷郁男，西野邦一：横浜市道路局「新横浜陸橋」床版補修工事，石川島播磨技報，Vol.31, No.2, pp.74-79, 1991.

1.4) 橘川秀夫，米山征勝，望月朋也，谷郁男，西野邦一：新横浜陸橋床版補修工事の概要，建設の機械化，Vol.480, pp.26-pp.32, 1990.

1.5) 酒井武志，吉田輝明，岩間博志，川村達也，大野正人：供用下における合成桁橋の鋼床版化と主桁補強，巴コーポレーション技報，No.23, pp.23-28, 2010.

1.6) 酒井武志，川村達也，大野正人：供用下における合成桁橋の鋼床版化と主桁補強（上川橋拡幅工事），土

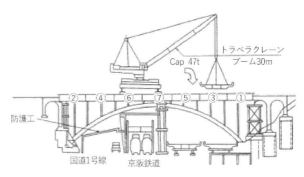

※図中の丸数字は取替え順序を示す

図3-1 床版取替え順序（蝉丸橋）[2.9)] を改変（一部修正）して転載

木学会北海道支部論文報告集，第66号，A-11, 2010.

1.7) 大江純生，美藤友郎，加藤貴祥，藤江剛敏，本間貴史：RC床版から鋼床版への取替え設計および施工：美川大橋，橋梁と基礎，Vol.47, pp.12-17, 2013.

第2節

2.1) 切石堯，川村浩二，高橋渡，加藤正実：紅楓橋における鋼床版張替え工法，橋梁と基礎，Vol.23, No.6, pp.11-17, 1989.

2.2) 設楽正次：昭和橋（アーチ橋）の補強工事，日本橋梁技報，pp.49-54, 1993.

2.3) 木藤幸一郎，三宅義則：麦山橋（床版張替え工事）の設計と架設，技報まつお，No.29, pp.49-57, 1995.

2.4) （公社）日本道路協会：道路橋示方書（II鋼橋・鋼部材編）・同解説，2017.

2.5) 高瀬照久，冨内俊介，渡辺浩良，山口卓哉，日比谷篤志：白鬚橋の長寿命化設計と鋼床版取替え工事，橋梁と基礎，Vol.41, pp.41-46, 2016.

2.6) 大日方忠勝，森国夫：鋼床版パネルによるコンクリート床版橋の復旧，橋梁と基礎，Vol.19, pp.41-45, 1985.

2.7) 林暢彦，井口進，小笠原照夫，内田大介，森猛，中山汰一：取替え鋼床版と既設主桁の接合部の高力ボルト本数に関する検討，土木学会第74回年次学術講演会概要集，I-349, 2019.

2.8) 林暢彦，井口進，小笠原照夫，内田大介，溝口淳史：上部工形式が異なる場合の取替鋼床版接合部の高力ボルト本数に関する検討，土木学会第75回年次学術講演会概要集，I-366, 2020.

2.9) （公社）土木学会：鋼橋の大規模修繕・大規模更新－解説と事例－，鋼構造シリーズ26, pp.52-60, 2016.

2.10) 井口忠司，芹川博，長浜勲：鋼橋RC床版の全面打替工事について－田中橋・小山高架橋の施工について－，日本道路公団業務研究発表会論文集，第34回（その2），論文番号1063, pp.305-309, 1992.

2.11) 石井孝男, 井口忠司, 竹之内博行, 谷倉泉 : 鋼橋 RC 床版の全面打替えによる改良効果, 構造工学論文集, Vol.39A, pp.1011-1024, 1993.

2.12) 新田芳孝 : 建設省中国地方建設局「新観音橋」床版張替工事, 石川島播磨技報, Vol.25, No.5, pp.330-335, 1985.

2.13) 杉崎守, 小林久夫 : 鋼床版張替工法の実例と改良, 石川島播磨技報, Vol.31, No.2, pp.67-73, 1991.

2.14) 米林一俊, 南善仁, 米山徹, 陶器正 : 竹の下跨線橋の補修工事報告, 川田技報, No.14, pp.119-122, 1995.

2.15) (社) 日本道路協会 : 道路橋示方書・同解説, 2012.

2.16) 橋梁事業部設計部, (株) イスミック : 建設省中国地方建設局「田儀跨線橋」床版張替工事, IHI 技報, No.30, pp.199-203, 1990.

2.17) 鈴木透, 石川正信 : 既設 RC 床版取り替え工法の設計と施工報告, 技報まつお, No.42, pp.74-78, 2002.

2.18) (一社) 日本橋梁建設協会 : 取替え鋼床版 (HK スラブ) の設計・施工の手引き, 1999.

第4章 取替鋼床版の事例

第1節 国内の事例

1.1 上川橋 (No.1) [1.1], [1.2]

北海道清水町の十勝川に架かる上川橋 (単純合成 I 桁橋 8 連, 橋長 270m) は, 1964 年に道道 (二等橋／TL-14) として完成した (**写真 1-1**). その後, 床版の補修補強が行われてきたが, B 活荷重および対面通行への対応 (幅員 6m から 8m へ拡幅) を目的に, 2009 年に RC 床版から鋼床版に取り替えられた (**写真 1-2**). 鋼床版の縦リブには閉断面リブが使用されており, 既設主桁と鋼床版の接合方法は, 高力ボルトによる連続接合である.

本橋は, 当初合成桁であったため, 全期間においてベントにて主桁を支持し, 床版取替えと桁補強を行うことが計画されていた. しかし, 河川内での施工となることから増水時には河川内からベントを撤去する必要があった. そこで, 構造系と荷重の変化を考慮した解析 (**表 1-1**) を行い, 鋼桁に発生する断面力を低減できる床版の撤去順序を検討し, ベントが必要となる期間を短縮させた.

全面通行止めによる床版取替えを実施するためには迂回路が必要となるが, 本橋の場合は最も近い橋梁を利用しても 10km 程度の道程となり迂回路として適していないことから, 片側交互通行とし, その反対側で床版取替えおよび主桁補強を行う分割施工が採用された. 分割施工にあたっては, 3 主桁のうち G1, G2 桁上の RC 床版を撤去し, G3 桁上を鋼床版と一体化した合成桁となる施工計画が立てられた (**図 1-1**). この構造系において活荷重が偏載された場合の部材接合部の局部に対する応力状態と変形性状を把握するため FEA による検証が行われ, 施工期間中の安全性を確認している.

写真 1-1 上川橋全景

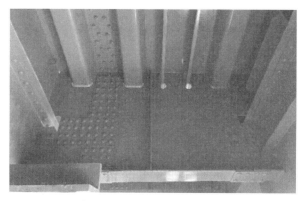

写真 1-2　上川橋取替鋼床版外観

表 1-1　施工ステップに応じた構造系と荷重状況・応力状態 [1.2] を基に改変転載（一部修正して作表）

施工ステップ毎の床版状況 RC床版撤去時（鋼床版架設時）	RC床版撤去前（鋼床版設置後）	床版撤去時（鋼床版設置時）	床版撤去後（鋼床版設置前）
概要図（RC床版撤去時の概要図）	RC床版撤去時（鋼床版架設時）	RC床版撤去時（鋼床版架設時）	
荷重	RC床版（鋼床版）＋鋼桁	RC床版（鋼床版）＋鋼桁	鋼桁
抵抗断面（剛性）	RC床版（鋼床版）＋鋼桁	鋼桁	鋼桁
施工ステップでの応力状態	抵抗断面が合成桁であり耐荷力が大きい	抵抗断面が小さく作用する荷重が大きいためもっとも不利な状況となる	抵抗断面が小さいが作用する荷重も小さく問題とはならない

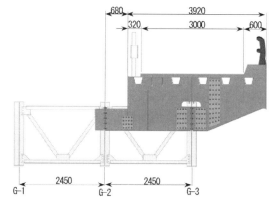

図 1-1　分割施工時の断面図 [1.1] を基に改変転載（一部修正して作図）

1.2　紅楓橋 (No. 2) [1.3]

北海道夕張市の夕張川に架かる紅楓橋（1957年完成，単純非合成I桁橋4連，橋長102.5m）は，老朽化した床版の更新と幅員の拡幅，橋梁の等級の格上げを目的に，1988年にRC床版から鋼床版に取り替えられた（写真1-3）．鋼床版の縦リブには閉断面リブが使用されており，既設主桁と鋼床版の接合方法は，高力ボルトによる断続接合である（写真1-4）．

架橋地点が寒冷地のため無積雪期間での工事完了や，近隣に代替道路がないため，11.5mの幅員に対して常時2車線を確保することが求められ，鋼床版への取替え時に幅員を分割して施工するとともに急速施工が実施されている．現場工程の短縮を目的に採用された高力ボルトによる断続接合の妥当性を検証するために，FEAと実橋載荷試験が実施された．

FEAでは，図1-2に示すライナープレートを用いた断続接合，あるいは連続接合を模擬した一連の単純桁モデルを用いて，支間中央部での主桁下フランジの応力とたわみを比較している．それらの比率が応力で1.01，たわみで1.03であったことから，断続接合であっても既設桁と鋼床版が一体となった合成構造として挙動すると判断された．また，高力ボルト継手部近傍の最大主応力が許容応力度と比べて十分小さな値であることも確認している．

実橋載荷試験では，外桁の部分接合部に着目し，外側1車線（外桁を含む）にダンプトラック4台（ケース1）および2台（ケース2）を静的に載荷した状態で応力を測定している（図1-3）．ケース1では，全体系の応力が最大となり，着目部に曲げモーメントが発生する位置にも載荷している．ケース2では，着目部付近の荷重を除去することでせん断力が支配的な荷重状態とし，着目部付近の局部応力がケース1に対しどのように変化するかを確認している．その結果，ケース1での実測値はFEAの解析値と比較し若干小さな値であったが，FEAでは有効断面としていない構造が影響していると推察し，ほぼ妥当な結果と判断されている．また，ケース1と2での局部応力の変化についてもFEAの傾向とほぼ一致し，かつ応力値も小さかったことから過度な局部応力が発生していないと結論づけられている．

1.3　唄の沢橋 (No. 7) [1.4]

栃木県日光市の五十里湖に架かる唄の沢橋（1956年完成，上路式スパンドレルアーチ橋，橋長66m）は，損傷した床版の更新と幅員の拡幅，橋梁の等級の格上げを目的に，1991年にRC床版から鋼床版に取り替えられた（写真1-5）．鋼床版の縦リブには開断面リブ（バルブリブ）

写真 1-3 紅楓橋取替鋼床版外観

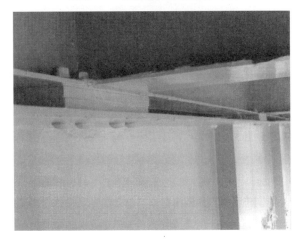

写真 1-4 主桁と鋼床版の接合部

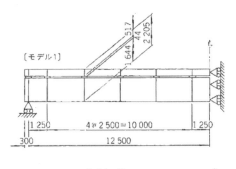

(a) 断続接合モデル

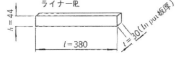

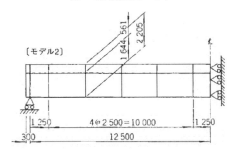

(b) 連続接合モデル

図 1-2 解析モデル[1,3]

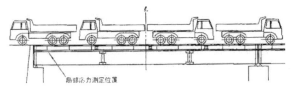

(a) 側面図

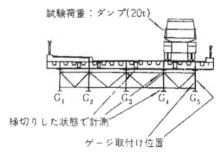

(b) 断面図

図 1-3 実橋載荷試験[1,3] を改変(一部抜粋)して転載

写真 1-5 唄の沢橋全景

写真 1-6 補剛桁と鋼床版の接合部

が使用されており，既設補剛桁と鋼床版の接合方法は，高力ボルトによる連続接合である（**写真 1-6**）．

工事開始時に，設計図書に基づいて主要寸法の照査測定と，変位・変形などの調査や目視点検を主体とした外観変状調査が実施されている．また，その分析結果を反映した耐荷力の検討，すなわち一等橋の荷重である TL-20 に対する床版・主構・床組の応力度を算出し，床組に応力超過が確認された．そのため，取替鋼床版とアーチ橋とを一体化し合成構造とすることにより TL-20 に対する耐荷力を満足させている．

1.4 海尻橋 (No.8) [1.5]

前述の唄の沢橋と同様に五十里湖に架かる海尻橋（1955年完成，下路式ランガートラス橋，単純合成I桁1連，橋長117.3m）は，損傷した床版の更新と橋梁の等級の格上げを目的に，1986年にRC床版から鋼床版に取り替えられた（**写真1-7**）．鋼床版の縦リブには開断面リブ（バルブリブ）が使用されており，既設補剛桁と鋼床版の接合方法は，高力ボルトによる断続接合である（**写真1-8**）．

現場施工期間中は有効幅員5.5mのうち3.0m（1車線）を確保することが求められ，幅員を分割して鋼床版への取替えが実施されている．その際，床版取替え前に道路中心位置に鋼床版を支持する新設縦桁を増設し，鋼床版の縦継手を道路中心とすることで常時1車線の通行を確保した（**図1-4**）．なお，既設部材に対する補強は行われていない．

1.5 南浦和陸橋 (No.9)

埼玉県・JR南浦和駅南側に位置する南浦和陸橋（1962年完成，3径間ゲルバー式合成I桁橋ほか，橋長241.8m）は，老朽化した床版の更新を目的に，1996年にRC床版の一部が鋼床版に取り替えられた（**図1-5，写真1-9**）．鋼床版の縦リブには開断面リブ（バルブリブ）が使用されており，既設主桁と鋼床版の接合方法は，高力ボルトによる連続接合である．

本橋は，1956年の鋼道路橋設計示方書[1.6]に準拠して設計されており，RC床版の床版厚が190mmと薄く，配力鉄筋も極度に少ない状況であった．1987年に損傷調査が行われ，床版に多数のひび割れが確認された．特に，跨線部では橋軸直角方向のひび割れが発生し，そのほとんどから遊離石灰または泥状物質が湧出していた．また，部分的に路面の損傷や床版鉄筋の露出が確認され，床版コンクリート片が線路上に落下する恐れから，早急な対策が求められた．

本橋は跨道橋および跨線橋であるため，現場打ちコンクリートによる床版打替えではなく，I型鋼格子床版，プレキャストPC床版，鋼床版等による床版取替え工法が一次選定された．このうち，跨線部のP6〜P7間と跨道部のP8〜P9間は鋼床版による取替えを行うことで決定された．その選定理由は，①軽量であることから主桁補強が不要で施工性にも優れる，②鋼床版と主桁の一体化により耐荷力が向上する，③耐久性に優れる，④現場での施工時間が短いこと等である．

写真1-7 海尻橋全景

写真1-8 補剛桁と鋼床版の接合部

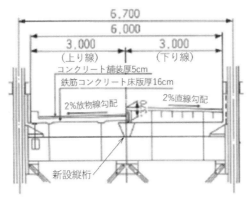

図1-4 施工時断面図[1.5]を改変（加筆修正）して転載

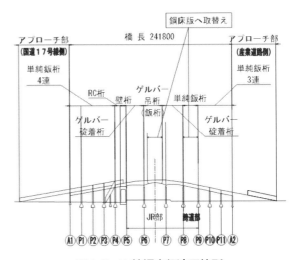

図1-5 取替鋼床版適用箇所

写真1-9 南浦和陸橋全景

写真1-10 西新井陸橋全景

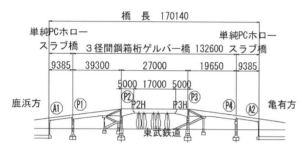

図1-6 橋梁一般図（側面図）[1.7]を改変（一部修正）して転載

1.6 西新井陸橋 (No.13) [1.7]

東京都足立区に位置する西新井陸橋（1967年完成，3径間ゲルバー式鋼箱桁橋，橋長132.6m）は，環状七号線（都道318号）が鉄道上を跨ぐ跨線橋である（**図1-6**）．2018年に床版の劣化とB活荷重への対応を目的とし，鋼床版に取り替えられた（**写真1-10**）．鋼床版の縦リブには開断面リブ（バルブリブ）が使用されており，既設主桁と鋼床版の接合方法は，高力ボルトによる連続接合である．

本橋は鉄道営業線直上かつ交通供用下での施工となるため，作業時間・空間の制約のもと効率的に床版取替えが行われた．架設にあたっては車道，歩道とも交通規制が必要であった．交通規制は片側1車線の計2車線とし，車道については道路幅を13.5mから7.5mに縮小し，歩道については片側供用とし施工側の通行を規制している．施工は交通規制条件に合わせて三期に分けて行われた．

1.7 厩橋 (No.14) [1.8]

東京都台東区の隅田川に架かる厩橋（1929年完成，下路式鋼タイドアーチ橋，橋長151.4m）は，1985年にコンクリート床版の損傷とTL-20への対応，死荷重の低減を目的としてRC床版から鋼床版に取り替えられた（**写真1-11，図1-7**）．鋼床版の縦リブには開断面リブ（バルブリブ）が使用されており，既設縦桁と鋼床版の接合方法は，高力ボルトによる連続接合である（**写真1-12**）．

写真1-11 厩橋全景

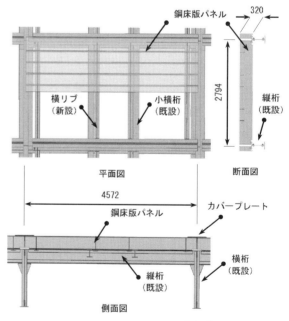

図1-7 鋼床版パネルとの接合 [1.8]を改変（加筆修正）して転載

本橋は，1926年の道路構造に関する細則案の1等橋として完成している．床版取替えの施工にあたっては，その交通量から補修工事中の全面通行止めは行えないと判断

写真1-12 縦桁と鋼床版の接合部

写真1-13 駒留陸橋全景

され，片側交互通行の半幅施工が採用されている．

また，鋼床版パネルどうしの接合には止水を兼ねたカバープレート（片面当て板溶接継手）が適用されている．

1.8 駒留陸橋（No.15）[1,9]

東京都世田谷区の環状7号線に位置する駒留陸橋（1966年完成，3径間連続合成I桁橋，橋長143m）は，RC床版の損傷のための床版更新を目的として，2007～2010年に桁・床版取替えなどの上部構造を対象とした工事がなされた（写真1-13）．鋼床版の縦リブには開断面リブ（バルブリブ）が使用されており，既設主桁と鋼床版の接合方法は，高力ボルトによる連続接合である．

本橋は，約6万台/日，大型車混入率20%以上という重交通路線下にある．当初はA1～P1間，P1～P2間およびP5～A2間の単純桁部と交差点を跨ぐP2～P5間の3径間ゲルバー桁部で構成されていた．1974～1975年に，交通量の増加と車両の大型化が原因と考えられるRC床版の損傷が生じたため，単純桁部はRC床版の打替えと増厚，ゲルバー桁部は吊り桁部の取替えおよび定着桁の鋼床版への取替えが実施された（図1-8）．しかし，2003年まで実施された詳細調査により，単純桁部のRC床版の劣化の進行が確認され，早期の取替え・補強が必要とされた．同年には床版の陥没が発生したことから，再び大規模な補修工事を実施することとなった．具体的にはゲルバー桁部は，床版および桁を取り替えることで3径間連続鋼床版桁橋とし，側径間の単純桁部はRC床版を鋼床版に取り替えるとともに桁の連続化も実施された．ゲルバー桁部を鋼床版橋に架け替えることで死荷重を当初の60%に低減，単純桁橋は鋼床版に取り替えることで死荷重を当初の70%に低減することができた．これらの工事は，内回り・外回りそれぞれ2車線のうち，各1車線を確保しながら施工された．部材の撤去と設置には門形の吊り上げ設備が利用された（図1-9）．写真1-13に3径間連続

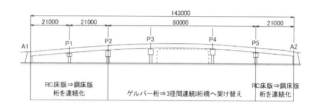

図1-8 橋梁一般図（側面図）

[1,9]を基に改変転載（一部修正して作図）

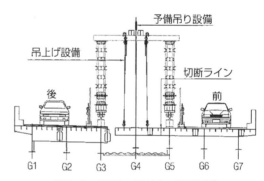

図1-9 門型の吊り上げ設備[1,9]

写真1-14 駒留陸橋取替鋼床版外観（側径間部）

鋼床版桁橋となったP2～P5間の全景を，写真1-14に側径間部の取替鋼床版を示す．側径間部（A1～P1，P1～P2，P5～A2）の主桁には現場継手部がないことから，現場継手部を避ける必要はなく取替鋼床版は桁全長に亘り接合されている．また，路面高が高くならないように横リブウェブに切欠きを設け，既設桁近傍のウェブ高さを部分的に低減している．

1.9 白鬚橋 (No. 16) [1.10]

東京都荒川区の隅田川に架かる白鬚橋（1931年完成，ゲルバー式ブレースドリブタイドアーチ橋，橋長169.8 m）は，関東大震災後の都市計画事業として計画され，長寿命化対策を目的として，2013～2014年に鋼床版に取り替えられた（写真1-15）．鋼床版の縦リブには開断面リブ（バルブリブ）が使用されており，既設補剛桁と鋼床版の接合方法は，高力ボルトによる連続接合である．

本橋は歴史的鋼橋の一つで，鋼カンチレバー式ブレースドリブアーチという我が国において初めての形式を採用しており，国内に数橋ほどの貴重な形式である．また，鋼材には当時の平炉鋼が用いられている．2015年時点で建設後84年が経過している．2010年度から進めている長寿命化対策のうち，床版取替えなどの工事が実施されている．

本橋の床版は1988年にRC床版からグレーチング床版に取り替えられている．その後，P1，P2のケーソンの耐震性能を確保するためにグレーチング床版（1250t）から鋼床版（750t）に取り替えることで死荷重を軽減し耐震性向上が図られている．

床版取替えでは，1日約3万5千台もの交通量がある幹線道路の明治通りを4車線から2車線に常時規制して施工を行う必要があった．施工は下流側，中央，上流側と3ステップにより行われている（図1-10）．鋼床版の現地施工では作業帯幅が7.0～7.5mと狭いなかでの作業となる．そのため，クレーン能力と縦桁間隔，施工ステップを考慮して，鋼床版パネルの寸法（長さ4.4m×幅1.9～2.7m）を決定し全210パネルを設置した．既設の縦桁と鋼床版パネルの縦桁を連続接合するにあたり，正確な既設縦桁間隔は床版を撤去後でなければ，計測ができないため，製作段階で鋼床版パネル間の隙間を5mm確保している．また，ボルト孔の施工では，先行して既設縦桁の上フランジに孔あけを行っている．そして，鋼床版パネルの縦桁下フランジへの孔あけは，パネルを既設桁に仮置きしてボルト孔間隔を反映後，現場にて部材を反転した状態で施工されている．なお，誤差吸収のため，鋼床版パネルの縦桁はフランジ幅を片側15mmずつ拡げて製作されている．

1.10 勝鬨橋 (No. 19) [1.11], [1.12]

東京都中央区の隅田川に架かる勝鬨橋（1940年完成，側径間：鋼タイドアーチ橋，中央径間：跳開橋，橋長246m）は，劣化した中央径間部の車道部床版に対して，開閉能力を上回らないよう軽量化を目的として，1979年にT-グリッド床版から鋼床版に取り替えられた（写真1-16）．鋼床版の縦リブには開断面リブ（平リブ）が使用されており，

写真1-15 白鬚橋全景

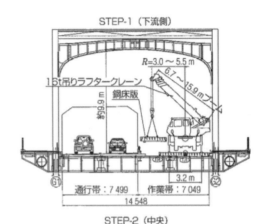

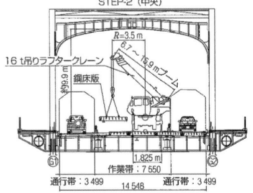

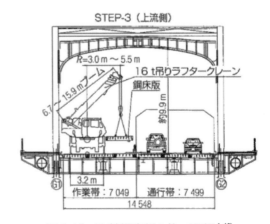

図1-10 取替鋼床版の施工要領 [1.10]

既設縦桁と鋼床版の接合方法は，高力ボルトによる断続接合である．

鋼床版の縦リブには，14mm×85mmの開断面リブが採

用され，デッキプレート厚は12mmである（**図1-11**）．鋼床版パネルは，既設縦桁と鋼床版横リブ下フランジ位置での断続接合となっている．路面高の制限から，縦桁上面から橋面までの高さは約250mmとする必要があり，ウェブ高さを低くした横リブが密に配置されている．このため，設計上は縦リブの省略が可能であってが，舗装のひび割れへの配慮から縦リブが設けられている．施工は**図1-12**に示すように4車線を3車線に縮小し，4分割で施工された．

その後，2005年の詳細調査において，縦リブと横リブの溶接部（スリット部）の横リブ側溶接止端から疲労き裂が発見され[1.12]，2023年時点においても経過観察としている．

1.11 有明埠頭橋（No.21）[1.13], [1.14]

東京都江東区に位置する有明埠頭橋（1973年完成，単純非合成I桁橋3連，橋長126m）は，交通量の増加などによるRC床版の劣化損傷への対応や耐荷力および耐震性向上を目的として，2001年にRC床版から鋼床版に取り替えられた（**写真1-17**）．鋼床版の縦リブには開断面リブ（平リブ）が使用されており，既設主桁と鋼床版の接合方法は，高力ボルトによる断続接合である（**写真1-18**）．

鋼床版形式は，周囲を鋼板で囲いブロック化された床版であるHKスラブ[1.14]が採用されている．HKスラブは，長さ2.240m×幅5.495mのパネルで構成され，パネルどうしを高力ボルトで接合し，橋軸・橋軸直角方向の連続化を行う構造であり，縦リブを橋軸直角方向に配置している．既設主桁との取合いは主桁上フランジに孔あけを行

写真1-16　勝鬨橋全景

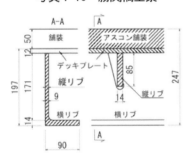

図1-11　取替鋼床版の詳細[1.11]

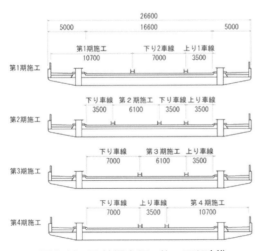

図1-12　取替鋼床版の施工要領[1.11]

写真1-17　有明埠頭橋全景

写真1-18　主桁とHKスラブの接合部[1.13]

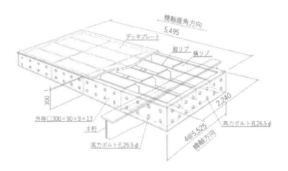

図1-13　HKスラブの構造概要[1.13]

い，ライナープレートを挿入し横リブ下フランジと高力ボルトで接合することにより一体化が図られている（**図1-13**）．HKスラブの表面処理はすべて溶融亜鉛めっき仕様であるため，高力ボルト接合面はめっき後にリン酸塩処理工法を行い，すべり係数（$\mu=0.4$）を確保し，パネル上面は現場ブラスト処理を行い舗装との付着性を確保している．

本橋は上下線が分離されているため，一方向を全面通行止めとし，もう一方向に切り回しすることで供用しながら施工されている．

1.12 琴浦橋（No. 27）[1.15]

東京都奥多摩町の多摩川に架かる琴浦橋（1972年完成，上路式ローゼ橋，橋長99.7m）は，1999年にRC床版の損傷とB活荷重への対応，死荷重の低減のためにRC床版から鋼床版に取り替えられた（**写真1-19**）．鋼床版の縦リブには開断面リブ（平リブ）が使用されており，既設補剛桁と鋼床版の接合方法は，高力ボルトによる断続接合である．

非合成桁として設計した場合に応力超過が確認されたため，鋼床版と既設の補剛桁を合成した構造として設計された．鋼床版と既設補剛桁の接合には**図1-14**に示す連結材を用いた構造が採用されている．既設補剛桁は箱断面であったため，接合方法や組立順序等について検討が行われた結果，事前に連結材を取り付けることで箱桁の外側から鋼床版を設置できる方法が採用されている．

路面高の制限に関しては，横リブ高さはウェブに切欠きを設けることにより対応している．また，既設横桁上フランジが補剛桁上フランジに接合されており，鋼床版の横リブと既設横桁の接合が困難であった．そのため，鋼床版と横桁は接合せず，横桁前後に横リブが増設されている．なお，RC床版から鋼床版への取替えにより死荷重が27%低減したと報告されている．

1.13 扇町陸橋（No. 30）[1.8]

神奈川県川崎市に位置する扇町陸橋（1965年完成，2径間連続合成I桁橋，橋長64m）は，大型車の通行が多くRC床版の損傷が著しいことから更新を目的とし，1985年にRC床版から鋼床版に取り替えられた（**写真1-20**，**写真1-21**）．

交通量から補修工事中の全面通行止めは行えないと判断され，片側交互通行の分割施工が採用されている．

現行の道路橋示方書[1.16]を適用するとコンクリート床版厚を厚くする必要があり，死荷重増により主桁の耐荷力が不足することと，前後橋梁との計画高の差が生じな

写真1-19　琴浦橋全景

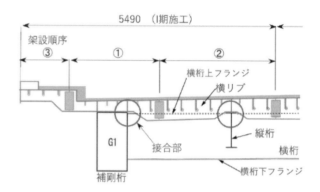

(a)　鋼床版横リブと既設桁の位置関係

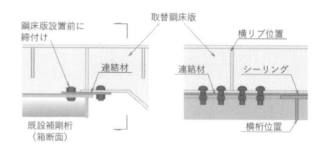

(b)　橋軸直角方向　　　(c)　橋軸方向

図1-14　補剛桁と鋼床版の接合構造

[1.15]を基に改変転載（一部修正して作図）

いようにするため鋼床版が採用されている．

鋼床版は厩橋（No. 14）同様，鋼床版パネル方式が採用され，桁の剛性は現橋とあまり変わらないように配慮されている．主桁を補強するため主桁上に現場溶接にて増設縦リブ（T形鋼）を接合し，鋼床版パネルは縦リブと新設した横桁で接合されている．また，デッキプレートどうしはT形鋼の位置でカバープレート用いた片面当て板溶接継手で接合している（**図1-15**）．

1.14 道志橋（No. 31）[1.17]

神奈川県相模原市に位置する道志橋（1964年完成，上路式ランガー橋，橋長230m）は，周辺に並行する道路が

写真 1-20 扇町陸橋全景

写真 1-22 道志橋全景

写真 1-21 扇町陸橋取替鋼床版外観

写真 1-23 補剛桁と鋼床版の接合部

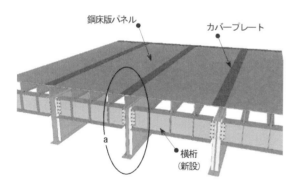

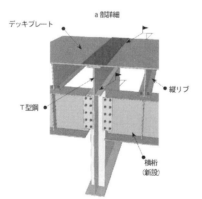

図 1-15 鋼床版パネルと既設橋の補強[1.8]を基に改変転載(一部修正して作図)

少ないため比較的交通量が多く,竣工後 5 年を経過した頃より RC 床版にひび割れが発生したため,床版の更新を目的として鋼床版に取り替えられた(写真 1-22).鋼床版の縦リブには開断面リブ(T形リブ,CT 123×126×7)が使用されており,既設補剛桁と鋼床版の接合方法は,現場溶接による断続接合である(写真 1-23).

鋼床版パネルの寸法は長さ 7.500m×幅 3.725m で,幅員方向に 2 分割している.補剛桁と鋼床版の取合いは,鋼床版の横リブ下フランジと既設補剛桁上フランジを,ライナープレートを介して現場溶接で断続的に接合している.

1.15 東名田中橋 (No.32)[1.18),1.19),1.20)]

東名高速道路大井松田 IC～御殿場 IC 間(下り線(現:下り線左ルート))の重交通路線に位置する田中橋(1969 年完成,単純合成 I 桁橋)は,交通量の増加と車両の大型化に伴う RC 床版の疲労損傷が著しく,床版更新を目的として 1991 年に RC 床版から鋼床版に取り替えられた(写真 1-24).鋼床版の縦リブには開断面リブ(CT 形鋼)が使用されており,既設主桁と鋼床版の接合方法は,高力ボルトによる断続接合である(写真 1-25).

当初は RC 床版による取替えが検討されたが,床版厚

が 30mm 増加し，これにより主桁の上フランジの応力が合成前で 60.9%，合成後でも 26.1% 超過する結果となったため，床版の死荷重軽減（約 35% 軽減）および合成桁化を目的として鋼床版が採用された．鋼床版は，旧建設省土木研究所で研究されていたバトルデッキ型のプレファブ鋼床版とし，デッキプレート厚 16mm（縦リブ間隔 400～450mm）が採用された．縦リブには CT 形鋼（250×200×10×16mm）を使用し，3～4m ピッチの増設横桁で支持する構造としている．鋼床版と主桁の連結は，**写真 1-25** および**図 1-16** に示すように縦リブと主桁の間に高さ調整用のライナープレートを介して高力ボルトにて断続的に接合し，ライナープレートの連結箇所以外は主桁上の旧ジベルと鋼床版の縦リブ下面に溶接したスタッド間に無収縮モルタルを充填することにより合成効果の向上を期待している．

施工は，1991 年に供用開始した新設の上り線と旧上り線を利用することにより，本橋の架かる下り線のリフレッシュ工事に合わせて通行止め規制内で施工された（**図 1-17**）．一般に，通行止め規制内であれば全幅員一括施工が考えられる．しかし，リフレッシュ工事では舗装改良，防護柵改良，遮音壁工事等，多数の工事が輻輳し，多くの工事用車両の通行帯の確保が求められたこと，また，将来 1 車線確保しながら工事を実施するためのモデルケースとすること等を勘案して，分割施工が採用されている．分割施工であったことなどから，床版取替え前後におけるそりについては，床版撤去に伴うそりの戻り量を設計値の 65～80%，鋼床版設置によるたわみ量を設計値どおりの 100% と想定していたが，実施工ではそりの戻り量，たわみ量ともに設計値に対して 50～60% であった．

施工前後での荷重車を用いた載荷試験により，鋼床版と主桁を合成させることにより中桁の中立軸が約 200mm 上昇し，主桁としての剛性が高まったことが確認されている．また，施工後の載荷試験により，鋼床版と主桁の連結位置およびその中間部ともに，主桁と鋼床版が一体化した挙動を示すことも確認されている．

1.16 大井跨線橋（No. 33）[1.21]

神奈川県大井町に位置する大井跨線橋（1967 年完成，単純活荷重合成 I 桁橋，橋長 40.7m）は，主桁間隔（3,400mm）に対して床版厚が薄く（190mm），供用後 15 年目の調査の結果，亀甲状のひび割れや遊離石灰の析出が確認された．RC 床版および主桁上フランジとしての機能は大きく損なわれていると判断されたことから，1984 年に鋼床版に取り替えられた（**写真 1-26**）．取替え床版の選定では，高い耐荷性能を有すること，自重が軽量であること，工期

写真 1-24　東名田中橋全景

写真 1-25　主桁と鋼床版の接合部

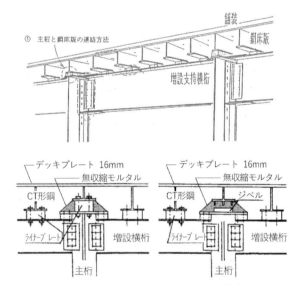

図 1-16　主桁と鋼床版の接合構造
1.20) を改変（一部修正）して転載

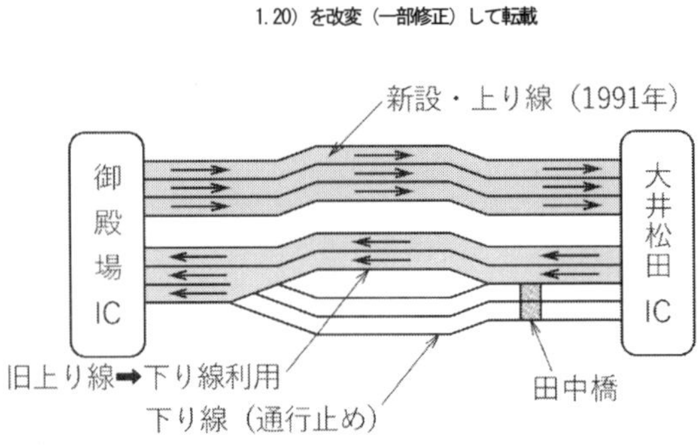

図 1-17　大井松田 IC～御殿場 IC 間の通行止め規制

写真 1-26 大井跨線橋全景

が短いという特徴から，鋼床版が選定されている．鋼床版の縦リブには開断面リブ（バルブリブ）が使用されており，既設主桁と鋼床版の接合方法は，現場溶接による連続接合である．

鋼床版と主桁との接合方法を**図 1-18**に示す．高さ 183～243mm（デッキプレート厚 12mm 除く）の増設縦桁（T 形材）を現場溶接で主桁上フランジに取り付けることで，取替え前後の路面高さが同一となるようにしている．鋼床版と T 形材のフランジを高力ボルト摩擦接合とし，ある程度の誤差を吸収可能な構造としている．鋼床版の横リブは，T 形材ウェブと主桁ウェブに現場溶接された仕口と高力ボルト摩擦接合で接合されている．T 形材の溶接にあたっては，振動による高温割れを防止するために，車両を全面通行止めとしている．なお，既設の横桁と対傾構は現橋のままとしている．

床版取替えにあたっては，交通供用下での作業を原則としたため，第 1 次から第 3 次にわたる分割施工を採用している．分割施工中の RC 床版の仮受けと床版の強度確保のために，**図 1-19**に示すように主桁間に工事桁（新設の横桁および縦桁）を増設している．縦桁と RC 床版とはクロロプレンゴムを用いた弾性支持の一時的な連結構造（図中 "a 部"）としている．また，床版取替え後の桁の変形量を調整するために，全ての主桁をジャッキアップすることが可能な大規模な仮受け支保工を桁下に設置し（**図 1-20**），あらかじめステップごとの桁の剛度を算出し格子計算により計算した主桁変形量に基づいて形状管理を行っている．

本橋の床版取替えにおける特徴は，主桁上フランジに増設縦桁（T 形材）を現場溶接した点である．T 形材の設置に先立って段階施工ごとに主桁間隔，桁長および上フランジの通りについて実測を行い，これらの結果を反映して鋼床版と T 形材の製作を行うことで部材の取付精度を確保している．また，合成桁橋の床版取替えであったが，

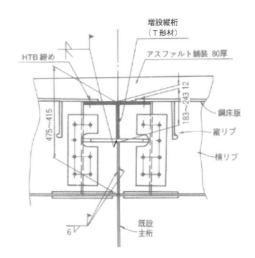

図 1-18 主桁と鋼床版の接合構造

1.21) を改変（加筆修正）して転載

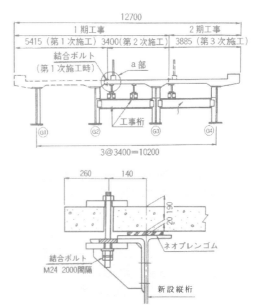

図 1-19 工事桁の設置要領 1.21) を改変（加筆修正）して転載

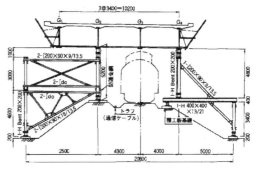

図 1-20 仮受け支保工 1.21)

仮受け支保工を設置することで 2 年に及ぶ施工期間中の安全性を確保している点が参考にできる．

1.17 新横浜陸橋（No. 34）[1.22]

神奈川県横浜市に位置する新横浜陸橋（1968 年完成，3 径間連続 I 桁橋ほか，橋長 305.0m）は，1964 年の鋼道

路橋設計示方書[1,23]により設計されており，交通量の増加や車両の大型化などにより，RC床版の劣化損傷が見られ補修が必要と判断されたため，1989年に床版の更新が行われた（**写真1-27**）．鋼床版の縦リブには開断面リブ（バルブリブ）が使用されており，既設主桁と鋼床版の接合方法は，高力ボルトによる連続接合である．

床版取替えにあたっては，既設主桁の負担荷重（死荷重）を増加せず床版耐力を向上すること，交通供用下6車線のうち4車線確保での急速施工可能であること，JR横浜線上であることなどの条件を検討されている．また，橋梁全体の路面計画高の修正量を少なくすることを検討した結果，現橋+50mmとしている．床版形式は，跨線部分（単純合成桁2連，3径間連続I桁部）は将来の維持管理を考慮し鋼床版とし，両側の取付け部（単純合成桁8連）では新たに縦桁を設けプレキャスト床版を設置した．縦リブ間隔は324mm程度，縦リブ支間は1,725mm，横リブウェブ高さは350mm，横リブ支間は3,240mmとしている．鋼床版パネルは，橋軸方向に2.3m，重量3.5tを標準としている．取替鋼床版は，製作に先立って実測（支間計画高，支間長，主桁の通りなど）を行い，現橋の設計値で製作しても問題ないことを確認している．鋼床版区間は，仮組立を行い全体構造系で精度管理をしている．

跨線部となる取替鋼床版の施工箇所では，車道部の床版コンクリートの解体にあたり，コンクリートカッター使用時の冷却水やコンクリート殻が落下しないよう足場板上をビニールシートで全面養生し，足場板下面の受け部材は角形鋼管を使用して安全に注意を払っている．床版コンクリートの解体は，門型クレーン（**図1-21**）の能力を考え，5t以下のブロックで大割りして搬出した．車道部の鋼床版は，現場での作業性，門型クレーンの能力などを考慮し，橋軸直角方向に3分割としている．歩道部の取替鋼床版は門型クレーン解体後に1車線規制し，トラッククレーンで架設されている．

既設主桁上フランジと鋼床版との高力ボルト接合部の孔あけでは，再削孔をなくす工夫をしている．具体的にはまず，製作時に孔あけを実施した鋼床版の縦桁下フランジとライナープレートを，タブプレートを介して組立溶接し，現場に搬入している．次に，鋼床版パネルを既設主桁上の正規位置に設置し，主桁上フランジとライナープレートを組立溶接した上で，タブプレートを切断する．その後，鋼床版パネルを一時撤去し，残されたライナープレートをガイドとして主桁上フランジの孔あけを施工している（**図1-22**）．

1.18 山田橋（No.35）[1.24]

千葉県印西市の印旛捷水路に架かる山田橋（1966年完成，下路式ランガー橋，橋長113m）は，大型車交通量の増加によりRC床版の劣化が進行し，更なる交通量の増加も予想されていたことから，耐荷力の向上を目的として，1990年にRC床版から鋼床版に取り替えられた（**写真1-28**）．床版取替えの検討においては，交通規制などの施工上の制約と橋梁全体の耐荷力向上の必要性から，鋼

写真1-27　新横浜陸橋全景

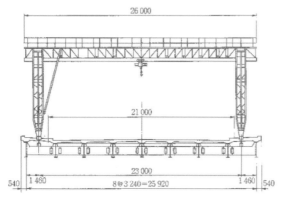

図1-21　門型クレーンの設置状況[1.22]

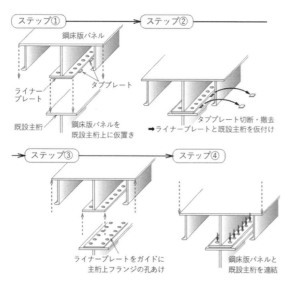

図1-22　主桁と鋼床版の接合手順

床版が選定されている．鋼床版の縦リブには開断面リブ（バルブリブ）が使用されており，既設補剛桁との接合方法は，縦桁を設けた鋼床版パネルを既設の横桁上に設置し，高力ボルトにより接合した断続接合である（**写真1-29**）．

床版取替えは，2車線を終日片側交互通行として実施している．橋面上にはテルハ（荷揚げと横行のみ行うホイスト式クレーン）を設置し，桁端部手前に設けた荷取場から施工位置まで鋼床版部材の運搬を行っている（**図1-23**）．

1.19 手取川橋 (No. 44) [1.25], [1.26]

石川県能美市の手取川に架かる手取川橋（1932年完成，単純トラス橋8連，橋長406m）は，RC床版の経年劣化や床組，支承部などの腐食が進行し，2002年にB活荷重対応のための補強工事が行われ，鋼床版への取替えと劣化部した部材の補修が実施された（**写真1-30**）．鋼床版の縦リブには開断面リブ（T形リブ）が使用されており，既設桁との接合方法は，縦桁を設けた鋼床版パネルを既設の横桁上に設置し，高力ボルトにより接合した連続接合である（**写真1-31**）．

B活荷重対策として，まず架替えと補修で比較検討が行われた．結果，現橋の主構の許容応力度超過分は，上弦材で6%，下弦材で10%程度であり，主構は設計荷重に対して小規模な補強により耐荷力を維持することが可能であったことから，補修方法の検討が行われた．

RC床版は遊離石灰の析出などの損傷が見られたため，耐荷力が低下していると判断し，床版の取替えが決定された．床版形式には，死荷重の低減と床組構造との合成による床組全体および橋体の剛性の向上が可能な鋼床版が選定された．構造としては，デッキプレート厚19mmで，下面に逆T形の縦桁（下フランジ幅200mm，厚さ12mm，ウェブ高さ310mm，厚さ9mm）と縦桁間に縦リブ1本（開断面リブ）を取り付けている．

鋼床版を接合するにあたり，まず既設I形鋼の縦桁を撤去し，フランジ幅の広いH形鋼を使用した新設縦桁のウェブを横桁ウェブに設けた仕口に高力ボルトで取付けている．そして，鋼床版付き縦桁と新設縦桁上フランジ間に36mm厚のライナープレートを挿入して高力ボルトで連結する構造としている．また，T形リブは横リブウェブを貫通させずに開先溶接で接合されている（**図1-24**）．

鋼床版の設置時は片側の交通規制を実施し，ホイストとレールを組み込んだ架設機を用いて，鋼床版パネルの荷卸しと床組への取付けを行っている．

床版取替え後のロードセルを用いた重量計測と，取替え前後の端下弦材および端柱のひずみにより床版の重量

写真1-28 山田橋全景

写真1-29 山田橋取替鋼床版外観

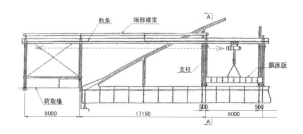

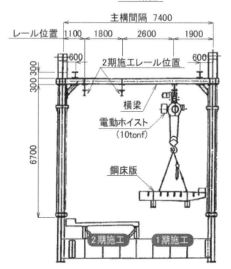

図1-23 床版取替え要領

写真1-30　手取川橋全景

写真1-32　美川大橋全景

写真1-31　手取川橋取替鋼床版外観

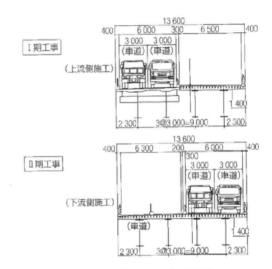

図1-25　施工時の幅員[1.27]

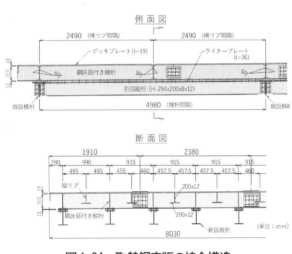

図1-24　取替鋼床版の接合構造

差を算出し，24％の死荷重軽減効果が確認されている．

1.20 美川大橋（No.45）[1.27]

石川県白山市の手取川に架かる美川大橋（1972年完成，2径間連続非合成I桁橋2連，3径間連続非合成I桁1連，橋長398m）は，RC床版の塩害などによる経年劣化に加え，上流側への歩道設置の要望があり，床版の更新と歩道拡幅を目的として，2013年に鋼床版への取替えが実施された（写真1-32）．鋼床版の縦リブには開断面リブ（バルブリブ）が使用されており，既設主桁と鋼床版の接合方法は，高力ボルトによる連続接合である．

歩道追加後の全幅員は，B活荷重による応力度を許容応力度以下に収めるとともに，施工時に2車線を確保できる最小幅員として13.6mとなっている（図1-25）．

既設桁が非合成桁であったため，鋼床版を取り付けるまでの前死荷重（撤去荷重および鋼床版自重）に対しては既設主桁で負担するものとしている．そして，鋼床版と主桁を連結後に載荷する後死荷重（舗装，地覆，防護柵）および活荷重に対しては鋼床版を含めた合成断面で受け持つこととしている．

分割施工のため，施工途中段階では既設床版中央の中間床版が張り出し床版となること，床版厚の薄い歩道部も車道として利用することから，仮設縦桁およびブラケットによる補強が実施された．架設には床版取替え用クローラクレーンが用いられたが，6.5mの狭小な施工帯内に常時載荷状態となるため，既設主桁と鋼床版パネルを逐次接合しながら施工が行われている．

1.21 蝉丸橋 (No.47) [1.28], [1.29]

滋賀県大津市の名神高速道路大津IC～京都東IC間に位置する蝉丸橋（1963年完成，上路式ブレースドアーチ橋，橋長62m）は，いくつかの補修補強を重ねた後にアーチ橋の構造変更がなされ，耐久性向上や死荷重の軽減を目的として1991年に鋼床版に取り替えられた（写真1-33）．鋼床版の縦リブには開断面リブ（バルブリブ）が使用されており，既設補剛桁と鋼床版の接合方法は，高力ボルトによる断続接合である．

本橋は，床版の劣化や床組みの疲労損傷・腐食に対し，1972年に床版の鋼板接着補強と縦桁増設，1982～1985年には床版の上面増厚補強と上面SFRC補強，鋼板接着によるRC床版補強，1984～1986年には縦桁補強，縦桁ストップホール施工などが実施されてきた．しかし，1987年の調査により，垂直材とアーチリブの接合部に著しい損傷が発見され，抜本的な対策を行うこととなった．そして，旧日本道路公団名古屋管理局内に設置された委員会での検討の結果，当初，上路式鋼2ヒンジアーチ橋であった橋梁形式が，1989～1990年の大規模工事により上路式鋼2ヒンジスパンドレルブレースドアーチ橋に変更されている．損傷したRC床版（床版厚160mm，全580t）は，耐久性向上のほか，部材増加による重量増の影響を軽減するため，図1-26に示す鋼床版（デッキプレート厚14mm，開断面リブ，全310t）に取り替えられている．デッキプレート厚を14mmとしたのは，デッキプレートと縦リブを十字溶接継手とみなして公称応力を用いた疲労照査を実施した結果である．床版取替えにあたっては，まず昼間に既設のアーチリブ垂直材の前後に仮受け設備を設置し，縦桁ウェブにボルト孔を設けた後にウェブを切断し仮連結が行われている．そして，夜間に車線規制を行い，RC床版を切断して縦桁とともに撤去した後，取替鋼床版が設置されている（図1-27）．

1.22 淀川大橋 (No.50) [1.30], [1.31]

大阪府大阪市の淀川に架かる淀川大橋（1926年完成，両側径間：鋼12径間単純I桁橋，中央径間：鋼6径間単純上路式ワーレントラス橋，橋長724.5m）は，老朽化に伴う床版コンクリートの剥離，鉄筋露出，漏水および鋼部材の腐食といった損傷が著しく，床版取替えを主目的とした大規模更新工事により，2020年に鋼床版に取り替えられた（写真1-34）．鋼床版の縦リブには，I桁橋部では開断面リブ（バルブリブ），トラス部では閉断面リブ（Uリブ）が使用されており，既設主桁あるいはトラス上弦材と鋼床版の接合方法は，高力ボルトによる連続接合である（写真1-35）．

写真1-33　蝉丸橋全景

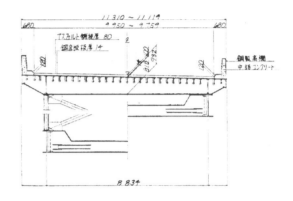

図1-26　蝉丸橋上部構造断面図 [1.28]

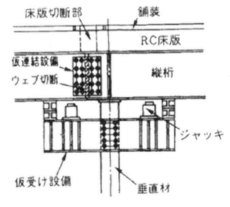

図1-27　仮受け設備 [1.29]

部材の更新として，I桁橋およびトラス橋のRC床版（厚さ150mm，調整コンクリート200mm，12,000t）を鋼床版（4,700t）に取り替えることにより，上部構造死荷重を約65％に大幅に削減し，橋脚や基礎の補強をすることなく下部構造の耐震性能を向上させている．さらに鋼床版の採用により，コンクリート系床版に比べて現場施工期間の短縮が可能になり，非出水期の施工となる補強工事において大きなメリットになったとしている．

鋼床版の横リブは，既設横桁・対傾構の仕口を再利用して設置されている．これにより，I桁橋・トラス橋それぞれの横リブ間隔に応じた鋼床版構造が採用されている

写真1-34 淀川大橋全景

写真1-35 淀川大橋取替鋼床版外観

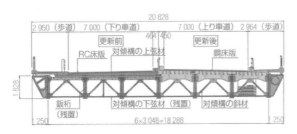

図1-28 I桁橋の更新[1.30]

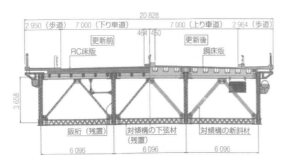

図1-29 トラス橋の更新[1.30]

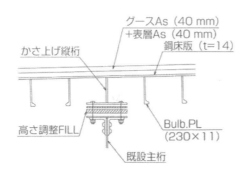

図1-30 I桁橋主桁との接合構造[1.30]

(図1-28, 29). すなわちI桁橋においては，1m間隔で配置されている既設対傾構に対して，取替鋼床版の横リブはその倍の2m間隔としている．そして，デッキプレートと縦リブの溶接部の疲労耐久性に配慮し，縦リブには開断面リブが採用されている．また，施工前後の路面高を合わせるため，鋼床版にかさ上げ縦桁（図1-30）を設け，縦桁下フランジと主桁上フランジが接合されている．トラス橋では，3.2m間隔で配置されている既設横桁（対傾構上弦材）に合わせて取替鋼床版の横リブを配置した結果，縦リブ支間が2.5m以上になることから，大型の閉断面リブを使用した合理化鋼床版[1.31]が採用され，デッキプレートの板厚は18mmとなっている．トラス橋のかさ上げ縦桁は箱断面として剛性を持たせ，トラス格点位置のみにライナープレートを介してかさ上げ縦桁と既設上弦材を連結することで，上弦材に曲げモーメントを作用させない構造としている（図1-31）．

1.23 新観音橋 (No.55) [1.32], [1.33]

広島県広島市の天満川に架かる新観音橋（1963年完成，3径間連続I桁橋，橋長100m）は，交通量の増加や車両の大型化に伴う拡幅や損傷したRC床版の更新を目的とし，1983年に鋼床版に取り替えられた（写真1-36）．床版取替えの検討においては，幅員拡幅，施工時の常時車線確保，現場の工期短縮等が可能である鋼床版が選定されている．鋼床版の縦リブには閉断面リブ（Uリブ）が使用されており，既設主桁と鋼床版の接合方法は，高力ボルトによる連続接合である（写真1-37）．

本橋では，閉断面リブが橋軸直角方向に配置されているため，その支間は主桁間隔と同じ2.5mとなっている．また，鋼床版パネルは既設主桁上に縦桁を設置して接合されている．この縦桁にはスリットを設け閉断面リブを貫通させているが，桁高が低く，取替鋼床版の横リブ断面としては考慮していない．

現場施工は，交通量が約65,000台/日の重交通下の施工であったため，車線規制の時間を可能な限り短くする必

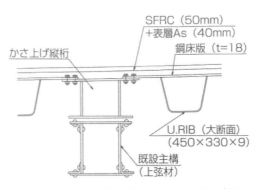

図1-31 トラス橋上弦材との接合構造[1.30]

写真 1-36 新観音橋全景（手前から 2 番目の橋）

写真 1-37 新観音橋取替鋼床版外観

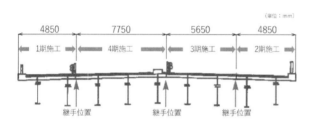

(a) 鋼床版パネルの継手位置

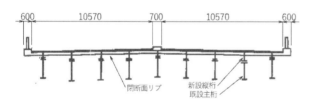

(b) 取替え後の断面図

図 1-32 幅員分割施工[1.32]を改変（加筆修正）して転載

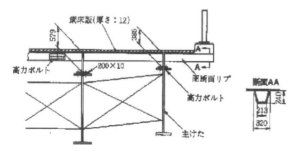

図 1-33 主桁と鋼床版の接合構造[1.33]

要があった．このため，鋼床版の架設は 22 時〜6 時の間に全 4 車線の内 1 車線のみを交通規制して幅員分割する方法で 4 期に分けて施工が行われている（**図 1-32**）．鋼床版パネルの幅員方法の分割は各施工ステップに合わせており，橋軸方向には輸送制限から 3.5m 以下の大きさとなっている．

既設桁の上フランジの板厚変化が上面側であったため，縦桁のウェブ高を変化させており，ライナープレートなどは用いていない．車道部と比べて高い位置に配置されていた歩道部の桁を基準として歩道を車道に改修したことや（**図 1-33**），RC 床版厚と取替鋼床版の構造高の差などにより，工事完了後の路面高が 500mm 高くなったが，取付け道路の約 70m の区間ですり付けが行われている．

1.24 若戸大橋（No.60）[1.34],[1.35],[1.36]

福岡県北九州市に位置する若戸大橋（1962 年完成，3 径間 2 ヒンジ補剛トラス吊橋，橋長 628.3m）は，慢性的な交通渋滞が問題となり，渋滞を解消するために 2 車線であった車道を 4 車線化することを目的とし，1990 年に鋼床版に取り替えられた．鋼床版の縦リブには開断面リブ（バルブリブ）が使用されており，既設主構トラスと鋼床版の接合方法は，高力ボルトによる断続接合である（**写真 1-38**）．

拡幅工事に際しては，長期間の完全通行止めは北九州幹線道路網の機能低下を引き起こすことが予想されたため，現交通を確保しながら工事が実施された．

床版形式は，死荷重の軽減，走行性，工費，工期，工法等の総合的判断から，RC 床版から鋼床版に変更されている．拡幅前の有効幅員 15m（歩道 3.0m＋車道 9.0m＋歩道 3.0m）に対して，拡幅後は車道 15.2m となっている（**図 1-34**）．設計では，鋼床版構造の検討に加え，吊橋本体の応力的検討などが行われている．拡幅に伴う活荷重の増大に対しては，当初から拡幅を想定したと考えられる設計を行っていたこと，鋼床版に取り替えることにより 5% の死荷重の軽量化が図られることから，主構造の補強は必要ないと判断されている．

鋼床版は，1 ブロック 25m 程度を基本とした 25 ブロックで構成されている．1 ブロックは 7 箇所の主構トラスで支持されており，端支点にはゴム支承が設置され，中間支点部にはライナープレートを介してプレストレスを導入した固定ボルトで連結されている（**図 1-35**）．なお，鋼床版ブロック間のデッキプレートの隙間には，ゴム伸縮装置が設置されていたが，維持管理上の問題からデッキプレートの連続化が図られ，2017 年に工事が完了している[1.36]．

写真 1-38 若戸大橋取替鋼床版外観

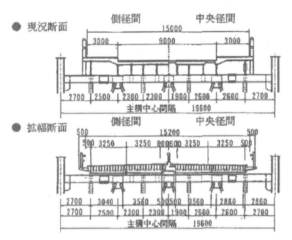

図 1-34 吊橋の断面構成[1.34]

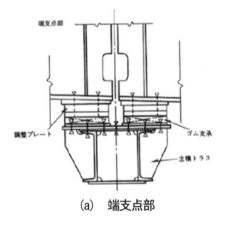

(a) 端支点部

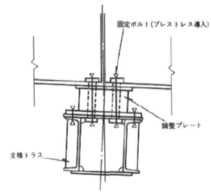

(b) 中間支点部

図 1-35 主構と鋼床版の接合構造[1.36]

第2節 海外の事例

2.1 米国の事例

米国では，主に吊橋などの長大橋の軽量化を目的として，既設のコンクリート床版をより軽量でかつ耐久性を有する取替え用床版である鋼床版が採用される事例が多い．取替鋼床版の採用にあたっては，鋼床版の耐久性の向上を目的に，構造詳細を対象とした実験や解析的検討が事前に実施され，実構造に反映したものもある．

2.1.1 Golden Gate Bridge [2.1]

カリフォルニア州サンフランシスコに位置する Golden Gate Bridge（1937年完成，吊橋，橋長2,737m）は，1985年に劣化した床版の更新と軽量化を目的に，コンクリート床版から鋼床版に取り替えられた．縦リブにはB356mm×t9.5mm×H279mm の閉断面リブが採用され，デッキプレート厚は16mmである（図2-1）．縦リブ支間は，既存の横桁間隔により決定され，7.6mと長支間であることが特徴である．鋼床版は断続接合であり，鋼床版パネルは横桁と背の高い台座によって支持されている．縦リブは横桁位置で連続していないため，鋼床版の継手部でエポキシアスファルト舗装が劣化することがある（写真2-1）．

2.1.2 Williamsburg 橋 [2.2], [2.3], [2.4]

ニューヨーク市イースト川に架かる Williamsburg 橋（1903年完成，吊橋，橋長2,227m）は，2001年から始まった大規模補修の際に，既存のコンクリート床版から鋼

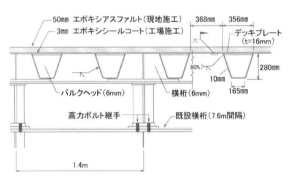

図 2-1 Golden Gate Bridge の取替鋼床版の構造

写真 2-1 橋面舗装の劣化事例

床版へと取り替えられた．取替鋼床版の構造検討に際し，閉断面リブとダイアフラム（横リブ）交差部における疲労耐久性の向上が課題となった．特に，閉断面リブ下側に設けられるスリット端部のまわし溶接部においてダイアフラム側に生じるき裂に対する疲労対策が求められ，1998年にリーハイ大学にて実物大模型を用いた疲労試験が実施されている．この検討では，図2-2 に示す2つの形式が対象となった．いずれの形式も閉断面リブの面外変形を拘束することを目的に，ダイアフラム交差部位置の閉断面リブ内面にバルクヘッドが設置されている．形式Bは，バルクヘッドおよびダイアフラムのウェブは閉断面リブとすみ肉溶接されており，下端側6.4mm区間の溶接を行わず，まわし溶接部を設けないことにより溶接止端部からの疲労き裂発生の抑制を図っている．一方，形式Aは，ダイアフラムのウェブと閉断面リブとの溶接の下側101.6mm区間を完全溶込み溶接とするとともに端部に幅12.7mmのタブ（Runoff Tab）の区間を設けて溶接後に除去する構造である．疲労試験の結果，これらの継手は形式BがAASHTO[2.5]（American Association of State Highway and Transportation Officials）の疲労強度等級でD等級，形式A

がC等級に相当するとされ，形式Aで検討が進められた．その後，ダイアフラムのウェブを連続させるとともに，板厚を厚くすることで応力状態を改善した最終構造が決定された（図2-3）．また，実橋に設置された鋼床版を対象に，荷重車載荷試験を実施し，解析と実験の比較も行われている．

2.1.3 Bronx-Whitestone 橋 [2.6), 2.7)]

Bronx-Whitestone 橋は，1939年に開通した吊橋で，ニューヨーク市のイースト川を横断している（写真2-2）．全長は1,150m で，中央径間は700mであり，完成時は世界4位の長大吊橋であった．増大する交通量へ対応するために車線を追加すること，それに伴う重量増への対応と供用後60年が経過し老朽化が顕著となっていた床版（コンクリートを充填した格子床版）の更新を目的に，2005年に鋼床版への取替えが実施された．

取替鋼床版の構造詳細の検討にあたっては，Williamsburg 橋における検討結果に基づいて，更なる耐久性の向上が図られた．閉断面リブ内にバルクヘッドを設置した場合，図2-4に示すようにダイアフラムのせん断変形によってバルクヘッドに面内の引張力が作用し，その縁端において疲労損傷が懸念されることが指摘された．このことから，Bronx-Whitestone 橋では，バルクヘッドを採用せず，独立した2枚のリブを閉断面リブ内に設置することとした．また，スリット（カットアウト）形状もより大きくし，スリット端部における応力集中の低減が図られた．図2-5にBronx-Whitestone 橋で採用された鋼床版構造を示す．

2.1.4 Verrazano Narrows 橋 [2.8), 2.9)]

ニューヨーク市のスタテン島とブルックリンを結ぶVerrazano Narrows 橋（吊橋，中央径間1,298m）は，1964年に完成した米国最長の吊橋であり，2層6車線の車道で20万台/日の重交通を支えていた．2001年に実施された健全性の調査や Weigh In Motion（車両重量調査）の結果か

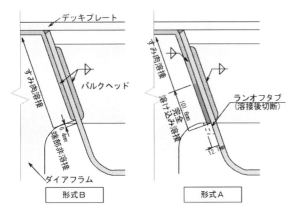

図2-2　予備設計で検討された構造詳細

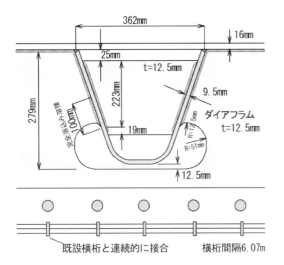

図2-3　Williamsburg橋の取替鋼床版の構造

写真2-2　Bronx-Whitestone橋

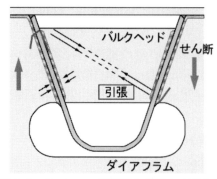

図2-4 バルクヘッド構造の疲労上の弱点部

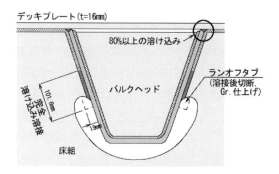

図2-6 Verrazano Narrows橋の鋼床版構造

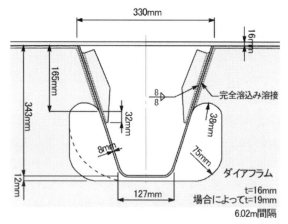

図2-5 Bronx-White Stone橋の鋼床版構造

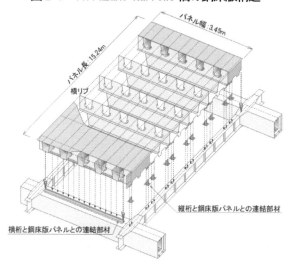

図2-7 Verrazano Narrows橋の鋼床版取合い構造
（デッキプレートの一部を非表示）

鋼床版パネルの最大寸法は，幅3,450mm×長さ15,240mmであり，合計938枚が中国にて製作された．

2.2 カナダの事例
2.2.1 Lions Gate橋 [2.10), 2.11)]

バンクーバーのランドマークとなっているLions Gate橋は，1938年に建設された最大支間472mの吊橋である．建設から60年が経過し，床版などの老朽化や耐荷力の向上が課題となっていたことから，1998年にカナダの企業により，床版や歩道，補剛トラス，ハンガーケーブル等の大規模な取替えが検討された．取替え工事にあたっては，期間中は夜間10時間の閉鎖と週末の集中工事期間を除いて70,000台／日の交通を維持することが，設計・施工に重要な要件となった．

取替え工事は，2000年9月から1年の工期で米国の共同企業体により施工された．取替えにあたっては，幅12.2m，長さ20.0mの既存のトラス構造のブロックを下方の台船に降ろし，新規に製作した幅16.2m，長さ20.0m，重量が約100tのブロックを吊り上げるリフティングガントリーを開発し，20m区間のブロックを都度交換する工法が採用された（写真2-3）．

ら，供用後50年が経過し劣化が進行した既存の床版（コンクリートを充填した格子床版）を鋼床版に取り替えることが決定された．軽量な鋼床版を採用することで，新たに1車線を追加し7車線とするとともに，床版を連続化することにより床版継手部からの漏水の懸念を軽減することができるため，維持管理面でも優位となると判断された．

RC床版であったWilliamsburg橋に対し，格子床版からの取替えであるVerrazano Narrows橋では，維持管理費用や床版補修工事が公共交通に与えるインパクト等を加味したライフサイクルコスト（LCC）の低減を主眼に構造検討がなされた．鋼床版の構造詳細を図2-6に示す．

デッキプレート厚は16mmであり，Williamsburg橋と同様に横リブ交差部ではUリブ内面にバルクヘッドが設置されている．Uリブと横リブウェブとの溶接線端部の約102mm区間は完全溶込み溶接とし，スリット端部はランオフタブを溶接後にグラインダで切断し，グラインダ仕上げを行う構造詳細である．また，Williamsburg橋と同様にリーハイ大学において実大模型を用いた疲労検討が実施された．

取替鋼床版は，既存の床組に高力ボルトにより接合された．縦桁とは横リブ位置でL形鋼を介した断続接合であり，横リブは横桁と連続的に接合されている（図2-7）．

写真2-3 Lions Gate 橋の施工状況[2.11]

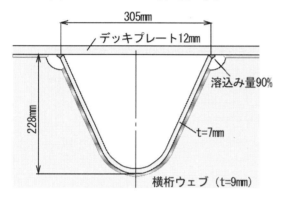

図2-8 Lions Gate 橋の取替鋼床版の構造

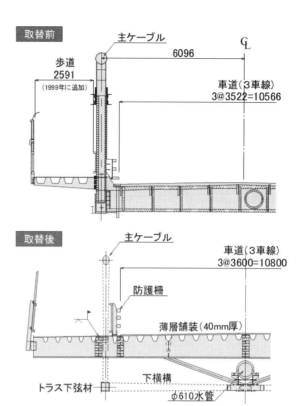

図2-9 Angus L. Macdonald 橋の取替え前後の構造

写真2-4 Theodor Heuss 橋

ガントリーは，取替え前のブロック上を跨ぐように，隣接する既設側および新設側のブロックそれぞれのデッキプレート上に設置された．ガントリーには6台のストランドジャッキが装備され，そのうちの4台により（2台は予備）新旧ブロックの取替えが行われた．

取替え後は，幅3.6mの3車線からなる車道と，幅1.4mの2つの側歩道で構成され，鋼床版には図2-8に示す詳細構造が採用された．

2.2.2 The Angus L. Macdonald 橋 [2.12], [2.13]

Macdonald 橋は，カナダ・ハリファックス港を渡る2橋のうちの1つとして，1955年に開通した吊橋である．当初は，車道は2車線で供用されたが，1999年に3車線に改造され，あわせて歩道が追加された．この改造の際には床版を含む床組部材の更新はされなかった．その後，コンクリート床版の劣化や床組み部材の腐食損傷が顕著化したことから，2015～2017年にかけて床版取替えを含む床組部材の更新が実施された（図2-9）．

取替え工事には，Lions Gate 橋と同様にリフティングガントリーが採用された．工事は，日曜日から木曜日までの夜間10時間半と，8回の週末の全面通行止めによって実施された．取替え部材は床版下面に補剛トラスを有する鋼床版構造となっており，事前に薄層舗装（t=10mm）が施工された．交換するブロックは長さ20mとし，海上部では台船を使って新旧のブロックをガントリーの吊り上げ装置により交換した．

2.3 ドイツの事例

2.3.1 Theodor Heuss 橋 [2.14]

Theodor Heuss 橋は，1885年に完成した2ヒンジアーチ橋で，プファルツ州の州都マインツとウィスバーデン間のライン川を跨いでいる（写真2-4）．本橋では，1995年の大規模な補修により，コンクリート床版から閉断面リブを用いた鋼床版へ取替えが実施され，軽量化が図られた．鋼床版への取替えに際しては，河川上に配置されたフローティングクレーンが使用された．

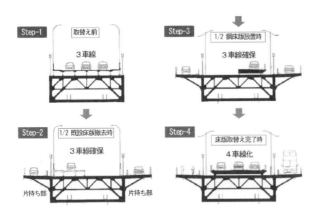

図 2-10 Tamar 橋の床版取替え手順
2.15) を改変（一部修正）して転載

2.4 イギリスの事例
2.4.1 Tamar 橋 [2.15]

Tamar 橋は，イングランド南西部に位置する吊橋で，1961 年に完成した．支間長は，主径間が 335m，前後の側径間が 114m と，建設時は同国最長の橋梁であった．1994 年に実施された健全度評価により，交通量および車両荷重の増加により劣化が進行したコンクリート床版を更新する必要があると評価された．このため，2001 年に既設車線部の両外側に片持ちの鋼床版を追加することで 3 車線から 5 車線に拡幅し，既設車線部分についてもコンクリート床版から鋼床版への取替えが行われた（図 2-10）．既存の補剛桁は当て板補強されるとともに，18 本の斜ケーブルが追加された．

工事期間中は，交通への影響を最小限とするために，追加した片持ち鋼床版部分は迂回車線として利用された．既設車線部は，82 ブロックの鋼床版パネルに置き換えられた．1 ブロックあたりの重量は約 20t，幅 6m×長さ 15m の寸法で，移動式のカンチレバーガントリーを使用して設置された（写真 2-5）．

補剛桁の補強，片持ち部分の追加ならびにケーブルの追加によって上部構造の重量は 2,800t 増加することとなったが，鋼床版への取替えによる軽量化によってこれらは相殺され，工事前と比べてわずか 25t の増加にとどまったと報告されている．

第4章 参考文献
第1節
1.1 上川橋

1.1) 酒井武志，吉田輝明，岩間博志，川村達也，大野正人：供用下における合成桁橋の鋼床版化と主桁補強，巴コーポレーション技報，No.23，pp.23-28，2010．

1.2) 髙木優任，江崎正浩，大坪恭：鋼橋の床版取替事例，

写真 2-5 Tamar 橋の床版取替え状況

土木学会鋼構造委員会第 19 回鋼構造と橋に関するシンポジウム論文報告集，pp.93-106，2016．

1.2 紅楓橋

1.3) 切石堯，川村浩二，髙橋渡，加藤正実：紅楓橋における鋼床版張替え工法，橋梁と基礎，Vol.23，No.6，pp.11-17，1989．

1.3 唄の沢橋

1.4) 山本泰三：鋼床版を用いた補修設計，技報まつお，No.25，pp.101-108，1993．

1.4 海尻橋

1.5) 山本泰三：鋼床版を用いた補修設計，技報まつお，No.25，pp.101-108，1993．

1.5 南浦和陸橋

1.6) （社）日本道路協会：鋼道路橋設計示方書 鋼道路橋製作示方書 解説，1956．

1.6 西新井陸橋

1.7) 相木日出男，熊谷憲明，味田二朗，長野竜馬：鉄道営業線直上における床版取替えに関する施工報告－西新井陸橋長寿命化工事－，土木学会第 73 回年次学術講演会講演概要集，VI-242，pp.483-484，2018．

1.7 厩橋，1.13 扇町陸橋

1.8) 大日方忠勝，森国夫：鋼床版パネルによるコンクリート床版橋の復旧，橋梁と基礎，Vol.19，pp.41-45，1985．

1.8 駒留陸橋

1.9) 船山吉久，本間信之，太田大成，楠良弘，月岡義晴，

林泰充：駒留陸橋における長寿命化工事の設計と施工，橋梁と基礎，Vol.45，pp.41-47，2011.

1.9 白鬚橋

1.10) 高瀬照久，冨内俊介，渡辺浩良，山口卓哉，日比谷篤志：白鬚橋の長寿命化設計と鋼床版取替え工事，橋梁と基礎，Vol.41，pp.41-46，2016.

1.10 勝鬨橋

1.11) 方波見毅，河合文久，和田拓雄：勝鬨橋の補修・補強，橋梁と基礎，Vol.17，pp.40-45，1983.

1.12) 髙木千太郎：双葉跳開橋・勝鬨橋の現状と今後，鋼構造と橋に関するシンポジウム論文報告集，第9回，pp.55-62，2006.

1.11 有明埠頭橋

1.13) 鈴木透，石川正信：既設RC床版取り替え工法の設計と施工報告，技報まつお，No.42，pp.74-78，2002.

1.14) （一社）日本橋梁建設協会：取替え鋼床版（HK スラブ）の設計・施工の手引き，1999.

1.12 琴浦橋

1.15) 畑中栄太，亀山誠司：逆ローゼ桁の鋼床版化工事（琴浦橋鋼床版の製作・架設），技報たきがみ，Vol.18，pp.33-38，2000.

1.13 扇町陸橋

1.16) （公社）日本道路協会：道路橋示方書（Ⅱ鋼橋・鋼部材編）・同解説，2017.

1.14 道志橋

1.17) 小林一雄，穎原謙三，友廣元寿：上路式ランガー桁拡幅補強工事報告，横河ブリッジ技報，No.24，pp.156-166，1995.

1.15 東名田中橋

1.18) 井口忠司，芹川博，長浜勲：鋼橋RC床版の全面打替工事について－田中橋・小山高架橋の施工について－，日本道路公団業務研究発表会論文集，第34回（その2），論文番号1063，pp.305-309，1992.

1.19) 石井孝男，井口忠司，竹之内博行，谷倉泉：鋼橋RC床版の全面打替えによる改良効果，構造工学論文集，Vol.39A，pp.1011-1024，1993.

1.20) 中日本高速道路株式会社（資料提供者）：主桁と鋼床版の接合構造図

1.16 大井跨線橋

1.21) 山本哲，松田昭夫，岸信男：大井跨線橋鋼床版置換工事報告書，横河橋梁技報，No.15，pp.94-102，1986.

1.17 新横浜陸橋

1.22) 谷郁男，西野邦一：横浜市道路局「新横浜陸橋」床版補修工事，石川島播磨技報，Vol.31，No.2，pp.74-79，1991.

1.23) （社）日本道路協会：鋼道路橋設計示方書 鋼道路橋製作示方書 解説，1964.

1.18 山田橋

1.24) 名取暢，浅岡敏明，稲田育朗：鋼橋の補修・補強，横河橋梁技報，No.21，p.77，1992.

1.19 手取川橋

1.25) 喜多義則，梶川康男，若林保美，岩田節雄：B活荷重に対応した70年経年トラス橋（手取川橋）の補強，橋梁と基礎，Vol.38，No.2，pp.31-37，2004.

1.26) 喜多義則，若林保美，有田哲也，岩田節雄，梶川康男：B活荷重に対応したトラス橋（手取川橋）の床版補修工事，土木学会第57回年次学術講演会概要集，I-735，pp.1469-1470，2002.

1.20 美川大橋

1.27) 大江純生，美藤友郎，加藤貴祥，藤江剛敏，本間貴史：RC床版から鋼床版への取替え設計および施工：美川大橋，橋梁と基礎，Vol.47，pp.12-17，2013.

1.21 蝉丸橋

1.28) 中日本高速道路株式会社（資料提供者）：蝉丸橋上部工構造断面図

1.29) 福島公，石橋義輝，岡隆延，岩竹喜久磨：重交通下における橋梁の架替え 名神高速道路蝉丸橋，土木施工，32巻，2号，pp.27-36，1991.

1.22 淀川大橋

1.30) 牟田口拓泉，伊藤安男，畠中俊季，仲村篤，髙橋啓輔：大正時代に構築された淀川大橋の大規模更新，橋梁と基礎，Vol.54，pp.7-12，2020.

1.31) 牟田口拓泉，伊藤安男，木津良太，佐治孝記：大正時代に建造された淀川大橋の大規模更新プロジェクト，IHI技報，Vol.10，pp.57-66，2021.

1.23 新観音橋

1.32) 新田芳孝：建設省中国地方建設局「新観音橋」床版張替工事，石川島播磨技報，Vol.25，No.5，pp.330-335，1985.

1.33) 杉崎守，小林久夫：鋼床版張替工法の実例と改良，石川島播磨技報，Vol.31，No.2，pp.67-73，1991.

1.24 若戸大橋

1.34) 高木優任，江崎正浩，大坪恭：鋼橋の床版取替事例，土木学会鋼構造委員会第19回鋼構造と橋に関するシンポジウム論文報告集，pp.93-106，2016.

1.35) 金子鉄男：若戸大橋の拡幅工事，横河橋梁技報，No.20，pp.125-139，1991.

1.36) 宮下泰，坂東正治，加藤靖：若戸大橋の鋼床版拡幅工事，日立造船技報，第52巻，第1号，pp.104-110，1991.

第2節

2.1.1 Golden Gate Bridge

2.1) Roman Wolchuk : Orthotropic Redecking of Bridges on the North American Continent, Structural Engineering International, Vol.2, No.2, 1992.

2.1.2 Williamsburg 橋

2.2) Jamey A.Barbas, Maria Grazia, 大橋治一 : Williamsburg 橋再生に向けた大規模構造工事, 橋梁と基礎, Vol.35, No.7, pp.18-26, 2001.

2.3) Paul A. Tsakopoulos and John W. Fisher : Full-Scale Fatigue Tests of Steel Orthotropic Decks for the Williamsburg Bridge, Journal of Bridge Engineering, ASCE, pp.323-333, 2003.

2.4) D. Khazem and K. Serzan : Orthotropic Deck Design Innovation Verified by Laboratory and Field Testing for Williamsburg Bridge Deck Replacement, Proceedings of the 1st Orthotropic Bridge Conference, Sacramento, CA. U.S.A., pp.647-660, 2004.

2.5) American Association of State Highway and Transportation Officials : AASHTO LRFD Bridge Design Specifications, First Edition, 1994.

2.1.3 Bronx-Whitestone 橋

2.6) Sante Camo and Qi Ye : Design and Testing for the Orthotropic Deck of the Bronx Whitestone Bridge , Proceedings of the 1st Orthotropic Bridge Conference Sacramento, CA., U.S.A., pp.616-624, 2004.

2.7) Paul A. Tsakopoulos and John W. Fisher : Fatigue Performance and Design Refinements of Steel Orthotropic Deck Panels Based on Full-Scale Laboratory Tests , International Journal of Steel Structure, Vol.5, pp.211-223, 2005.

2.1.4 Verrazano Narrows 橋

2.8) D. Khazem, A. Stathopoulos, C. Redmond, P. Lim, R. Carhuyano and P. Chang : Verrazano Bridge Orthotropic Deck Advancements in Design and Construction, 5th Orthotropic Bridge Conference, Santa Clara University, CA., U.S.A., 2019.

2.9) John W. Fisher and Sougata Roy : Fatigue Damage in Steel Bridges and Extending Their Life, Advanced Steel Construction, Vol.11, No.3, pp.250-268, 2015.

2.2.1 Lions Gate 橋

2.10) Darryl Matson : The Lions' Gate Bridge Suspended Span Replacement, Paper prepared for presentation at the Bridges in a Climate of Change (B) Session of the 2009 Annual Conference of the Transportation Association of Canada, Vancouver, British Columbia, 2009.

2.11) U.S. Department of Transportation Federal Highway Administration : Manual for Design, Construction, and Maintenance of Orthotropic Steel Deck Bridges, pp.16, 2012.

2.2.2 The Angus L. Macdonald 橋

2.12) HALIFAX HARBOUR BRIDGES : Angus L. Macdonald Bridge Suspended Spans Deck Replacement Information for Bidders, 2013.

2.13) HALIFAX HARBOUR BRIDGES : Macdonald Bridge Suspended Spans Redecking Project (*https://www.hdbc.ca/wp-content/uploads/Macdonald-Bridge-Redecking-Project-Presentation_REV.pdf*)

2.3.1 Theodor Heuss 橋

2.14) Carl Huang and Alfred R. Mangus : Redecking Existing Bridges with Orthotropic Steel Deck Panels, Proceedings of the 2nd Orthotropic Bridge Conference, Sacramento, CA., U.S.A., pp.599-607, 2008.

2.4.1 Tamar 橋

2.15) David I. List : Rejuvenating the Tamar Bridge a Review of the Strengthening and Widening Project and Its Effect on Operations, Proceedings of the 4th International Cable Supported Bridge Operators' Conference, Denmark, Copenhagen, 2004.

第5章　まとめ

本編では，取替鋼床版の施工事例(65事例)に関する文献調査結果などに基づき，その特徴，施工実績，計画・設計・施工における検討事項および留意点等をとりまとめた．また，代表的な国内24橋，海外8橋の施工事例の概要を紹介した．以下に，本編の主な内容をまとめる．

[取替鋼床版の特徴と今後の期待]

既設橋では，旧技術基準で設計・施工されたRC床版の劣化損傷の進行，交通需要や設計活荷重の増加への対応等，様々な背景の下，床版更新が必要となる事例がみられている．

取替後の床版に求められる性能としては，軽量化（死荷重低減による既設構造への負荷軽減），交通規制の軽減（交通供用下での取替え），施工性（急速・分割施工への対応のしやすさ），耐荷力・耐久性，維持管理性の向上等が挙げられ，取替鋼床版は，その特徴を活かして，ニーズに対する総合的な判断の下，適用されてきている．特に，床版死荷重軽減の点で，その採用機会は継続的に見込まれるものと考えられる．

一方で，疲労も含めた現行の技術基準における橋の要求性能の確保のために，床版を主桁の一部として機能させる場合なども含め，床版としての耐荷力・耐久性等の性能評価は重要である．取替鋼床版を選択肢に適切に位置付けていく上では，設計・施工技術の信頼性の向上を図っていく必要があると考えられる．

[取替鋼床版の計画・設計・施工上の検討事項・留意点]

(1) 計画

計画段階では，既設橋の損傷状況，床組の構造詳細，交通状況，迂回路の有無等を調査し，上・下部構造の状態および架橋地点の諸条件を把握した上で，工期・品質等の要求事項を満足させるための施工計画を立案する必要がある．

・床版の分割施工

取替鋼床版は，幅員方向への分割施工が可能であることや，現場継手位置を任意に設定できること等の利点を有しており，施工時の幅員を選定する際の自由度が高い．調査結果においても，施工条件（施工幅員，現場作業の時間帯，交通規制の形態）に関して，車線確保のために幅員を分割して昼間施工の事例が多くみられた．

・工程・工期の短縮

取替鋼床版は，工場製作し現場で組立てるプレファブ形式のため，現場工程を短縮し工期全体の最適化を図ることに適している．例えば，河川上でベント設置等の期間が非出水期に限定される条件において，施工期間の短縮が可能という理由での鋼床版の採用事例もみられた．

・路面高の調整

RC床版の場合，技術基準の変遷により，取替時には建設時の床版厚より一般に厚くなるため，新旧床版厚の差分だけ接続道路の路面高とのすり付けが必要となる．取替鋼床版では，既設桁との接合部になる横リブのウェブにスリットを設け，既設主桁の上フランジを貫通させ接合する．接合部の横リブを部分的に切り欠く形状にする等により，鋼床版の構造高を柔軟に調整する事例がみられた．

(2) 設計

鋼床版構造自体は，技術基準に従って設計されており，近年の高耐久性を目指した技術開発事例を除き，系統立てて検討された事例はみられなかった．一方で，床版更新において，新設橋とは異なる構造条件を踏まえ，例えば，主桁と鋼床版との接合部や，現場継手部の構造設計等，検討すべき事項があることがうかがえた．

・既設桁との接合方法

既設桁と取替鋼床版の接合には，主に連続接合，断続接合の2種類の方法が採用されている．事例の内訳としては，連続接合（ボルト接合）が25橋，断続接合（ボルト接合）が28橋，連続接合（現場溶接）が3橋，断続接合（現場溶接）が2橋であった．連続接合の場合，既設桁への孔あけ作業に対し，取替鋼床版の設置順序やその方法の工夫により，現地で精度のよい孔あけを施工した事例がみられた．断続接合の場合，接合部にライナープレートを使用することで以下の利点がある．

1) 既設桁の現場継手部やずれ止め切断後の残存部との干渉を回避でき，既設桁の板厚差や横断勾配，製作誤差の施工時の調整が可能．

2) 既設桁との接合のための孔あけ・高力ボルト締付け作業の軽減等施工の省力化が可能．

一方で，接合構造としては，個別に技術基準で要求する耐荷性能や維持管理の容易さ・確実さ等，接合部としての要求性能を満足するか否について個別に検討が必要と考えられる．

また，接合については，取替鋼床版と主桁との合成効果を設計上考慮する場合と考慮しない場合の2種類の設計方法が採用されている．例えば，床版取替え時に，既設桁の応力超過を防ぐために，非合成構造から合成構造に変更し，既設桁との合成効果を考慮し照査を行っている事例もみられた．

・縦リブと横リブの構造

縦リブの種類の内訳としては，U リブが 15 橋，バルブリブが 28 橋，平リブが 6 橋，T 形リブが 8 橋であり，構造高を抑えられる開断面リブが多く採用されていた．

横リブでは，縦リブ貫通部の開口によるせん断力低下を考慮し，一般に 600～700mm 程度のウェブ高が確保される．ただし，床版取替え時のようにウェブ高が制限される場合には，例えば，ウェブの増厚やスリット部への当て板設置により，せん断耐力を確保する事例がみられた．

(3) 施工

設計図書が現存しない場合が多い既設橋では，基本諸元，現場継手位置，垂直補剛材間隔等について，現地調査・計測を行い，鋼床版と既設桁との取合い精度を確保できるよう施工計画に反映する必要がある．特に，取替えステップごとに変化する桁のそりを予測することは容易ではないため，取替後の構造物の性能が確保できる施工方法を検討しておくことが重要になる．

・路面線形の再現

取替鋼床版と既設 RC 床版の死荷重差は，取替前後の桁のそりを変化させる要因となるため，取替前の路面高を再現するために高さ方向の調整が必要となる．具体的には，桁のそり量の設計値と実測値を比較して調整量を求め，それに応じてライナープレートを設置することで，路面高および縦横断勾配を調整している事例がみられた．

・床版取替え順序

構造上，複雑なたわみ性状を有する橋では，床版の取替順序によっては橋全体のたわみや応力状態が変化し，局部的に大きな応力が生じる場合がある．このため，取替ステップごとに応力照査等を行い，施工手順に適切に反映する必要がある．例えば，アーチ橋の場合，施工時の荷重偏載によるアーチリブの橋軸方向の変位量の増加に対し，床版を橋の両端側から中央に向かって交互に取り替えることで変位量を抑制している事例がみられた．

これまでに述べてきたように，取替鋼床版は，その特徴を活かして，床版更新時の選択肢として，その採用機会は継続的に見込まれるものと考えられる．一方で，新設橋とは異なる構造条件を踏まえ，技術基準には規定されていない既設桁との接合部の設計法など，信頼性の向上を確保する上での設計・施工の指針を提示していくことが重要である．

付表-1　文献調査に基づく取替鋼床版適用事例一覧 （1/10）

No.	1	2	3	4	5	6	7
橋梁名	上川橋	紅楓橋	朱太川橋	むつ大橋	赤石橋	上越橋	唄の沢橋
竣功年	1964年	1957年	1962年	1962年	1934年	1958年	1956年
取替え年	2009年	1988年	1996年頃	1996年	1989年	1984年	1991年
経過年数	45年	31年	約34年	34年	55年	26年	35年
所在地	北海道	北海道	北海道	青森県	宮城県	群馬県	栃木県
路線	国道274号	国道274号	国道5号	国道279号	市道	国道17号	国道121号
橋梁形式（床版取替え前）	単純合成I桁橋8連	単純非合成I桁橋4連	2径間連続合成I桁橋	単純I桁橋3連	単純トラス橋	上路式アーチ橋	上路式スパンドレルアーチ橋
橋長	270.0m	102.5m	65.0m	70.1m	45.7m	77.9m	66.0m
取替え前床版形式	RC床版 t=170mm	RC床版 t=170mm	RC床版	RC床版 t=190mm	RC床版 t=150mm	－	RC床版 t=150mm
設計活荷重　取替え前	TL-14	TL-14	TL-20	－	－	－	TL-14
設計活荷重　取替え後	B活荷重	TL-20	B活荷重	－	－	－	TL-20

床版取替え要因 / 鋼床版採用理由	1	2	3	4	5	6	7
RC床版の損傷	－	○	○	－	－	－	○
活荷重対応	○	○	○	－	○	－	○
幅員拡幅	○（有効幅員拡幅）	○（歩道増設）	－	－	－	－	○
耐震性向上	－	－	－	－	－	－	－
死荷重低減	－	－	○	－	－	－	－
合成桁化	－	○	－	－	－	－	○
現場工期短縮	○	○	－	－	○	－	－
常時車線確保	○	○	－	－	－	－	○
桁補強	○	－	○	－	－	－	－

	1	2	3	4	5	6	7
既設桁との接合方法	連続接合（ボルト）	断続接合（ボルト）	断続接合（ボルト）	断続接合（ボルト）	断続接合（ボルト）		連続接合（ボルト）
デッキプレート厚	12mm	12mm	12mm	16mm	－	－	12mm
縦リブ　形状	Uリブ	Uリブ	Uリブ	CT	平リブ	－	バルブリブ
縦リブ　断面寸法	－	U-320×240×6	－	250×200×10他	－	－	180×9.5
縦リブ　間隔	－	650mm	－	390mm	－	－	320mm
縦リブ　支間(横リブ間隔)	－	2,500mm	－	2,600～3,500mm	－	－	1,160mm
縦リブ　配置方向	橋軸方向	橋軸方向	橋軸方向	橋軸方向	橋軸方向	－	橋軸方向
横リブ　腹板高	－	530mm	－	234mm	－	－	300mm
横リブ　支間	－	2,800mm	－	390mm	－	－	1,600mm

	1	2	3	4	5	6	7
施工幅員　全幅員一括施工	－	－	－	－	－	－	－
施工幅員　幅員分割施工	○	○	－	○	－	－	○
作業時間　昼間施工	○	－	－	－	－	－	○
作業時間　夜間施工(日々開放施工)	－	－	－	－	－	－	－
規制形態　常時車線確保	1車線確保	2車線確保	－	－	－	－	1車線確保
規制形態　全面通行止め	－	－	○（本線迂回）	－	○（本線迂回）	－	○（一時的）

・該当しない項目や，文献調査で確認できなかった項目は"－"と記載した．

・「縦リブ間隔・支間，横リブ腹板高，横リブ支間」は，車道部一般部の最大値を記載した．

・「規制形態」の「1車線確保」は片側交互通行を意味する．

付表-2 文献調査に基づく取替鋼床版適用事例一覧 (2/10)

No.	8	9	10	11	12	13	14
橋梁名	海尻橋	南浦和陸橋	白川橋	八幡橋	赤平橋	西新井陸橋	厩橋
竣功年	1955年	1962年	1963年	1952年	1954年	1967年	1929年
取替え年	1986年	1996年	1992年	1993年頃	1982年頃	2018年	1985年
経過年数	31年	34年	29年	約40年	約30年	51年	56年
所在地	栃木県	埼玉県	埼玉県	埼玉県	埼玉県	東京都	東京都
路線	国道121号	市道	県道210号	国道140号	国道299号	都道318号	都道453号
橋梁形式（床版取替え前）	下路式ランガートラス橋	単純合成I桁橋	上路式アーチ橋	上路式ランガートラス橋	3径間連続I桁橋	3径間ゲルバー箱桁橋	下路式鋼タイドアーチ橋
橋長	117.3m	241.82m	115.2m	74.2m	85.74m	170.14m	146.3m
取替え前床版形式	RC床版	RC床版 t=190mm	RC床版	RC床版 t=160mm	RC床版 t=140mm	RC床版 t=180mm	RC床版 t=200mm

設計活荷重		8	9	10	11	12	13	14
	取替え前	TL-14	—	TL-14	TL-9	TL-9	TL-20	12t
	取替え後	TL-20	—	TL-20	TL-20	TL-20	B活荷重	TL-20

		8	9	10	11	12	13	14
床版取替え要因	RC床版の損傷	○	—	○	—	○	○	○
	活荷重対応	○	—	○	○	○	○	○
	幅員拡幅	—	—	○	○	○	—	—
	耐震性向上	—	—	—	—	—	—	—
鋼床版採用理由	死荷重低減	—	—	—	—	○	—	○
	合成桁化	—	—	—	○	○	—	—
	現場工期短縮	—	—	—	—	○	—	○
	常時車線確保	○	—	—	—	—	—	○
	桁補強	—	—	—	—	—	—	○

		8	9	10	11	12	13	14
既設桁との接合方法		断続接合（ボルト）	連続接合（ボルト）	断続接合（ボルト）	断続接合（その他）	連続接合（ボルト）	連続接合（ボルト）	連続接合（ボルト）
デッキプレート厚		12mm	12mm	—	12mm	12mm	14mm	—
縦リブ	形状	バルブリブ	バルブリブ	バルブリブ	開断面リブ	バルブリブ	バルブリブ	バルブリブ
	断面寸法	—	180×9.5	—	—	—	—	—
	間隔	—	330mm	—	—	320mm	—	—
	支間（横リブ間隔）	—	約1,200mm	—	—	200×10	—	—
	配置方向	橋軸方向	橋軸方向	橋軸方向	橋軸方向	橋軸方向	橋軸方向	橋軸方向
横リブ	腹板高	—	約470mm	—	—	—	—	—
	支間	—	3,658mm	—	—	4,800mm	—	—

		8	9	10	11	12	13	14
施工幅員	全幅員一括施工	—	—	○	○	—	—	—
	幅員分割施工	○	○	—	—	—	○	○
作業時間	昼間施工	○	—	—	—	—	○	○
	夜間施工（日々開放施工）	—	—	○	○	—	—	—
規制形態	常時車線確保	1車線確保	—	—	—	—	2車線確保	3車線確保
	全面通行止め	○（一時的）	—	○	○	—	—	—

・該当しない項目や，文献調査で確認できなかった項目は"—"と記載した．

・「縦リブ間隔・支間，横リブ腹板高，横リブ支間」は，車道部一般部の最大値を記載した．

・「規制形態」の「1車線確保」は片側交互通行を意味する．

付表-3 文献調査に基づく取替鋼床版適用事例一覧 (3/10)

No.	15	16	17	18	19	20	21
橋梁名	駒留陸橋	白鬚橋	千石橋	夢の島大橋	勝鬨橋	葛西橋	有明埠頭橋
竣功年	1966年	1931年	1973年	1968年	1940年	1963年	1973年
取替え年	2010年	2014年	1998, 1999年	1979年	1979年	1997年	2001年
経過年数	44年	83年	25, 26年	11年	39年	34年	28年
所在地	東京都	東京都	東京都	東京都	東京都	東京都	東京都
路線	都道318号 (環状七号線)	都道306号	都道	都道306号	都道304号	都道10号	都道
橋梁形式 (床版取替え前)	単純合成桁橋3連+3径間ゲルバーI桁	バランスドブレースドリブタイドアーチ橋	3径間連続I桁橋, 3径間ゲルバー桁橋	3径間ゲルバーI桁橋	鋼タイドアーチ＋跳開橋	補剛ゲルバー桁	単純I桁橋3連
橋長	143m	169.8m	99.9m	149.5m	246.0m	281.3m	126.0m
取替え前床版形式	RC床版	グレーチング床版	－	RC床版 t=170mm	T-グリッド床版	RC床版 t=160mm	RC床版
設計活荷重 取替え前	TL-20	－	－	TL-20	－	－	TL-20
設計活荷重 取替え後	B活荷重	B活荷重	－	－	－	－	B活荷重

床版取替え要因		15	16	17	18	19	20	21
床版取替え要因	RC床版の損傷	○	－	－	－	○	－	－
	活荷重対応	○	－	－	－	○	－	○
	幅員拡幅	－	－	－	－	－	－	－
	耐震性向上	○	○	－	－	－	－	－
鋼床版採用理由	死荷重低減	○	○	－	－	○	－	○
	合成桁化	－	－	－	－	－	－	－
	現場工期短縮	－	－	－	－	○	－	－
	常時車線確保	○	○	－	－	○	－	－
	桁補強	－	－	－	－	－	－	－

既設桁との接合方法		連続接合（ボルト）	連続接合（ボルト）	断続接合（ボルト）	連続接合（ボルト）	断続接合（ボルト）	連続接合（ボルト）	断続接合（ボルト）
デッキプレート厚		－	12mm		12mm	12mm	12mm	19mm
縦リブ	形状	バルブリブ	バルブリブ	Uリブ	Uリブ	平リブ	バルブリブ	平リブ
	断面寸法	－	－	－	U-300×8×200	85×14	180×9.5	220×22
	間隔	－	－	－	600mm	221～225mm	300mm	510mm
	支間（横リブ間隔）	－	－	－	2,738mm	350mm	1,150mm	1,400mm
	配置方向	橋軸方向	橋軸方向	橋軸方向	橋軸方向	橋軸方向	橋軸方向	橋直方向
横リブ	腹板高	－	－	－	500mm	171mm	378mm	290mm
	支間	－	－	－	3,250mm	900mm	1,650mm	4,920mm

施工幅員	全幅員一括施工	－	－	－	－	－	－	－
	幅員分割施工	○	○	－	－	○	－	○
作業時間	昼間施工	－	○	－	－	○	－	○
	夜間施工（日々開放施工）	－	－	－	－	－	－	－
規制形態	常時車線確保	1車線確保	2車線確保	－	－	3車線確保	－	－
	全面通行止め	－	－	－	－	－	－	○

・該当しない項目や，文献調査で確認できなかった項目は "－" と記載した.

・「縦リブ間隔・支間，横リブ腹板高，横リブ支間」は，車道部一般部の最大値を記載した.

・「規制形態」の「1車線確保」は片側交互通行を意味する.

付表-4 文献調査に基づく取替鋼床版適用事例一覧 (4/10)

No.	22	23	24	25	26	27	28
橋梁名	八千代橋	板橋中央陸橋	奥多摩橋	昭和橋	南氷川橋	琴浦橋	境橋
竣功年	1963年	1964年	1939年	1959年	1969年	1973年	1938年
取替え年	2009年	1989年	1989年	1992年	1997年	1999年	1974年
経過年数	40年	25年	50年	33年	28年	26年	36年
所在地	東京都	東京都	東京都	東京都	東京都	東京都	東京都
路線	都道316号	都道318号	都道200号	都道184号	国道411号	国道411号	国道411号
橋梁形式 (床版取替え前)	単純 I桁橋	3径間連続 箱桁橋	上路式 ブレースドリブ アーチ橋	上路式 アーチ橋	π型 ラーメン橋 ＋ 合成I桁	上路式 ローゼ橋	方杖ラーメン橋
橋長	－	154.1m	177.2m	97.5m	99.8m	99.7m	90.6m
取替え前床版形式	－	RC床版 t=160mm	RC床版 t=160mm	RC床版 t=150mm	RC床版 t=180mm	RC床版 t=180mm	RC床版

設計活荷重	取替え前	－	TL-20	6t	TL-14	TL-20	TL-20	6t
	取替え後	－		8t	TL-20	B活荷重	B活荷重	－

床版取替え要因	RC床版の損傷	－	○	－	○	○	○	－
	活荷重対応	－	－	○	○	○	○	－
	幅員拡幅	－	－	○ (歩道増設)	○ (歩道増設)	○ (歩道増設)	－	○
	耐震性向上	－	－	－	－	－	－	－
鋼床版採用理由	死荷重低減	－	－	－	○	○	○	－
	合成桁化	－	－	－	○	○	○	－
	現場工期短縮	－	－	－	○	○	－	－
	常時車線確保	－	○	－	○	○	○	－
	桁補強	－	－	○ (床組)	－	○ (縦桁)	○ (横桁)	－

既設桁との 接合方法		－	連続接合 (ボルト)	断続接合 (現場溶接)	断続接合 (ボルト)	断続接合 (ボルト)	断続接合 (ボルト)	断続接合 (ボルト)
デッキプレート厚		－	14mm	14mm	12mm	12mm	12mm	12mm
縦リブ	形状	－	バルブリブ	平リブ	バルブリブ	バルブリブ	バルブリブ	バルブリブ
	断面寸法	－	180×9.5	120×10	180×9.5	180×9.5	180×9.5	180×9.5
	間隔	－	354mm	320mm	340mm	265mm	320mm	330mm, 345mm
	支間(横リブ間隔)	－	1,133mm	900mm	1,040mm	1,500mm	1,250mm	1,325mm
	配置方向	－	橋軸方向	橋軸方向	橋軸方向	橋軸方向	橋軸方向	橋軸方向
横リブ	腹板高	－	600mm	305mm	330mm	490mm	400mm	404mm
	支間	－	4,300mm	1,600mm	1,700mm	2,300mm	2,300mm	2,310mm

施工幅員	全幅員一括施工	－	－	○	－	－	－	－
	幅員分割施工	－	○	－	○	○	○	－
作業時間	昼間施工	－	○	－	○	○	○	－
	夜間施工 (日々開放施工)	－	－	－	－	－	－	－
規制形態	常時車線確保	－	2車線確保	－	1車線確保	1車線確保	1車線確保	－
	全面通行止め	－	－	○(全期間)	－	－	－	－

・該当しない項目や，文献調査で確認できなかった項目は "－" と記載した．
・「縦リブ間隔・支間，横リブ腹板高，横リブ支間」は，車道部一般部の最大値を記載した．
・「規制形態」の「1車線確保」は片側交互通行を意味する．

付表-5 文献調査に基づく取替鋼床版適用事例一覧 (5/10)

No.	29	30	31	32	33	34	35
橋梁名	麦山橋	扇町陸橋	道志橋	東名田中橋	大井跨線橋	新横浜陸橋	山田橋
竣功年	1957年	1965年頃	1963年	1969年	1967年	1968年	1966年
取替え年	1993年	1985年頃	1969年	1991年	1985年	1989年	1990年
経過年数	36年	約20年	6年	22年	18年	21年	24年
所在地	東京都	神奈川県	神奈川県	神奈川県	神奈川県	神奈川県	千葉県
路線	国道411号	県道101号	国道412号	東名高速	国道255号	市道環状2号	県道65号
橋梁形式 (床版取替え前)	中路式ブレースドリブアーチ橋	単純合成I桁橋	上路式ランガー橋	単純合成I桁橋	単純合成I桁橋	3径間連続I桁橋	下路式ランガー橋
橋長	67.1m	18.5m, 27.1m	230.0m	40.0m	40.0m	113.0m	112.0m
取替え前床版形式	RC床版 t=135mm	RC床版	RC床版 t=160mm	RC床版 t=180mm	RC床版 t=190mm	RC床版 t=170mm	RC床版 t=160mm
設計活荷重 取替え前	TL-14	―	TL-20	TL-20	TL-20	TL-20	TL-14
設計活荷重 取替え後	TL-20						TL-20

床版取替え要因		29	30	31	32	33	34	35
	RC床版の損傷	―	○	○	○	○	○	○
	活荷重対応	○	―	―	―	―	―	○
	幅員拡幅	―	―	―	―	―	―	―
	耐震性向上	―	―	―	―	―	―	―
鋼床版採用理由	死荷重低減	○	○	―	○	○	―	―
	合成桁化	○	○	―	○	―	―	―
	現場工期短縮	―	―	―	―	○	○	―
	常時車線確保	○	○	―	―	○	○	○
	桁補強	―	―	―	―	―	―	○

既設桁との接合方法		断続接合（ボルト）	連続接合（溶接）	断続接合（現場溶接）	断続接合（ボルト）	連続接合（溶接）	連続接合（ボルト）	断続接合（ボルト）
デッキプレート厚		12mm	―	12mm	16mm	12mm	12mm	12mm
縦リブ	形状	バルブリブ	Tリブ	Tリブ	Tリブ	バルブリブ	バルブリブ	バルブリブ
	断面寸法	180×9.5	CT	CT 128×126×7×12	CT 250×200×10×16	230×11	200×10	180×9.5×23
	間隔	337.5mm		345mm	425.5mm	275mm	324mm	330mm
	支間(横リブ間隔)	1,100mm		1,925mm	4,000mm	2,000〜2,500mm	1,725mm	1,600mm
	配置方向	橋軸方向		橋軸方向	橋軸方向	橋軸方向	橋軸方向	橋軸方向
横リブ	腹板高	340.5mm		―	250mm	415〜475mm	350mm	220mm
	支間	1,350mm	―	2,300mm	3,404mm	1,700mm	3,240mm	1,667mm

施工幅員		29	30	31	32	33	34	35
	全幅員一括施工	―	―	―	―	―	―	―
	幅員分割施工	○	○	―	○	○	○	○
作業時間	昼間施工	○	○	―	○	○	○	○
	夜間施工（日々開放施工）	―	―	―	―	―	―	―
規制形態	常時車線確保	1車線確保	○	―	―	2車線確保	4車線確保	○
	全面通行止め	○(一時的)	―	―	○	―	―	―

・該当しない項目や，文献調査で確認できなかった項目は "―" と記載した.

・「縦リブ間隔・支間，横リブ腹板高，横リブ支間」は，車道部一般部の最大値を記載した.

・「規制形態」の「1車線確保」は片側交互通行を意味する.

付表-6 文献調査に基づく取替鋼床版適用事例一覧 (6/10)

No.	36	37	38	39	40	41	42
橋梁名	甚兵衛大橋	小見川大橋	松丘橋	裾花大橋	半の沢橋	岩井橋	中川橋
竣功年	1967年	1973年	1959年	1966年	1964年	1923年	1930年
取替え年	1993年	1998年	1992年	1998年	1987年	1999年	1987年
経過年数	26年	25年	33年	32年	23年	76年	57年
所在地	千葉県	千葉県	千葉県	長野県	長野県	愛知県	愛知県
路線	国道464号	県道44号	県道24号	国道406号	国道59号	市道 大須通	市道227号
橋梁形式 (床版取替え前)	単純 I桁橋6連	下路式 ランガー橋6連	3径間連続 I桁橋	上路式 2ヒンジ アーチ橋	上路式 ランガー橋	上路式 ソリッドリブ アーチ橋	下路式 ブレースドリブ アーチ橋
橋長	―	―	68.7m	135.0m	92.6m	30.0m	47.5m
取替え前床版形式	―	―	RC床版	RC床版 t=150mm	RC床版 t=160mm	RC床版	RC床版

設計活荷重		36	37	38	39	40	41	42
	取替え前	―	―	―	TL-14	TL-14	―	TL-20
	取替え後	―	―	―	A活荷重	TL-20	―	TL-20

床版取替え要因		36	37	38	39	40	41	42
	RC床版の損傷	―	―	―	○	―	○	○
	活荷重対応	―	―	―	○	○	―	―
	幅員拡幅	―	―	―	―	○	―	―
	耐震性向上	―	―	―	―	―	―	―
鋼床版採用理由	死荷重低減	―	―	―	○	―	―	―
	合成桁化	―	―	―	―	―	―	―
	現場工期短縮	―	―	―	○	○	―	○
	常時車線確保	―	―	―	―	―	―	―
	桁補強	―	―	―	―	―	―	―

既設桁との接合方法		連続接合 (ボルト)	連続接合 (ボルト)	― (ボルト)	断続接合 (ボルト)	連続接合 (ボルト)	断続接合 (ボルト)	断続接合 (ボルト)
デッキプレート厚		―	12mm	―	14mm	―	12mm	―
縦リブ	形状	Uリブ	バルブリブ	―	平リブ	Uリブ	バルブリブ	―
	断面寸法	―	180×95	―	160×14	―	―	―
	間隔	―	286.7mm～	―	389mm	―	―	―
	支間(横リブ間隔)	―	1,405mm	―	911mm	―	―	―
	配置方向	橋軸方向	橋軸方向	―	橋軸方向	橋直方向	橋軸方向	橋軸方向
横リブ	腹板高	―	372mm～	―	300mm	―	―	―
	支間	―	2,400mm	―	2,850mm	―	―	―

施工幅員		36	37	38	39	40	41	42
	全幅員一括施工	―	―	―	○	○	○	―
	幅員分割施工	―	―	―	―	―	―	○
作業時間	昼間施工	―	―	―	―	―	○	―
	夜間施工 (日々開放施工)	―	―	―	○	○	―	○
規制形態	常時車線確保	―	―	―	―	―	―	―
	全面通行止め	―	―	―	○	○	○	○

・該当しない項目や，文献調査で確認できなかった項目は"―"と記載した.

・「縦リブ間隔・支間，横リブ腹板高，横リブ支間」は，車道部一般部の最大値を記載した.

・「規制形態」の「1車線確保」は片側交互通行を意味する.

付表-7　文献調査に基づく取替鋼床版適用事例一覧（7/10）

No.	43	44	45	46	47	48	49
橋梁名	大渡橋	手取川橋	美川大橋	金名橋	蟬丸橋	源八橋	堂島大橋
竣功年	1958年	1932年	1972年	1951年	1963年	1936年	1927年
取替え年	1991年頃	2002年	2013年	2004年	1991年	2009年	2020年
経過年数	約33年	70年	41年	53年	28年	73年	93年
所在地	富山県	石川県	石川県	石川県	滋賀県	大阪府	大阪府
路線	国道156号	県道157号	県道25号	手取川自転車道	名神高速	市道	市道
橋梁形式 （床版取替え前）	単径間 2ヒンジ補剛 トラス吊橋	下路式 ワーレン トラス橋8連	連続 非合成 I桁橋	下路式 ワーレン トラス橋	上路式 ブレースド アーチ橋	連続 ゲルバー I桁橋	下路式2ヒンジ ソリッドリブ アーチ橋
橋長	104.0m	49.8m	398.0m	－	62.2m	－	76.1m
取替え前床版形式	RC床版 t=170mm	RC床版 t=140mm	RC床版 t=200mm	－	RC床版 t=160mm	－	RC床版 t=160mm

設計 活荷重	取替え前	TL-20	A活荷重	B活荷重	－	TL-20	－	－
	取替え後		B活荷重			TL-20, TT-43		

床版取替え要因	RC床版の損傷	○	○	○	－	○	－	○
	活荷重対応	－	○	－	－	○	－	－
	幅員拡幅	－	－	○ （歩道増設）	－	－	－	－
	耐震性向上	－	－	○	－	－	－	－
鋼床版採用理由	死荷重低減	－	○	○	－	○	－	－
	合成桁化	－	－	○	－	－	－	－
	現場工期短縮	○	－	○	－	○	－	－
	常時車線確保	－	○	○	－	－	－	－
	桁補強	－	○（縦桁）	○（縦桁）	－	○（縦桁）	－	－

既設桁との 接合方法		断続接合 （ボルト）	連続接合 （ボルト）	連続接合 （ボルト）	断続接合 （ボルト）	断続接合 （ボルト）	断続接合 （ボルト）	床組ごと 取替え
デッキプレート厚		12mm	19mm	12mm		14mm		12mm
縦リブ	形状	Uリブ	T形リブ	バルブリブ	バルブリブ	バルブリブ	バルブリブ	バルブリブ
	断面寸法	－	200×12, 200×9	－		230×11		－
	間隔	－	915mm	－		325mm		－
	支間(横リブ間隔)	－	990mm	－		1,675mm		－
	配置方向	橋軸方向	橋軸方向	橋軸方向	橋軸方向	橋軸方向	橋軸方向	橋軸方向
横リブ	腹板高	－	150mm	－		－		637mm
	支間	－	－	3,000mm		7,800mm		－

施工幅員	全幅員一括施工	○	－	－		○	－	－
	幅員分割施工	－	○	○		－	－	○
作業時間	昼間施工	○	－	－		－	－	－
	夜間施工 （日々開放施工）	－	－	－		○	－	－
規制形態	常時車線確保	－	1車線確保	2車線確保		－	－	仮設通路確保
	全面通行止め	○	－	－		○（10時間）	－	－

・該当しない項目や，文献調査で確認できなかった項目は"－"と記載した．

・「縦リブ間隔・支間，横リブ腹板高，横リブ支間」は，車道部一般部の最大値を記載した．

・「規制形態」の「1車線確保」は片側交互通行を意味する．

付表-8 文献調査に基づく取替鋼床版適用事例一覧 (8/10)

No.	50	51	52	53	54	55	56
橋梁名	淀川大橋	端建蔵橋	3号神戸線第24工区(復旧)	楢大橋	太田川橋	新観音橋	新住吉橋
竣功年	1926年	1921年	1976年	1966年	1957年	1963年	1965年
取替え年	2020年	1963年	1997年	2009年	1999年	1983年	1984年
経過年数	94年	42年	21年	43年	42年	20年	19年
所在地	大阪府	大阪府	兵庫県	岡山県	広島県	広島県	広島県
路線	国道2号	市道	阪神高速	国道53号	国道54号	国道2号	国道2号
橋梁形式(床版取替え前)	単純上路式ワーレントラス橋6連 単純I桁橋24連	桁橋	3径間連続非合成箱桁橋	3径間連続非合成I桁橋	5径間ハンガー式ゲルバートラス橋	3径間連続I桁橋	3径間連続I桁橋
橋長	724.5m	111.95m	212.0m	125.0m	323.1m	100.0m	89.75m
取替え前床版形式	RC床版 t=150mm	−	RC床版 t=170mm	RC床版 t=170mm	RC床版	RC床版 t=180mm	RC床版 t=180mm
設計活荷重 取替え前	−	−	TL-20	TL-20	−	12t	12t
設計活荷重 取替え後	B活荷重	−	B活荷重	B活荷重	−	12t	12t

床版取替え要因	50	51	52	53	54	55	56
RC床版の損傷	○	−	−	○	○	○	○
活荷重対応	−	−	○	−	−	−	−
幅員拡幅	−	−	−	−	−	○	○
耐震性向上	−	○	○	−	−	−	−
鋼床版採用理由 死荷重低減	○	○	○	○	−	−	−
合成桁化	−	−	−	−	−	○	○
現場工期短縮	○	−	○	○	−	○	○
常時車線確保	○	−	−	○	−	○	○
桁補強	○	−	−	−	−	−	−

	50	51	52	53	54	55	56
既設桁との接合方法	連続接合(ボルト)	連続接合(ボルト)	連続接合(現場溶接)	連続接合(ボルト)	断続接合(ボルト)	連続接合(ボルト)	連続接合(ボルト)
デッキプレート厚	14mm / 18mm	−	12mm	12mm	12mm	12mm	12mm
縦リブ 形状	バルブリブ / Uリブ	−	バルブリブ / Uリブ	Uリブ	平リブ	Uリブ	Uリブ
縦リブ 断面寸法	230×11 / U-450×330×9	−	200×10 / U-320×240×6	−		U-320×240×6	U-300×220×6
縦リブ 間隔	−	−	305mm	−	320mm	320mm	600mm
縦リブ 支間(横リブ間隔)	−	−	2,165mm	−	1,465mm	−	2,283mm
縦リブ 配置方向	橋軸方向	橋軸方向	橋軸方向 / 橋直方向	橋軸方向	橋軸方向	橋直方向	橋軸方向
横リブ 腹板高	−	−	640mm	−	186.9～425.5mm		
横リブ 支間	2,000mm / 3,200mm	−	6,600mm	−	1,600mm		2,500mm

	50	51	52	53	54	55	56
施工幅員 全幅員一括施工	−	○	○	−	−	−	−
施工幅員 幅員分割施工	○	−	−	○	−	○	○
作業時間 昼間施工	○	−	○	−	−	○	○
作業時間 夜間施工(日々開放施工)							
規制形態 常時車線確保	2車線確保	−	−	2車線確保	−	4車線確保	2車線確保
規制形態 全面通行止め	−	○	○(全期間)	−	−	−	−

・該当しない項目や，文献調査で確認できなかった項目は"−"と記載した．

・「縦リブ間隔・支間，横リブ腹板高，横リブ支間」は，車道部一般部の最大値を記載した．

・「規制形態」の「1車線確保」は片側交互通行を意味する．

付表-9 文献調査に基づく取替鋼床版適用事例一覧 (9/10)

No.	57	58	59	60	61	62	63
橋梁名	田儀跨線橋	大谷橋	四万十川橋	若戸大橋	大膳橋	西園橋	竹の下跨線橋
竣功年	1962年	1957年	1926年	1962年	1957年	1959年	1964年
取替え年	1988年	1998年頃	1977年	1990年	1996年	1996年	1994年
経過年数	26年	約41年	51年	28年	39年	37年	30年
所在地	島根県	愛媛県	高知県	福岡県	福岡県	福岡県	大分県
路線	国道9号	旧国道197号	県道346号	国道199号	国道3号	国道442号	国道10号
橋梁形式 (床版取替え前)	単純 非合成 I桁橋	下路式 ワーレン トラス橋	下路式 ワーレン トラス橋8連他	3径間2ヒンジ 補剛トラス吊橋	単純 I桁橋2連	下路式 ワーレン トラス橋他	単純 非合成 I桁橋
橋長	20.6m	90.1m	—	628.3m	—	52.0m	38.1m
取替え前床版形式	RC床版 t=160mm	RC床版	—	RC床版 t=150mm	—	RC床版 t=150mm	RC床版 t=170mm
設計活荷重 取替え前	TL-20	TL-14	—	TL-20	—	TL-14	TL-20
設計活荷重 取替え後		A活荷重	—	—	—	B活荷重	

床版取替え要因		57	58	59	60	61	62	63
	RC床版の損傷	○	○	—	—	—	○	○
	活荷重対応	—	○	—	—	—	○	—
	幅員拡幅	○ (歩道増設)	—	—	○	—	—	○
	耐震性向上	—	—	—	—	—	—	—
鋼床版採用理由	死荷重低減	—	○	—	○	—	○	○
	合成桁化	○	—	—	—	—	—	—
	現場工期短縮	○	—	—	—	—	○	○
	常時車線確保	○	—	—	○	—	○	○
	桁補強	—	—	—	○	—	○ (横桁)	—

既設桁との接合方法		連続接合 (ボルト)	断続接合 (ボルト)	断続接合 (ボルト)	ゴム支承/ アジャストPL	断続接合 (ボルト)	断続接合 (ボルト)	連続接合 (ボルト)
デッキプレート厚		11mm	12mm	—	12mm	16mm	16mm	12mm
縦リブ	形状	Uリブ	バルブリブ	平リブ	バルブリブ	T形リブ	Tリブ	Uリブ
	断面寸法	U-300×220×6	—	—	—	—	CT 250×200×10×16	U-320×240×6
	間隔	550mm	—	—	—	—	450mm	640mm
	支間(横リブ間隔)	2,872mm	—	—	2,000mm程度	—	3,400mm	2,400mm
	配置方向	橋軸方向	橋軸方向	橋軸方向	橋軸方向	橋軸方向	橋軸方向	橋直方向
横リブ	腹板高	520mm					200mm	
	支間	2,000mm	1,644mm	—			500mm	—

施工幅員	全幅員一括施工	—	○	—	—	—	—	—
	幅員分割施工	○	—	—	○	—	○	○
作業時間	昼間施工	○	○	—	○	—	○	○
	夜間施工 (日々開放施工)				○			
規制形態	常時車線確保	1車線確保	—	—	対面1車線確保	—	1車線確保	1車線確保
	全面通行止め	—	○	—	—	—	—	—

・該当しない項目や，文献調査で確認できなかった項目は "—" と記載した.

・「縦リブ間隔・支間，横リブ腹板高，横リブ支間」は，車道部一般部の最大値を記載した.

・「規制形態」の「1車線確保」は片側交互通行を意味する.

付表-10 文献調査に基づく取替鋼床版適用事例一覧 (10/10)

No.	64	65
橋梁名	松島橋 (天草5号橋)	鹿狩戸橋
竣功年	1966年	1931年
取替え年	2000年頃	1991年
経過年数	約34年	60年
所在地	熊本県	宮崎県
路線	国道266号	県道237号
橋梁形式 (床版取替え前)	上路式 パイプアーチ橋	上路式 アーチ橋
橋長	178.0m	61.1m
取替え前床版形式	RC床版	RC床版
設計活荷重 取替え前	－	12t
設計活荷重 取替え後	B活荷重	TL-20

床版取替え要因	RC床版の損傷	－	－
	活荷重対応	○	－
	幅員拡幅	－	－
	耐震性向上	－	－
鋼床版採用理由	死荷重低減	○	－
	合成桁化	－	－
	現場工期短縮	－	－
	常時車線確保	－	－
	桁補強	○(斜材追加)	－

既設桁との 接合方法		断続接合 (ボルト)	断続接合 (ボルト)
デッキプレート厚		－	12mm
縦リブ	形状	T形リブ	Uリブ
	断面寸法	－	U-320×240×6
	間隔	－	620mm
	支間(横リブ間隔)	－	2,668mm
	配置方向	－	橋軸方向
横リブ	腹板高	－	500mm
	支間	－	2,440mm

施工幅員	全幅員一括施工	－	○
	幅員分割施工	－	－
作業時間	昼間施工	－	○
	夜間施工 (日々開放施工)	－	－
規制形態	常時車線確保	－	－
	全面通行止め	－	○(全期間)

・該当しない項目や,文献調査で確認できなかった項目は"－"と記載した.

・「縦リブ間隔・支間,横リブ腹板高,横リブ支間」は,車道部一般部の最大値を記載した.

・「規制形態」の「1車線確保」は片側交互通行を意味する.

鋼・合成構造標準示方書一覧

	書名	発行年月	版型：頁数	本体価格
	2016年制定 鋼・合成構造標準示方書　総則編・構造計画編・設計編	平成28年7月	A4：414	
※	2018年制定 鋼・合成構造標準示方書　耐震設計編	平成30年9月	A4：338	2,800
※	2018年制定 鋼・合成構造標準示方書　施工編	平成31年1月	A4：180	2,700
※	2019年制定 鋼・合成構造標準示方書　維持管理編	令和1年10月	A4：310	3,000
※	2022年制定 鋼・合成構造標準示方書　総則編・構造計画編・設計編	令和4年11月	A4：434	5,300

鋼構造架設設計施工指針

書名	発行年月	版型：頁数	本体価格
鋼構造架設設計施工指針［2012年版］	平成24年5月	A4：280	4,400

鋼構造シリーズ一覧

	号数	書名	発行年月	版型：頁数	本体価格
	1	鋼橋の維持管理のための設備	昭和62年4月	B5：80	
	2	座屈設計ガイドライン	昭和62年11月	B5：309	
	3-A	鋼構造物設計指針　PART　A　一般構造物	昭和62年12月	B5：157	
	3-B	鋼構造物設計指針　PART　B　特定構造物	昭和62年12月	B5：225	
	4	鋼床版の疲労	平成2年9月	B5：136	
	5	鋼斜張橋－技術とその変遷－	平成2年9月	B5：352	
	6	鋼構造物の終局強度と設計	平成6年7月	B5：146	
	7	鋼橋における劣化現象と損傷の評価	平成8年10月	A4：145	
	8	吊橋－技術とその変遷－	平成8年12月	A4：268	
	9-A	鋼構造物設計指針　PART　A　一般構造物	平成9年5月	B5：195	
	9-B	鋼構造物設計指針　PART　B　合成構造物	平成9年9月	B5：199	
	10	阪神・淡路大震災における鋼構造物の震災の実態と分析	平成11年5月	A4：271	
	11	ケーブル・スペース構造の基礎と応用	平成11年10月	A4：349	
	12	座屈設計ガイドライン　改訂第2版［2005年版］	平成17年10月	A4：445	
	13	浮体橋の設計指針	平成18年3月	A4：235	
	14	歴史的鋼橋の補修・補強マニュアル	平成18年11月	A4：192	
※	15	高力ボルト摩擦接合継手の設計・施工・維持管理指針（案）	平成18年12月	A4：140	3,200
	16	ケーブルを使った合理化橋梁技術のノウハウ	平成19年3月	A4：332	
	17	道路橋支承部の改善と維持管理技術	平成20年5月	A4：307	
※	18	腐食した鋼構造物の耐久性照査マニュアル	平成21年3月	A4：546	8,000
※	19	鋼床版の疲労［2010年改訂版］	平成22年12月	A4：183	3,000
	20	鋼斜張橋－技術とその変遷－［2010年版］	平成23年2月	A4：273＋CD-ROM	
※	21	鋼橋の品質確保の手引き［2011年版］	平成23年3月	A5：220	1,800
※	22	鋼橋の疲労対策技術	平成25年12月	A4：257	2,600
	23	腐食した鋼構造物の性能回復事例と性能回復設計法	平成26年8月	A4：373	
	24	火災を受けた鋼橋の診断補修ガイドライン	平成27年7月	A4：143	
※	25	道路橋支承部の点検・診断・維持管理技術	平成28年5月	A4：243＋CD-ROM	4,000
	26	鋼橋の大規模修繕・大規模更新－解説と事例－	平成28年7月	A4：302	3,500
	27	道路橋床版の維持管理マニュアル2016	平成28年10月	A4：186＋CD-ROM	
※	28	道路橋床版防水システムガイドライン2016	平成28年10月	A4：182	2,600
※	29	鋼構造物の長寿命化技術	平成30年3月	A4：262	2,600
※	30	大気環境における鋼構造物の防食性能回復の課題と対策	令和1年7月	A4：578＋DVD-ROM	3,800
※	31	鋼橋の性能照査型維持管理とモニタリング	令和1年9月	A4：227	2,600
	32	既設鋼構造物の性能評価・回復のための構造解析技術	令和1年9月	A4：240	
	33	鋼道路橋RC床版更新の設計・施工技術	令和2年4月	A4：275	5,000
※	34	鋼橋の環境振動・騒音に関する予測，評価および対策技術 －振動・騒音のミニマム化を目指して－	令和2年11月	A4：164	3,300
※	35	道路橋床版の維持管理マニュアル2020	令和2年10月	A4：234＋CD-ROM	3,800
※	36	道路橋床版の長寿命化を目的とした橋面コンクリート舗装ガイドライン 2020	令和2年10月	A4：224	2,900
※	37	補修・補強のための高力ボルト摩擦接合技術 －当て板補修・補強の最新技術－	令和3年11月	A4：384	4,200
※	38	鋼橋の維持管理性・景観を向上させる技術	令和5年6月	A4：244	8,000
※	39	鋼橋の改築・更新と災害復旧－事例と解説－	令和6年9月	A4：270	3,900
※	40	「鋼床版の維持管理技術」 ～維持管理・疲労強度評価・床版取替への適用～	令和6年11月	A4：204	3,300

※は、土木学会および丸善出版にて販売中です。価格には別途消費税が加算されます。

未来をつくる

わたしたちから
次の世代へ
快適な生活と
安心な営みのために
社会インフラというバトンを
未来に渡し続ける

JSCE 公益社団法人 土木學會
Japan Society of Civil Engineers

定価 3,630 円（本体 3,300 円＋税 10%）

鋼構造シリーズ 40
「鋼床版の維持管理技術」〜補修補強・疲労強度評価・床版取替への適用〜

令和 6 年 11 月 29 日　第 1 版・第 1 刷発行

編集者……公益社団法人　土木学会　鋼構造委員会
　　　　　鋼床版の維持管理と更新に関する調査研究小委員会
　　　　　委員長　内田　大介
発行者……公益社団法人　土木学会　専務理事　三輪　準二

発行所……公益社団法人　土木学会
　　　　　〒160-0004　東京都新宿区四谷一丁目無番地
　　　　　TEL　03-3355-3444　FAX　03-5379-2769
　　　　　https://www.jsce.or.jp/
発売所……丸善出版株式会社
　　　　　〒101-0051　東京都千代田区神田神保町 2-17　神田神保町ビル
　　　　　TEL　03-3512-3256　FAX　03-3512-3270

©JSCE2024／Committee on Steel Structures
ISBN978-4-8106-1098-7
印刷・製本：（株）大應／用紙：（株）吉本洋紙店

・本書の内容を複写または転載する場合には、必ず土木学会の許可を得てください。
・本書の内容に関するご質問は、E-mail（pub@jsce.or.jp）にてご連絡ください。